直流无刷电机与伺服/步进电机

驱动控制技术及应用

路 朝 主 编
孙泽峥　顾洺栋　副主编

化学工业出版社
·北京·

内容简介

本书紧跟当下技术革新的步伐，为了及时反映步进电机、伺服电机和直流无刷电机在控制领域的发展与应用情况，立足应用，采用彩色图解与视频讲解结合的方式，详细介绍了它们的驱动控制原理、电机选型、应用设置、维护保养、故障维修等知识，帮助读者知晓其原理，会应用、能维修。书中结合伺服、步进、无刷电机在 CNC、工业机器人、电动车等领域的应用实例，对驱动器控制 RS-232/485、CAN/模拟量、PWM 脉宽调制以及单路、双路、多路驱动控制设置等读者容易困扰的专业知识进行了深入浅出的讲解，全面提升读者的认知与故障分析能力。

本书可供电工、电气设备使用与维修人员、机电控制技术人员以及电机安装调试人员阅读，也可供相关专业院校师生参考。

图书在版编目（CIP）数据

直流无刷电机与伺服／步进电机驱动控制技术及应用／路朝主编. 一北京：化学工业出版社，2023.11
ISBN 978-7-122-44049-5

Ⅰ.①直… Ⅱ.①路… Ⅲ.①电机 - 驱动机构 - 控制 - 研究
Ⅳ.① TM301.2

中国国家版本馆 CIP 数据核字（2023）第 163279 号

责任编辑：刘丽宏　　　　　　　　　　　　文字编辑：陈　锦　袁　宁
责任校对：刘曦阳　　　　　　　　　　　　装帧设计：刘丽华

出版发行：化学工业出版社（北京市东城区青年湖南街13号　邮政编码100011）
印　　装：北京瑞禾彩色印刷有限公司
787mm×1092mm　1/16　印张21¾　字数568千字　2024年5月北京第1版第1次印刷

购书咨询：010-64518888　　　　　　　　　售后服务：010-64518899
网　　址：http://www.cip.com.cn
凡购买本书，如有缺损质量问题，本社销售中心负责调换。

定　　价：108.00元

前 言

随着技术的进步，步进电机和伺服电机已经很广泛地应用在控制的各个领域，尤其是当前伴随制造业等工业领域向智能化、数字化、网络化的全面发展，步进电机、伺服电机、直流无刷电机等作为工业机器人、数控机床及其他行业自动控制的关键设备，受到普遍关注。这方面无论是技术需求还是人才需求，都有广阔的前景。为了方便技术人员全面学习直流无刷电机、伺服/步进电机的驱动控制技术与应用、维修方法，编写了本书。

伺服电机、步进电机及无刷电机种类多种多样，控制器与驱动技术也各有不同，如何能知晓它们的控制原理，根据它们的功能正确选型，并排除应用中的故障，是摆在技术人员和维修人员面前的难题。本书结合伺服、步进、无刷电机在 CNC、工业机器人、电动车等领域的应用实例，全面介绍了伺服、步进、无刷电机的控制技术与应用知识，涉及电机选型、控制参数设置、维护保养、故障维修的方方面面，全面提升读者的认知与故障分析能力。

全书内容具有如下特点：

1. 立足应用，结合伺服、步进、无刷电机在 CNC、工业机器人、电动车等领域的应用实例，全面介绍了伺服、步进、无刷电机的控制技术与应用知识，帮助读者全面学习基础性知识并掌握相关维修技能。

2. 厘清了伺服、步进、无刷电机等相关专业概念，对驱动器控制 RS-232/485、CAN/模拟量、PWM 脉宽调制以及单路、双路、多路驱动控制设置等读者容易困扰的专业知识进行深入浅出的讲解，全面提升读者的认知与故障分析能力。

3. 全彩图解，配套视频讲解，帮助读者直观学习。

本书由路朝主编，孙泽峥、顾洺栋副主编，参加编写的还有张振文、曹振华、赵书芬、张伯龙、张胤涵、张校珩、曹祥、孔凡桂、焦凤敏、张校铭、张书敏、王桂英、曹铮、蔺书兰、周新、王俊华、张伯虎等。

限于水平所限，书中不足之处难免，恳请广大读者批评指正（欢迎关注下方二维码交流）。

一起学电工电子

编者

第一章

直流无刷电机的结构与工作原理

第二章

无刷电机驱动技术与控制实例

目 录

第三章

伺服驱动器的安装、接线、调试与维修

第四章

典型控制器接线与应用检修

第五章

步进电机及驱动电路

第六章

常用步进电机控制器接线与应用

第七章

总线型步进驱动器接线与软件应用技术

第八章

伺服／步进、无刷电机与驱动器维修技术

附录　视频教学

参考文献

第一章

直流无刷电机的结构与工作原理

第一节　认识有刷电机和无刷电机

电动机也称电机，作为机电能量转换装置，主要类型有同步电动机、异步电动机和直流电动机三种。根据电机的结构和工作原理，我们可以将电机分为有刷电机、内转子无刷电机和外转子无刷电机。

一、有刷电机

传统的直流电动机均采用电刷以机械方法进行换向，也称为直流电机或者碳刷电机，是历史最悠久的电机类型。电机工作时，线圈和换向器旋转，磁钢和碳刷不转，线圈电流方向的交替变化是随电机转动的换向器和电刷来完成的。这种电机具有造价相对较低、扭力高、结构简单、易维护等优点。常见有刷电机如图 1-1 所示。

(a) 低压有刷电机　　　　　　　　　　　(b) 带减速直流有刷电机

图 1-1　常见有刷电机

不过由于结构限制，所以缺点也比较明显：

❶ 机械换向产生的火花引起换向器和电刷摩擦、电磁干扰、噪声大、寿命短。

❷ 结构复杂、可靠性差、故障多，需要经常维护。

❸ 由于换向器存在，限制了转子惯量的进一步下降，影响了动态性能。

所以在速度较慢和对振动不敏感的车模、船模上面应用较多，航模很少采用有刷电机。

二、自动化通用内转子无刷电机

直流无刷电机既具有交流电动机的结构简单、运行可靠、维护方便等一系列优点，又具备直流电动机的运行效率高、无励磁损耗以及调速性能好等诸多优点，故在当今国民经济各领域应用日益普及。它是目前工业机器人、航模、AGV 运输车使用得最多的一种电机，无刷直流电机不使用机械的电刷装置，采用方波自控式永磁同步电机，以霍尔传感器取代碳刷换向器，以钕铁硼作为转子的永磁材料，性能上相较一般的传统直流电机有很大优势。具有高效率、低能耗、低噪声、超长寿命、高可靠性、可伺服控制、无级变频调速等优点，缺点是比有刷电机贵、不好维护，广泛应用于各种机械手、电动车、电动船、航模、高速车模和船模等领域。

单个的无刷电机不是一套完整的动力系统，无刷电机必须通过无刷控制器（也就是电调）的控制才能实现连续不断的运转。各种内转子无刷电机如图 1-2 所示。

图 1-2　各种内转子无刷电机

三、普通轮毂电机

轮毂电机技术也被称为车轮内装电机技术，外形如图 1-3 所示。有些轮毂电机还将动力装置和制动装置都一起整合到轮毂内，得以将电动车辆的机械部分大为简化。轮毂电机广泛应用于电动车、AGV 小车、平衡车、滑板车、农用割草机等机械设备，作驱动轮用。

图 1-3　普通轮毂电机

普通轮毂电机引出线为八根线，分别为 U、V、W 三根相线，U、V、W 三根霍尔传感器线，正负两根电源线，如图 1-4 所示。

带编码器的轮毂电机根据编码器的不同，输出线数不同，电机部分与普通轮毂电机线数相同，同样为 U、V、W 三根相线，U、V、W 三根霍尔传感器线，正负两根电源线。传感器部分分为带零位的线和不带零位的线。如图 1-5 所示。

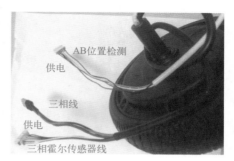

图 1-4　普通轮毂电机引出线　　　　　图 1-5　带编码器的轮毂电机

四、机器人 AGV 车用无刷有齿轮毂电机

机器人 AGV 车用电机需要平稳运行，还有的需要高精度定位，因此多数 AGV 车使用有齿轮毂电机。有齿轮毂电机实际是将电机和减速机组合在轮毂内部，有些轮毂电机还带有刹车片功能，构成驱动 / 减速 / 刹车一体电机。常见无刷有齿电机外形及结构如图 1-6 所示。实际应用中，有齿轮毂电机也可根据需要广泛应用于多个领域，如电动汽车、农机设备等。

图 1-6　机器人 AGV 车用无刷有齿轮毂电机

五、航模专用无刷电机

航模专用无刷电机采用无传感器设计，它具有启动迅速、机械特性和调节特性好、调数范围宽、可靠性高、噪声低、无换向火花无线电干扰等优异性能。采用高性能钕铁硼永磁高功率密度设计，效率可不低于 80%。因此在同样的输出功率下，无刷电机比传统的有刷直流电机体积小、重量轻。无刷电机工作时没有碳刷电机那样的火花干扰，也不存在碳刷磨损问题，因此采用无刷电机更有利于远距离遥控，且使用寿命长，基本上无须维护。

航模专用无刷电机内转子结构和外转子结构并存，外转子结构有较好的发展前景。内转子结构由于定子绕组在外，转子在内，转子直径小，电机的气隙小，和外转子结构相比，在原理上电机的单位体积的功率较小，电动机的重量要更重些。对于模型飞机来说，电机的重量也是决定飞机参数的重要标准。内转子定子孔小，线圈若手工放置会比较困难。由于内转子的密封性，散热相对外转子差点。目前来说，一般外转电机绕线为漆包线，有防水功能（是指能在潮湿的环境工作，不能在水里工作）。航模专用无刷电机如图1-7所示。

图1-7　航模专用无刷电机

六、伺服电机

伺服电机是指在伺服系统中控制机械元件运转的电动机。伺服电机可使控制速度、位置精度非常准确，可以将电压信号转化为转矩和转速以驱动控制对象。伺服电机转子转速受输入信号控制，并能快速反应，在自动控制系统中，用作执行元件，且具有机电时间常数小、线性度高等特性，可把所收到的电信号转换成电动机轴上的角位移或角速度输出。分为直流伺服电机和交流伺服电机两大类。伺服电机的主要特点是，当信号电压为零时无自转现象，转速随着转矩的增加而匀速下降。伺服电机各部分名称如图1-8所示。

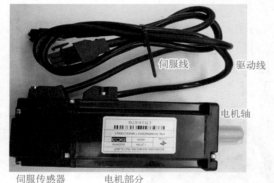

图1-8　伺服电机外形

伺服电机主要靠脉冲来定位，基本上可以这样理解，伺服电机接收到1个脉冲，就会旋转1个脉冲对应的角度，从而实现位移。因为伺服电机本身具备发出脉冲的功能，所以伺服电机每旋转一个角度，都会发出对应数量的脉冲，这样，和伺服电机接收的脉冲形成了呼应，或者叫闭环。如此一来，系统就会知道发了多少脉冲给伺服电机，同时又收了多少脉冲回来，这样，就能够很精确地控制电机的转动，从而实现精确的定位，目前伺服电机的定位精度可以达到0.001mm。

伺服电机编码有两种结构，一种为磁传感方式，另一种为光电编码方式。两种方式的电机结构及引出线如图1-9所示。

(a) 无刷电机配磁编码器

输出轴　电机铭牌　电机连接器　编码器连接器

电机外壳　定子　编码器

光电增量编码器　接线

(b) 无刷电机配光电编码器

图 1-9　两种方式的编码电机结构及引线

第二节　无刷电机的结构与专业参数

一、内转子无刷电机的结构

普通的碳刷电机旋转的是转子绕组，而无刷电机不论是外转子结构还是内转子结构，旋转的都是磁铁。所以任何一个电机都是由定子和转子共同构成的，如图 1-10 所示。

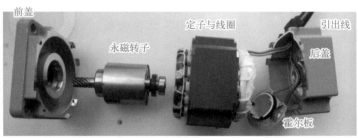

前盖　永磁转子　定子与线圈　引出线　后盖　霍尔板

(a) 结构

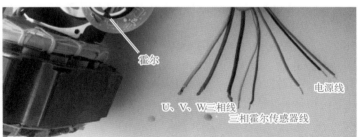

霍尔　电源线　U、V、W三相线　三相霍尔传感器线

(b) 引线

图 1-10　无刷电机的结构与引线

无刷电机的拆卸

无刷电机接线

无刷电机组装

无刷电机的定子是产生旋转磁场的部分，能够支撑转子进行旋转，主要由硅钢片、漆包线、轴承、支撑件构成；而转子则是粘贴钕铁硼磁铁，在定子旋转磁场的作用下进行旋转的部件，主要由转轴、磁铁、支撑件构成。除此之外，定子与转子组成的磁极对数还影响着电机的转速与扭力。

无刷电机的前盖、中壳、后盖主要是整体结构件，起到构建电机整体结构的作用。但是外转子无刷电机的外壳同时也是磁铁的磁路通路，所以外壳必须由导磁性的物质构成。内转子的外壳只是结构件，所以不限定材质。但是内转子电机比外转子电机多一个转子铁芯，这个转子铁芯同样也是起到磁路通路的作用。

磁铁：安装在转子上，是无刷电机的重要组成部分，无刷电机的绝大部分性能参数都与磁铁相关，包括功率、转速、转矩等。

硅钢片：有槽无刷电机的重要组成部分。当然，无槽无刷电机是没有硅钢片的，但是目前绝大多数的无刷电机都是有槽的。它在整个系统中的作用主要是降低磁阻、参与磁路运转。

转轴：电机转子的直接受力部分，转轴的硬度必须能满足转子高速旋转的要求。

轴承：电机运转顺畅的保证，可以分为滑动轴承和滚动轴承，而滚动轴承又可以细分为深沟球轴承、滚针轴承和角接触轴承等十大类，而目前大多数的无刷电机都是采用深沟球轴承。

二、外转子无刷电机的结构

外转子无刷电机和内转子无刷电机的区别在于：定子在内部，有绕制线圈，固定不动；转子在外部，同样嵌入磁铁。外转子电机结构如图 1-11 所示。

图 1-11　外转子电机结构

三、无刷电机中的专业名词

（1）额定电压　也就是无刷电机适合的工作电压，其实无刷电机适合的工作电压非常广，额定电压是指定了负载条件而得出的情况。比如，2212-850kV 电机指定了 1045 螺旋桨的负载，其额定工作电压就是 11V。如果减小负载，例如带 7040 螺旋桨，那这个电机完全可以工作在 22V 电压下。但是这个工作电压也不是无限上升的，主要受制于电子控制器支持的最高频率。所以，额定电压是由工作环境决定的。

（2）kV 值　有刷直流电机是根据额定工作电压来标注额定转速的，无刷电机引入了 kV 值的概念，而让用户可以直观地知道无刷电机在具体的工作电压下的具体转速。实际转速 =kV 值 × 工作电压，这就是 kV 的实际意义，就是在 1V 工作电压下每分钟的转速。无刷直流电机的转速与电压成正比关系，电机的转速会随着电压上升而线性上升。例如，2212-850kV 电机在 10V 电压下的转速就是：850×10=8500r/min。

（3）转矩（力矩、扭矩）　电机中转子产生的可以用来带动机械负载的驱动力矩，可以理解为电机的力量。

（4）转速　电机每分钟的转速，一般用 r/min 表示。

（5）最大电流　电机能够承受并安全工作的最大电流。

（6）最大功率　电机能够承受并安全工作的最大功率，功率 = 电压 × 电流。

（7）无刷电机功率和效率　可以简单地理解为电机输出功率 = 转速 × 转矩，在同等的功率下，转矩和转速是一个此消彼长的关系，即同一个电机的转速越高，必定其转矩越低。不可能要求一个电机的转速也更高，转矩也更高，这个规律通用于所有电机。例如：2212-850kV 电机，在 11V 的情况下可以带动 1045 桨，如果将电压上升一倍，其转速也提高一倍，如果此时负载仍然是 1045 桨，那该电机将很快因为电流和温度的急剧上升而烧毁。每个电机都有自己的力量上限，最大功率就是这个上限，如果工作情况超过了这个最大功率，就会导致电机高温烧毁。当然，这个最大功率也是指定了工作电压情况下得出的，如果是在更高的工作电压下，合理的最大功率也将提高。这是因为：$Q=I^2R$，导体的发热与电流的平方是正比关系，在更高的电压下，如果是同样的功率，电流将下降，导致发热减少，使得最大功率增加。这也解释了为什么在专业的航拍飞行器上，大量使用 22.2V 甚至 30V 的电池来驱动多轴飞行器，高压下的无刷电机电流小、发热小、效率更高。

对于同样的 kV 不同的电机差别很大，如 2208-1000kV 和 2216-1000kV，都是 1000kV，在电机直径、kV 值都一样的情况下，电机供电电压高的功率大，功率越大的电机自然能够带动的负载越大。对于电机来说，工作越轻松，效率越高，利用前面的理论就是，铁耗也低，铜耗也低。

即：转矩与电流的平方成正比。

随着电机工作得越来越累，它的效率会迅速降低。所以说选择多轴电机，必须选择合适功率电机以及与它搭配的螺旋桨，让电机工作在相对轻松的状态。一般来说，悬停时工作功率是最大功率的 30% ～ 45% 比较好。不可小牛拉大车，也不能大牛拉小车。

无刷电机电压与效率的关系，如功率 = 电压 × 电流。

（8）发热量 = 电流的平方 × 电阻　在同功率下，电压越高电流越小，并推出：在同功率下，电压越高发热量越小。最后得出结论：同一个飞行器，使用的电压越高，电流越小并且发热越少，效率越高。

（9）磁极对数　磁场的旋转速度又称同步转速，它与三相电流的频率和磁极对数 p 有关。如果定子绕组在任一时刻合成的磁场只有一对磁极（磁极对数 $p=1$），即只有两个磁极，对只有一对磁极的旋转磁场而言，三相电流变化一周，合成磁场也随之旋转一周，如果是 50Hz 的交流电，旋转磁场的同步转速就是 50r/s 或 3000r/min。在工程技术中，常用转/分（r/min）来表示转速。如果定子绕组合成的磁场有两对磁极（磁极对数 $p=2$），即有四个磁极，可以证明，电流变化一个周期，合成磁场在空间旋转 180°，由此可以推出：p 对磁极旋转磁场每分钟的同步转速为 $n=60f/p$，其中 f 为频率。

当磁极对数一定时，如果改变交流电的频率，则可改变旋转磁场的同步转速，这就是变频调速的基本原理。由于电机的磁极是成对出现的，所以也常用磁极对数表示。无刷电机磁极对数如图 1-12 所示。

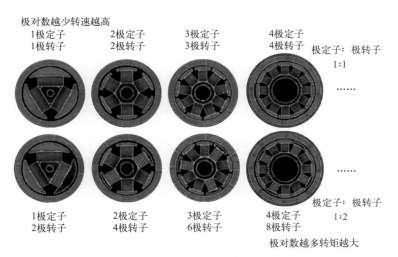

图 1-12　无刷电机磁极对数

无刷电机终归属于永磁电机，而永磁电机的功率、特点等特性完全取决于磁铁。基本可以说磁铁的体积与牌号（磁铁的磁场强度）决定了电机的最大功率。

四、无刷电机使用与保养

直流无刷电机由电动机主体和驱动器组成，是一种典型的机电一体化产品，并在多个领域中都得到广泛应用。用户在使用直流无刷电机时有一些问题也是需要注意的：

❶ 在拆卸前，要用压缩空气吹净电机表面灰尘，并将表面污垢擦拭干净。

❷ 选择电机解体的工作地点，清理现场环境。

❸ 熟悉电机结构特点和检修技术要求。

❹ 准备好解体所需工具（包括专用工具）和设备。

❺ 为了进一步了解电机运行中的缺陷，有条件时可在拆卸前做一次检查试验。为此，将电机带上负载试转，详细检查电机各部分温度、声音、振动等情况，并测试电压、电流、转速等，然后再断开负载，单独做一次空载检查试验，测出空载电流和空载损耗，做好记录。

❻ 切断电源，拆除电机外部接线，做好记录。

❼ 选用合适电压的兆欧表测试电机绝缘电阻。为了和上次检修时所测的绝缘电阻值相比较以判断电机绝缘变化趋势和绝缘状态，应将不同温度下测出的绝缘电阻值换算到同一温度，一般换算至 75℃。

❽ 测试吸收比 K。当吸收比大于 1.33 时，表明电机绝缘不曾受潮或受潮程度不严重。为了和以前数据进行比较，同样要将任意温度下测得的吸收比换算到同一温度。

 **第三节 直流无刷电机工作原理**

一、电磁理论

磁场：磁感线、安培定则、左手定则、右手定则的知识可扫二维码详细学习。

二、直流电机基本旋转原理

当两头的线圈通上电流时，根据右手螺旋定则，会产生方向指向右的外加磁感应强度 B（如图 1-13 中粗箭头方向所示），而中间的转子会尽量使自己内部的磁感线方向与外磁感线方向保持一致，以形成一个最短闭合磁感线回路，这样内转子就会按顺时针方向旋转了。

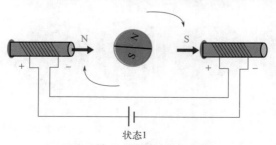

状态1

图 1-13 螺线管的电流方向

当转子磁场方向与外部磁场方向垂直时，转子所受的转动力矩最大。注意这里说的是"力矩"最大，而不是"力"最大。诚然，在转子磁场与外部磁场方向一致时，转子所受磁力最大，但此时转子呈水平状态，力臂为 0，当然也就不会转动了。

当转子转到水平位置时，虽然不再受到转动力矩的作用，但由于惯性原因，还会继续顺时针转动，这时若改变两头螺线管的电流方向，如图 1-13 所示，转子就会继续顺时针向前转动，如此不断改变两头螺线管的电流方向，内转子就会不停地转起来了。改变电流方向的这一动作，就叫作换相，如图 1-14 所示。

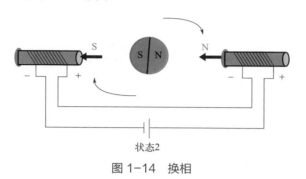

图 1-14　换相

何时换相只与转子的位置有关，而与其他任何量无直接关系。

三、内转子无刷电机旋转原理

一般来说，定子的三相绕组有星形连接方式和三角连接方式，而"三相星形连接的二二导通方式"最为常用，下面以星形连接为例介绍无刷电机的工作原理。

星形连接绕组如图 1-15 所示，三个绕组通过中心的连接点以"Y"形的方式被连接在一起。整个电机就引出三根线 A、B、C。当它们之间两两通电时，有 6 种情况，分别是 AB、AC、BC、BA、CA、CB，注意这是有顺序的，通电过程为：

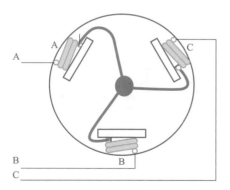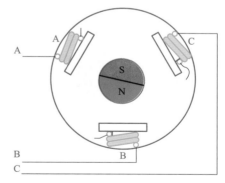

图 1-15　星形连接绕组

第一次通电：AB 相通电，如图 1-16 所示。

当 AB 相通电，则 A 极线圈产生的磁感线方向如红色箭头所示，B 极产生的磁感线方向如图蓝色箭头所示，那么产生的合力方向即为绿色箭头所示，假设其中有一个二极磁铁，则根据"中间的转子会尽量使自己内部的磁感线方向与外磁感线方向保持一致"，则 N 极方向会与绿色箭头所示方向重合。

第二次通电：AC 相通电，如图 1-17 所示。

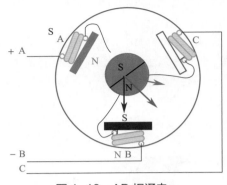

图 1-16　AB 相通电

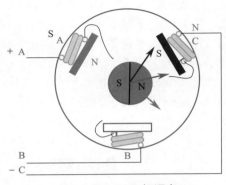

图 1-17　AC 相通电

第三次通电：BC 相通电，如图 1-18 所示。

第四次通电：BA 相通电，如图 1-19 所示。

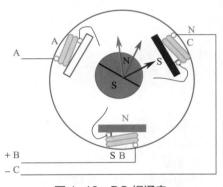

图 1-18　BC 相通电

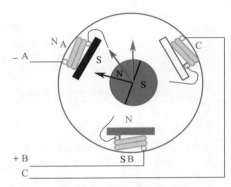

图 1-19　BA 相通电

为了节省篇幅，我们不一一描述 CA、CB 的模型，大家可以自己类推一下。图 1-20 为转子（中间磁铁）的状态图。

AB通电　　　AC通电　　　BC通电　　　BA通电　　　CA通电　　　CB通电

图 1-20　中间磁铁转子状态图

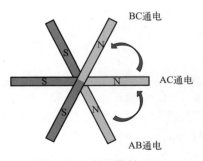

图 1-21　转子旋转 60°

每个过程转子旋转 60°，如图 1-21 所示。六个过程即完成了完整的转动，其中 6 次换相。整个过程旋转的磁场牵引着永磁体不断旋转，而这个换向的操作，就是需要驱动器去完成的。这也是无刷电机和有刷电机最大的区别，即不像有刷电机的机械换向，无刷电机是通过电子换向来驱动转子不断地转动，电机的电压和 kV 值决定了电机转速，而电机的转速就决定了换向的频率。

第四节 常用的位置反馈方式与装置

一、伺服系统常用位置检测装置

组成：位置测量装置是由检测元件（传感器）和信号处理装置组成的。

作用：实时测量执行部件的位移和速度信号，并变换成位置控制单元所要求的信号形式，将运动部件现实位置反馈到位置控制单元，以实施闭环控制。它是闭环、半闭环进给伺服系统的重要组成部分。

闭环数控机床的加工速度在很大程度上是由位置检测装置的精度决定的，在设计数控机床进给伺服系统尤其是高精度进给伺服系统时，必须精心选择位置检测装置。

1. 进给伺服系统对位置测量装置的要求

❶ 高可靠性和高抗干扰性。

❷ 受温度、湿度的影响小，工作可靠，精度保持性好。

❸ 能满足精度和速度的要求：位置检测装置分辨率应高于数控机床的分辨率（一个数量级），位置检测装置最高允许的检测速度应小于数控机床的最高运行速度。

❹ 使用维护方便，适应机床工作环境。

❺ 成本低。

2. 位置检测装置的分类

❶ 按输出信号的形式分类：数字式和模拟式。

❷ 按测量基点的类型分类：增量式和绝对式。

❸ 按位置检测元件的运动形式分类：回转式和直线式。

位置检测装置的分类如表 1-1 所示。

表1-1　常用位置检测装置分类

类型	数字式		模拟式	
	增量式	绝对式	增量式	绝对式
回转式	脉冲编码盘 圆光栅	绝对式脉冲编码盘	旋转变压器 圆感应同步器 圆磁尺	三速圆感应同步器
直线式	直线光栅 激光干涉仪	多通道透射光栅	直线感应同步器 磁尺	三速感应同步器 绝对磁尺

二、脉冲编码器

脉冲编码器又称码盘，是一种回转式数字测量元件，通常装在被测轴上，随被测轴一起转动，可将轴的角位移转换为增量脉冲形式或绝对式的代码形式。根据内部结构和检测方式，码盘可分为接触式、光电式和电磁式 3 种。其中，光电码盘在数控机床上应用较多，而由霍尔效应构成的电磁码盘则可用作速度检测元件。另外，它还可分为绝对式和增量式两种。

旋转编码器是集光、机、电技术于一体的速度位移传感器。

❶ 增量式编码器　增量式编码器轴旋转时，有相应的相位输出。其旋转方向的判别和脉冲数量的增减，需借助后部的判向电路和计数器来实现。其计数起点可任意设定，并可实现多圈的无限累加和测量。还可以把每转发出一个脉冲的 Z 信号作为参考机械零位。当脉冲已固定，而需要提高分辨率时，可利用带 90°相位差的 A、B 两路信号，对原脉冲数进行倍频。

增量式编码器结构如图 1-22 所示，外形如图 1-23 所示。

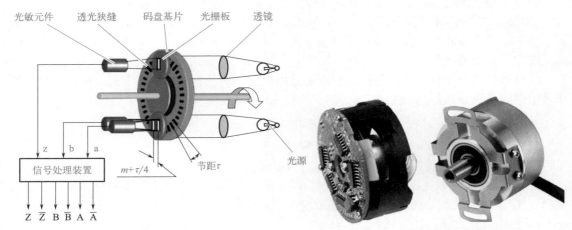

图 1-22　增量式编码器结构　　　　　　图 1-23　增量式编码器外形

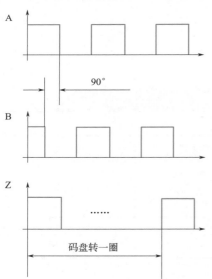

图 1-24　增量式编码器输出的波形

光电码盘随被测轴一起转动，在光源的照射下，透过光电码盘和光板形成忽明忽暗的光信号，光敏元件把此信号转换成电信号，通过信号处理装置的整形、放大等处理后输出。输出的波形有六路：A、$\overline{A}$ B、$\overline{B}$ Z、$\overline{Z}$，其中 $\overline{A}$、$\overline{B}$、$\overline{Z}$ 是 A、B、Z 的取反信号。输出的波形如图 1-24 所示。

a. 输出信号作用和处理：

A、B 两相的作用——根据脉冲的数目可得出被测轴的角位移；根据脉冲的频率可得被测轴的转速；根据 A、B 两相的相位超前滞后关系可判断被测轴旋转方向。后续电路可利用 A、B 两相的 90°相位差进行细分处理。

Z 相的作用——被测轴的周向定位基准信号；被测轴的旋转圈数计数信号。

$\overline{A}$、$\overline{B}$、$\overline{Z}$ 的作用——后续电路可利用 A、$\overline{A}$ 两相实现差分输入，以消除远距离传输的共模干扰。

b. 增量式码盘的规格及分辨率：

● 规格。增量式码盘的规格是指码盘每转一圈发出的脉冲数；现在市场上提供的规格从 36 线 / 转到 10 万线 / 转都有；选择：伺服系统要求的分辨率，考虑机械传动系统的参数。

● 分辨率（分辨角）α。设增量式码盘的规格为 n 线 / 转：$\alpha = 360°/n$。

❷ 绝对式编码器　旋转增量式编码器在转动时输出脉冲，通过计数设备来计算其位置，当编码器不动或停电时，依靠计数设备的内部记忆来记住位置。这样，当停电后，编码器不

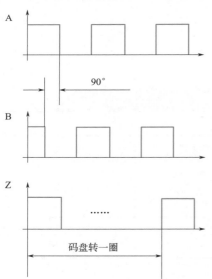（图中左侧波形标注 A、B、Z，以及 90°、码盘转一圈）

能有任何的移动，当来电工作时，编码器输出脉冲过程中，也不能有干扰而丢失脉冲，不然计数设备计算并记忆的零点就会偏移，而且这种偏移的量是无从知道的，只有错误的生成结果出现后才能知道。

为解决这个问题，专家们解决的方法是增加参考点，编码器每经过参考点，将参考位置修正进计数设备的记忆位置。在参考点以前，是不能保证位置的准确性的，为此，在实际控制中就出现了每次操作先找参考点、开机找零等方法。

这样的方法对有些工控项目比较麻烦，甚至不允许开机找零（开机后就要知道准确位置），于是就有了绝对式编码器的出现。

绝对式编码器轴旋转时，有与位置一一对应的代码（二进制、BCD 码等）输出，从代码大小的变更即可判别正反方向和位移所处的位置，而无须判向电路。它有一个绝对零位代码，当停电或关机后再开机重新测量时，仍可准确地读出停电或关机位置的代码，并准确地找到零位代码。一般情况下绝对式编码器的测量范围为 0 ～ 360°，但特殊型号也可实现多圈测量。

绝对式编码器光码盘（格雷码）结构如图 1-25 所示，内部结构和外形如图 1-26 所示。

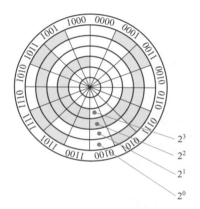

图 1-25　绝对式编码器光码盘

图 1-26　绝对式编码器内部结构和外形

绝对式编码器光码盘上有许多道光通道刻线，每道刻线依次以 2 线、4 线、8 线、16 线编排，在编码器的每一个位置，通过读取每道刻线的通、暗，获得一组 2° ～ 2^{n-1} 的唯一的二进制编码（格雷码），这就称为 *n* 位绝对编码器。这样的编码器是由光电码盘的机械位置决定的，它不受停电、干扰的影响。绝对式编码器由机械位置确定编码，它无须记忆，无须找参考点，而且不用一直计数，什么时候需要知道位置，什么时候就去读取它的位置。这样，编码器的抗干扰特性、数据的可靠性大大提高了。

格雷码的编码方法：它是从二进制码转换而来的，转换规则为将二进制在与其本身右移一位后并舍去末位的数码作不进位加法，得出的结果即为格雷码（循环码）。

例：将二进制码 0101 转换成对应的格雷码，如图 1-27 所示。

　　0101(二进制码)
⊕　010(右移一位并舍去末位)
　　0111(格雷码)

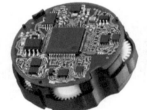

图 1-27　将二进制码 0101 转换成对应的格雷码

旋转单圈绝对式编码器，在转动中测量光电码盘各道刻线，以获取唯一的编码，当转动超过 360° 时，编码又回到原点，这样就不符合绝对编码唯一的原则，这样的编码只能用于旋转范围 360° 以内的测量，称为单圈绝对式编码器。

测量旋转超过 360° 范围时，用到多圈绝对式编码器，编码器运用钟表齿轮机械原理，当中心码盘旋转时，通过齿轮转动另一组码盘（或多组齿轮，多组码盘），在单圈编码的基础上再增加圈数的编码，以扩大编码器的测量范围，这样的绝对式编码器就称为多圈绝对式编码器，它同样是由机械位置确定编码，每个位置编码唯一，而无须记忆。

多圈编码器另一个优点是由于测量范围大，使用时往往富余较多，这样在安装时不必费劲找零点，将某一中间位置作为起始点就可以了，大大简化了安装调试难度。

绝对式码盘的规格及分辨率：

a. 规格。绝对式码盘的规格与码盘码道数 n 有关；现在市场上提供的有 4～18 道。选择时要考虑伺服系统要求的分辨率和机械传动系统的参数。

b. 分辨率（分辨角）α。设绝对式码盘的规格为 n 线／转：$\alpha=360°/(2n)$。

❸ 光电编码器的优缺点　优点：非接触测量，无接触磨损，码盘寿命长，精度保证性好；允许测量转速高，精度较高；光电转换，抗干扰能力强；体积小，便于安装，适合于机床运行环境。缺点：结构复杂，价格高，光源寿命短；码盘基片为玻璃，抗冲击和抗振动能力差。

三、感应同步器

感应同步器的结构如图 1-28 所示，其中直线感应同步器由定尺和滑尺组成，测量直线位移，用于闭环直线系统。

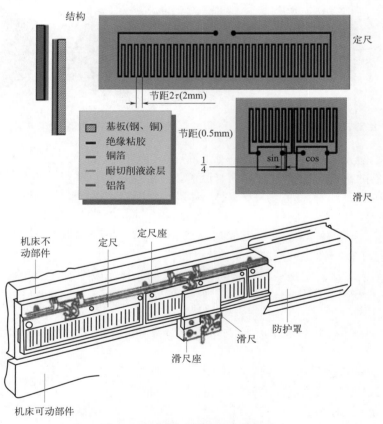

图 1-28　直线式感应同步器结构

❶ 感应同步器的工作原理　感应同步器是利用励磁绕组与感应绕组间发生相对位移时，由于电磁耦合的变化，感应绕组中的感应电压随位移的变化而变化，借以进行位移量的检测。感应同步器滑尺上的绕组是励磁绕组，定尺上的绕组是感应绕组。其原理如图 1-29 所示。

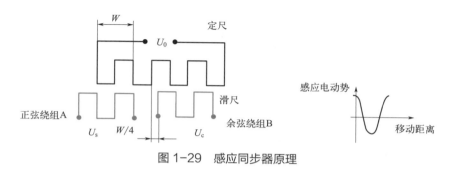

图 1-29　感应同步器原理

在数控机床应用中，感应同步器定尺固定在床身上，滑尺则安装在机床的移动部件上。通过对感应电压的测量，可以精确地测量出位移量。

在励磁绕组上加上一定的交变励磁电压，定尺绕组中就产生相同频率的感应电动势，其幅值大小随滑尺移动呈余弦规律变化。滑尺移动一个节距，感应电动势变化一个周期。

❷ 感应式同步器的分类　根据滑尺正、余弦绕组上励磁电压 U_s、U_c 供电方式的不同，可构成不同检测系统——鉴相型系统和鉴幅型系统。

a.鉴幅型　通过检测感应电动势的幅值测量位移。只要能测出 U_s 与 U_c 相位差 θ_1，就可求得滑尺与定尺相对位移量 x。

b.鉴相型　通过检测感应电动势的相位测量位移。相对位移量 x 与相位角 θ 呈线性关系，只要能测出相位角 θ，就可求得位移量 x。

四、旋转变压器

旋转变压器（resolver/transformer）是一种电磁式传感器，又称同步分解器。它是一种测量角度用的小型交流电动机，用来测量旋转物体的转轴角位移和角速度，由定子和转子组成。其中定子绕组作为变压器的原边，接受励磁电压，励磁频率通常用 400Hz、3000Hz 及 5000Hz 等。转子绕组作为变压器的副边，通过电磁耦合得到感应电压。

旋转变压器实物（包括信号解码板）如图 1-30 所示。

(a) 旋转变压器　　　　　　　　(b) 信号解码板

图 1-30　旋转变压器

❶ 旋转变压器的工作原理　旋转变压器的本质是一个变压器，关键参数也与变压器类似，比如额定电压、额定频率、变压比。

它与变压器不同之处是，它的一次侧与二次侧不是固定安装的，而是有相对运动。随着两者相对角度的变化，在输出侧就可以得到幅值变化的波形。如图 1-31 所示。

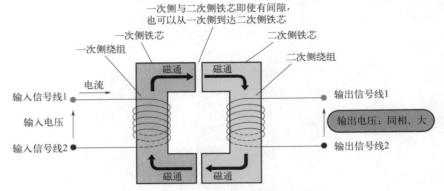

图 1-31　旋转变压器线圈结构示意图

旋转变压器就是基于以上原理设计的，输出信号幅值随位置变化而变化，但频率不变。旋转变压器在实际应用中，设置了两组输出线圈，两者相位差 90°，从而可以输出幅值为正弦与余弦变化的两组信号。旋转变压器内部原理和结构图如图 1-32 所示。

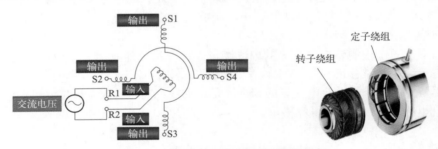

图 1-32　旋转变压器内部原理和结构图

旋转变压器转子绕组输出电压幅值与励磁电压的幅值成正比，对励磁电压的相位移等于转子的转动角度 θ，检测出相位 θ，即可测量旋转物体的转轴角位移和角速度。

❷ 旋转变压器的种类　旋转变压器按结构差异可分为有刷式旋转变压器和无刷式旋转变压器。

有刷式旋转变压器由于它的转子绕组通过滑环和电刷直接引出，其特点是结构简单，体积小，但因电刷与滑环是机械滑动接触的，所以旋转变压器的可靠性差，寿命也较短，目前这种结构形式的旋转变压器应用得很少。而目前使用广泛的是无刷式旋转变压器。有刷式旋转变压器和无刷式旋转变压器结构如图 1-33 所示。

❸ 旋转变压器与编码器的区别　旋转变压器是一种输出电压随转子转角变化的信号元件。它采用电磁感应原理工作，随着旋转变压器的转子和定子角位置不同，输出信号可以实现对输入正弦载波信号的相位变换和幅值调制，最终由专用的信号处理电路或者某些具备一定功能接口的 DSP 和单片机，根据输出信号的幅值和相位与正弦载波信号的关系解析出转子和定子间的角位置关系。

旋转变压器和编码器的主要区别如下：

a. 编码器更精确，采用的是数字信号脉冲计数；旋转变压器是模拟正弦或余弦信号，采用模拟量反馈。

  b. 编码器多是方波输出的，旋转变压器是正余弦的，通过芯片解算出相位差。

  c. 旋转变压器的转速比较高，可以达到上万转，编码器就没那么高了。

  d. 旋转变压器的应用环境温度是 $-55 \sim +155℃$，编码器是 $-10 \sim +70℃$。

  e. 旋转变压器一般是增量的。

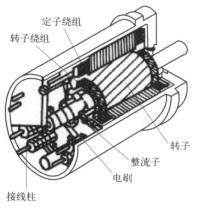

(a) 有刷式旋转变压器   (b) 无刷式旋转变压器

图 1-33   有刷式旋转变压器和无刷式旋转变压器结构

  两者的根本区别在于数字信号和模拟正弦或余弦信号的区别。

五、光栅尺

  光栅尺也称为光栅尺位移传感器（光栅尺传感器），是利用光栅的光学原理工作的测量反馈装置。光栅尺实物如图 1-34 所示。

  光栅尺经常应用于数控机床的闭环伺服系统中，可用作直线位移或者角位移的检测。其测量输出的信号为数字脉冲，具有检测范围大、检测精度高、响应速度快的特点。例如，在数控机床中常用于对刀具和工件的坐标进行检测，来观察和跟踪走刀误差，以起到补偿刀具的运动误差的作用。光栅尺按照制造方法和光学原理的不同，分为透射光栅和反射光栅。

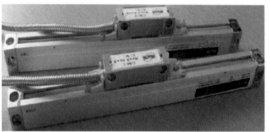

图 1-34   光栅尺实物

  光栅尺由标尺光栅和光栅读数头两部分组成：标尺光栅一般固定在机床固定部件上，光栅读数头装在机床活动部件上，指示光栅装在光栅读数头中。图 1-35 所示的就是光栅尺的结构。

  光栅检测装置的关键部分是光栅读数头，它由光源、会聚透镜、指示光栅、光电元件及调整机构等组成。光栅读数头结构形式很多，根据读数头结构特点和使用场合分为直接接收式读数头、分光镜式读数头、金属光栅反射式读数头等。

  （1）光栅尺的工作原理   常见光栅尺都是根据物理上莫尔条纹的形成原理进行工作的。

  读数头通过检测莫尔条纹个数，来"读取"光栅刻度，然后根据驱动电路的作用，计算出光栅尺的位移和速度。如图 1-36 所示是某光栅尺的应用原理。

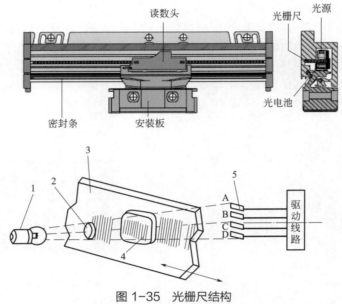

图 1-35 光栅尺结构

1—光源；2—透镜；3—标尺光栅；4—指示光栅；5—光电元件

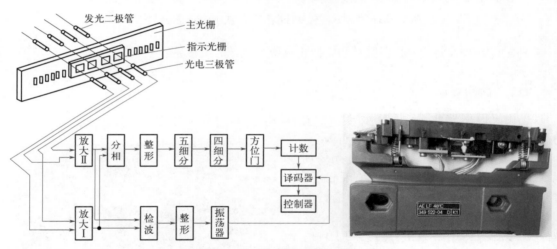

图 1-36 某光栅尺应用原理

(2) 莫尔条纹 以透射光栅为例，当指示光栅上的线纹和标尺光栅上的线纹之间形成一个小角度 θ，并且两个光栅尺刻面相对平行放置时，在光源的照射下，光线位于几乎垂直的栅纹上，形成明暗相间的条纹。这种条纹称为"莫尔条纹"，如图 1-37 所示。严格地说，莫尔条纹排列的方向是与两片光栅线纹夹角的平分线相垂直。莫尔条纹中两条亮纹或两条暗纹之间的距离称为莫尔条纹的宽度，以 W 表示。

莫尔条纹的特点：

❶ 莫尔条纹的移动方向与光栅夹角有对应关系。当主光栅沿栅线垂直方向移动时，莫尔条纹沿着夹角 θ 平分线（近似平行于栅线）方向移动。

❷ 光学放大作用。放大倍数可通过改变 θ 角连续变化，从而获得任意粗细的莫尔条纹，即光栅具有连续变倍的作用。

❸ 均化误差作用。莫尔条纹是由光栅的大量刻线共同形成的，对光栅的刻线误差有平均作用。

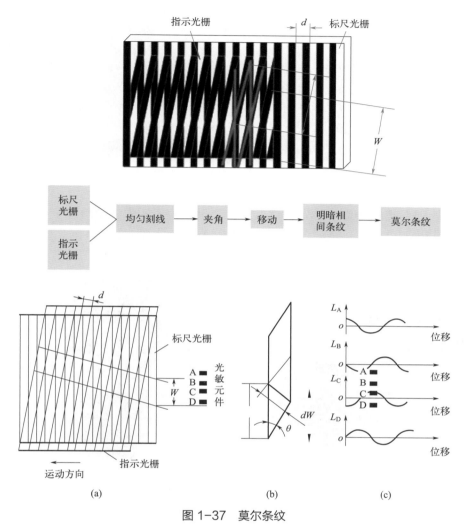

图 1-37 莫尔条纹

莫尔条纹测量位移：光栅每移过一个栅距 W，莫尔条纹就移过一个间距 B。通过测量莫尔条纹移过的数目，即可得出光栅的位移量。

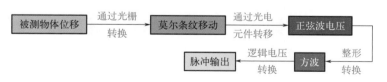

故： 被测物体位移 = 栅距 × 脉冲数

（3）光栅尺电子细分与判向　光栅测量位移的实质是以光栅栅距为一把标准尺子对位移量进行测量。高分辨率的光栅尺一般造价较贵，且制造困难。为了提高系统分辨率，需要对莫尔条纹进行细分，光栅尺传感器系统多采用电子细分方法。当两块光栅以微小倾角重叠时，在与光栅刻线大致垂直的方向上就会产生莫尔条纹，随着光栅的移动，莫尔条纹也随之上下移动。这样就把对光栅栅距的测量转换为对莫尔条纹个数的测量。

在一个莫尔条纹宽度内，按照一定间隔放置 4 个光电器件就能实现电子细分与判向功能。例如，栅线为 50 线对 /mm 的光栅尺，其光栅栅距为 0.02mm，若采用四细分后便可得到分辨率为 5μm 的计数脉冲，这在工业普通测控中已达到了很高精度。由于位移是一个矢量，既要检测其大小，又要检测其方向，因此至少需要两路相位不同的光电信号。

为了消除共模干扰、直流分量和偶次谐波，通常采用由低漂移运放构成的差分放大器。由 4 个光敏器件获得的 4 路光电信号分别送到 2 个差分放大器输入端，从差分放大器输出的两路信号其相位差为 π/2，为得到判向和计数脉冲，需对这两路信号进行整形，首先把它们整形为占空比为 1 : 1 的方波。然后，通过对方波的相位进行判别比较，就可以得到光栅尺的移动方向。通过对方波脉冲进行计数，可以得到光栅尺的位移和速度。

六、电子手轮

电子手轮即手摇脉冲发生器（也称为手轮、手脉、手动脉波发生器等），用于教导式 CNC 机械工作原点设定、步进微调与中断插入等动作。目前在数控机械上广泛使用电子手轮，其外形如图 1-38 所示。

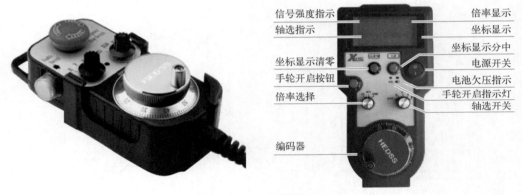

图 1-38　电子手轮外形

电子手轮的原理和常用的鼠标滚轮是一样的，轴心上固定有一个分成很多格窗口的码盘，在外围固定有两个光电开关，当码盘旋转时，光电开关被码盘漏空或挡住，产生的编码信号实际也就是通断信号，记为 1 或 0，后端电路处理后产生一个标准的方波，两个光电开关的安装位置成为互补，相位错 90°输出，而机床通过比对两组脉冲的先后顺序，就能控制机床电机正转或反转，并对坐标进行定位。

第二章

无刷电机驱动技术与控制实例

 第一节 直流无刷电机控制技术

一、三相直流无刷电机与控制电路基本组成

直流无刷永磁电机（电动机）主要由电机本体、位置传感器和电子开关线路三部分组成。其定子绕组一般制成多相（三相、四相、五相不等），转子由永久磁钢按一定极对数（2p=2，4，…）组成。

1. 三相两极直流无刷电机

图 2-1 所示为三相两极直流无刷电机结构，三相定子绕组分别与电子开关线路中相应的功率开关器件连接，A、B、C 相绕组分别与功率开关管 V1、V2、V3 相连接，位置传感器的跟踪转子与电动机转轴相连接。

当定子绕组的某一相通电时，该电流与转子永久磁钢的磁极所产生的磁场相互作用而产生转矩，驱动转子旋转，再由位置传感器将转子磁钢位置变换成电信号，去控制电子开关线路，从而使定子各相绕组按一定次序导通，定子相电流随转子位置的变化而按一定的次序换相。由于电子开关线路的导通次序是与转子转角同步的，因而起到了机械换向器的换向作用。

2. 三相直流无刷电机半桥控制

图 2-2 为三相直流无刷电机半控桥电路原理图。此处采用光电器件作为位置传感器，以三只功率晶体管 V1、V2 和 V3 构成功率逻辑单元。

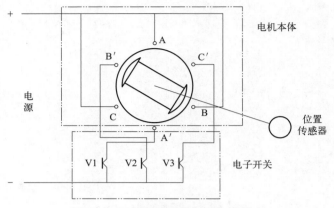

图 2-1　三相两极直流无刷电机组成

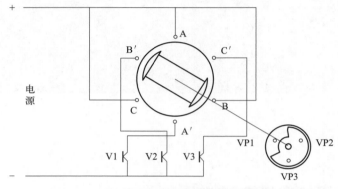

图 2-2　三相直流无刷电机半控桥电路原理图

三只光电器件 VP1、VP2 和 VP3 的安装位置各相差 120°，均匀分布在电机一端。借助安装在电机轴上的旋转遮光板的作用，使从光源射来的光线依次照射在各只光电器件上，并依照某一光电器件是否被照射到光线来判断转子磁极的位置。

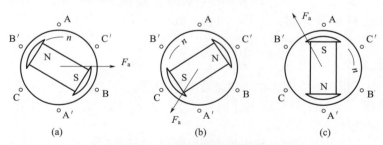

图 2-3　开关顺序及定子磁场旋转示意图

各相绕组电流与电机转子磁场的相互关系如图 2-3 所示。图 2-2 所示的转子位置和图 2-3（a）所示的位置相对应。由于此时光电器件 VP1 被光照射，从而使功率晶体管 V1 呈导通状态，电流流入绕组 A-A′，该组电流同转子磁极作用后所产生的转矩使转子的磁极按图 2-3 中箭头方向转动。当转子磁极转到图 2-3（b）所示的位置时，直接装在转子轴上的旋转遮光板亦跟着同步转动，并遮住 VP1 而使 VP2 受光照射，从而使晶体管 V1 截止，晶体管 V2 导通，电流从绕组 A-A′ 断开而流入绕组 B-B′，使得转子磁极继续朝箭头方向转动。当转子磁极转到图 2-3（c）所示的位置时，此时旋转遮光板已经遮住 VP2，使 VP3 被光照射，导致晶体管 V2 截止、晶体管 V3 导通，因而电流流入绕组 C-C′，于是驱动转子磁极继续朝顺时针方向旋转并回到图 2-3（a）的位置。

这样，随着位置传感器转子扇形片的转动，定子绕组在位置传感器 VP1、VP2、VP3 的控制下，便一相一相地依次馈电，实现了各相绕组电流的换相。在换相过程中，定子各相绕组在工作气隙内所形成的旋转磁场是跳跃式的。这种旋转磁场在 360° 电角度范围内有三种磁状态，每种磁状态持续 120° 电角度。图 2-3（a）为第一种状态，F_a 为绕组 A-A′ 通电后所产生的磁动势，显然，绕组电流与转子磁场的相互作用，使转子沿顺时针方向旋转；转过 120° 电角度后，便进入第二状态，这时绕组 A-A′ 断电，而 B-B′ 随之通电，即定子绕组所产生的磁场转过了 120°，如图 2-3（b）所示，电机定子继续沿顺时针方向旋转；再转 120° 电角度，便进入第三状态，这时绕组 B-B′ 断电，C-C′ 通电，定子绕组所产生的磁场又转过了 120° 电角度，如图 2-3（c）所示；它继续驱动转子沿顺时针方向转过 120° 电角度后就恢复到初始状态。图 2-4 为各相绕组的导通顺序示意图。

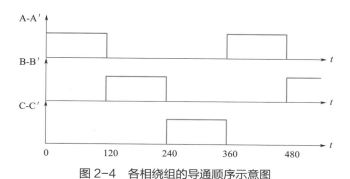

图 2-4　各相绕组的导通顺序示意图

二、　三相直流无刷电机驱动方式的应用

1. 三相半桥控制（半控）电路

常见的三相半控电路如图 2-5 所示，图中 LA、LB、LC 为电机定子 A、B、C 三相绕组，VF1、VF2、VF3 为三只 MOSFET 功率管，主要起开关作用，H1、H2、H3 为来自转子位置传感器的信号。如前所述，在三相半控电路中，要求位置传感器的输出信号 1/3 周期为高电平，2/3 周期为低电平，并要求各传感器信号之间的相位也是 1/3 周期。

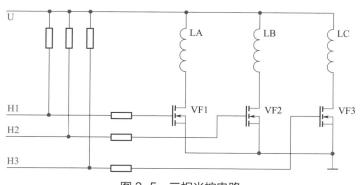

图 2-5　三相半控电路

在电机启动时，由于其转速很低，故转子磁通切割定子绕组所产生的反电动势很小，因而可能产生过大电流 I。为此，通常需要附加限流电路，图 2-6 为常见的一种，图中的电压比较器，主要用来限制主回路电流，当通过电机绕组的电流 I 在反馈电阻 R_f 上的压降 IR_f 大于某给定电压 U_0 时，比较器输出低电平，同时关断了 VF1、VF2、VF3 三只功率场效应晶体管（简称功率管），即切断了主电路。当 $IR_f \ll U_0$ 时，比较器不起任何作用。当 $IR_f < U_0$ 时，比较器输出高电平，这时它不起任何作用。$I_0=U_0/R_f$ 就是所要限制的电流最大值，其大小视具体要求而定。一般取额定电流的 2 倍左右。

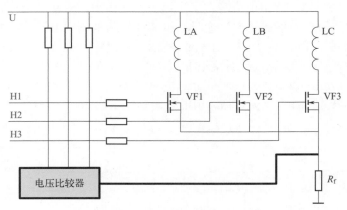

图 2-6　启动电流的限制电路

2. 三相全桥控制（全控）电路（三相 Y 连接电路）

三相半控电路结构简单，但电机本体的利用率很低，每个绕组只通电 1/3 周期，没有得到充分的利用，而且在运行中转矩波动较大。在要求较高的场合，一般均采用如图 2-7 所示的三相全控电路。三相全控电路有两两换相和三三换相两种方式。

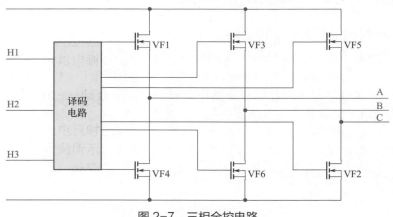

图 2-7　三相全控电路

在该电路中，电机的三相绕组为 Y 连接。如采用两两通电方式，当电流从功率管 VF1 和 VF2 导通时，电流从 VF1 流入 A 相绕组，再从 C 相绕组经 VF2 流回到电源。如果认定流入绕组的电流所产生的转矩为正，那么从绕组所产生的转矩为负，它们合成的转矩大小为 $\sqrt{3}T_a$，方向在 T_a 和 $-T_c$ 角平分线上。当电机转过 60° 后，由 VF1VF2 通电换成 VF2VF3 通电。这时，电流从 VF3 流入 B 相绕组，再从 C 相绕组流出，经 VF2 回到电源，此时合成的转矩大小同样为 $\sqrt{3}T_a$。但合成转矩 T 的方向转过了 60° 电角度。而后每次换相一个功率管，合成转矩矢量方向就随着转过 60° 电角度。所以，采用三相 Y 连接全控电路两两换相方式，合成转矩增加了 $\sqrt{3}$ 倍。每隔 60° 电角度换相一次，每个功率管通电 120°，每个绕组通电 240°，其中正向通电和反向通电各 120°。其输出转矩波形如图 2-8 所示。

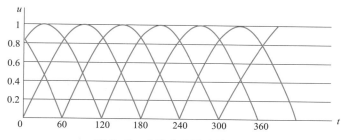

图 2-8　全控电路输出波形图

三三通电方式的顺序为 VF1VF2VF3、VF2VF3VF4、VF3VF4VF5、VF4VF5VF6、VF5VF6VF1、VF6VF1VF2、VF1VF2VF3。当 VF6VF1VF2 导通时，电流从 VF1 管流入 A 相绕组，经 B 相和 C 相绕组分别从 VF6 和 VF2 流出。经过 60° 电角度后，换相到 VF1VF2VF3 通电，这时电流分别从 VF1 和 VF3 流入，经 A 相和 B 相绕组再流入 C 相绕组，经 VF2 流出。在这种通电方式里，每瞬间均有三个功率管通电。每隔 60° 换相一次，每次有一个功率管换相，每个功率管通电 180°。合成转矩为 $1.5T_a$。

三相 Δ 连接电路也可以分为两两通电和三三通电两种控制方式。

两两通电方式的通电顺序是 VF1VF2、VF2VF3、VF3VF4、VF4VF5、VF5VF6、VF6VF1、VF1VF2。当 VF1VF2 导通时，电流从 VF1 流入，分别通过 A 相绕组和 B、C 两相绕组，再从 VF2 流出。这时绕组的连接是 B、C 两相绕组串联后再通 A 相绕组并联，如果假定流过 A 相绕组的电流为 I，则流过 B、C 相绕组的电流分别为 $I/2$。这里的合成转矩为 A 相转矩的 1.5 倍。

三三通电方式的顺序是 VF1VF2VF3、VF2VF3VF4、VF3VF4VF5、VF4VF5VF6、VF5VF6VF1、VF6VF1VF2、VF1VF2VF3。当 VF6VF1VF2 通电时，电流从 VF1 管流入，同时经 A 和 B 相绕组，再分别从 VF6 和 VF2 管流出，C 相绕组则没有电流通过，这时相当于 A、B 两相绕组并联，合成转矩为 A 相转矩的 $\sqrt{3}$ 倍。

三、直流无刷电机的驱动微机控制电路

图 2-9 所示为采用 8751 单片机控制直流无刷电机的原理框图。8751 的 P1 口同 7406 反相器连接控制直流无刷电机的换相，P2 口用于测量来自位置传感器的信号 H_1、H_2、H_3，P0 口外接一个数模转换器。

1. 换相的控制

根据定子绕组的换相方式，首先找出三个转子磁钢位置传感器信号 H_1、H_2、H_3 的状态与 6 只功率管之间的关系，以表格形式放在单片机的 EEPROM 中。8751 根据来自 H_1、H_2、H_3 的状态，可以找到相对应的导通的功率管，并通过 P1 口送出，即可实现直流无刷电机的

换相。

2. 启动电流的限制

主回路中串入电阻 R_{13}，因此 $U_f=R_{13}\times I_M$，其大小正比于电机的电流 I_M。而 U_f 和数模转换器的输出电压 U_o 分别送到 LM324 运算放大器的两个输入端，一旦反馈电压大于 U_f、大于来自数模转换的给定信号 U_o，则 LM324 输出低电平，使主回路中 3 只功率管 VF$_4$、VF$_6$、VF$_2$ 不能导通，从而截断直流无刷电机定子绕组的所有电流通路，迫使电机电流下降，一旦电流下降到使 U_f 小于 U_o，则 LM324 输出回到高电平。主回路又具备导通能力，起到了限制电流的作用。

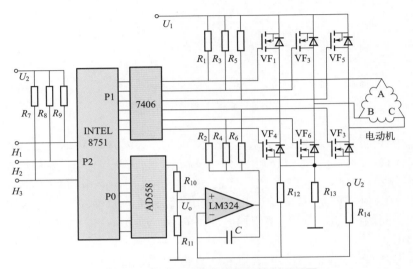

图 2-9　直流无刷电机计算机控制原理图

3. 转速的控制

在直流无刷电机正常运行的过程中，只要通过控制数模转换器的输出电压 U_o，就可控制直流无刷电机的电流，进而控制电机的电流。即 8751 单片机通过传感器信号的周期计算出电机的转速，并把它同给定转速比较，如高于给定转速，则减小 P2 口的输出数值，降低电机电流，达到降低其转速的目的。反之，则增大 P2 口的输出数值，进而提高电机的转速。

4. PWM 控制的实现

转速控制也可以通过 PWM 方式来实现。图 2-10 和图 2-11 为 PWM 控制实现直流无刷电机转速的控制。

直流无刷电机的正反转通过改变换相次序来实现，只需要更换一下换相控制表。

5. 变结构控制的实现

直流无刷电机的变结构控制如图 2-12 所示。当直流无刷电机处于启动状态或在调整过程中，采用直流无刷电机的运行模式，以实现动态响应的快速性，一旦电机的转速到了给定值附近，马上把它转入同步电机运行模式，以保证其稳速精度。这时计算机只需要按一定频率控制电机的换相，与此同时，计算机再通过位置传感器的信号周期来测量其转速大小，并判断它是否跌出同步。一旦跌出同步，则马上转到直流无刷电机运行，并重新将其拉入同步。

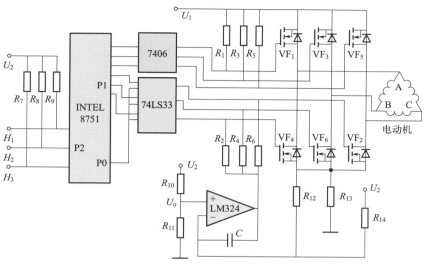

图 2-10　PWM 控制原理图（一）

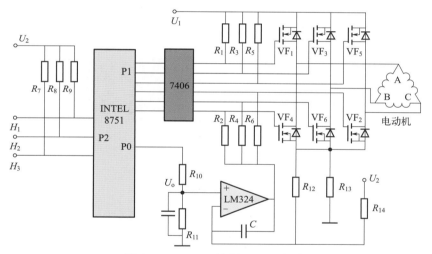

图 2-11　PWM 控制原理图（二）

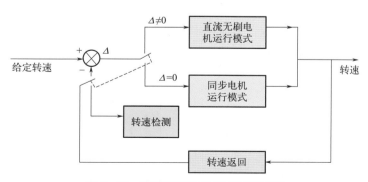

图 2-12　直流无刷电机的变结构控制

一、常用驱动集成电路

1. SZA1015 三相无刷直流电机驱动集成电路

Philips 半导体公司的 SZA1015（BMC12）是一个三相无刷直流电机驱动器集成电路，用于 20 速 CD 和 50 速 DVD 主轴电机驱动。它只需很少的外接元件，即可实现三相无刷直流电机的驱动和转矩控制。它采用 HTSSOP32 小封装（11×8，脚距为 0.65mm）。

它使用一个 5 ～ 12V 电源，用于电机驱动，内部产生一个 5V 电源供控制电路用。PWM 输出实现加速转矩和制动转矩控制，得到高效率。灵敏的霍尔放大器有非常低的失调，适应非常小的霍尔传感器信号。限流电路是在引脚 RLIM 外接电阻调节极限电流，而不是串接电流采样电阻到主电路，从而提高系统效率。而且，限流电路对加速和制动都有效。在芯片内部测量电机的反电动势（EMF），用来补偿 PWM 换相。其比例因数由外接在 REMF 脚上的电阻设定。FG 发生器可用来测量磁盘的回转速度，它的频率是霍尔信号的 3 倍。一个过热关机电路保护集成电路免除过热。在芯片底部到散热器之间有非常低的热阻，使芯片得到有效的冷却。当电机被停止时（停止模式），启 / 停功能同时将内部给霍尔传感器的偏压关掉。减少集成电路电耗。

（1）主要应用参数

- 电源电压 V_{DD}：5V（4.5 ～ 5.5V）；
- 电机电源电压 V_{DDM}：12V（4.5 ～ 14.5V）；
- 最大输出电流：2.1A；
- 最大允许总功耗：3W。

（2）特点

- 完整的三相桥直接驱动系统；
- 无须在电机的电源线上串接电流采样电阻；
- 输出电流高达 5A（适用于 20 速 CD 和 50 速 DVD 主轴驱动）；
- D-MOSFET 输出，总阻态电阻为 0.70（典型值）；
- PWM 控制换相；
- 电机反电动势内部补偿；
- 内部节能的启停功能；
- 霍尔放大器适应 25mV 的最小输入电平；
- 内置的频率发生器（FG 输出）；
- 可调整的限流器；
- 内置的过热关机功能；
- 反向转矩制动功能；
- 内置的反转保护电路；
- 32mA 霍尔偏压电路；
- 3V 和 5V 的接口逻辑；
- 非常低的热阻封装。

（3）引脚功能说明（见表 2-1）

表2-1　SZA1015引脚功能说明

引脚号	符号	功能说明	引脚号	符号	功能说明
1	V_{SSA}	控制电源地	17	GND	地
2	BIAS	霍尔元件偏置	18	NC	空引脚
3	R_{OSC}	振荡器外接电阻	19	V	接电机 V 相
4	R_{EMF}	EMF 外接电阻	20	GND	地
5	R_{LIM}	限流外接电阻	21	U	接电机 U 相
6	FG	频率发生器输出，表示电机转速	22	V_{DDM}	电机电源
7	EC	输出电流控制	23	START	启 / 停控制
8	ECR	输出电流控制参考电压	24	V_{DD}	内部 5V 电源
9	k	内部连接	25	UP	U 正霍尔输入
10	CP1	接自举电容	26	UN	U 负霍尔输入
11	CP2	接自举电容	27	VP	V 正霍尔输入
12	CAPY	自举输出	28	VN	V 负霍尔输入
13	V_{DDM}	电机电源	29	WP	W 正霍尔输入
14	W	接电机 W 相	30	WN	W 负霍尔输入
15	GND	地	31	k	内部连接
16	V_{DDM}	电机电源	32	C_{OSC}	振荡器外接电阻

（4）应用技术

❶ 电机转矩控制在该芯片中，以输入电压 E_C 控制电机的电流，即转矩控制。当参考电压 ECR 在中点位置时，借助于内部的 A/D 转换器，输入电压 E_C 被转换成数字量（D_C），内部进行数字运算，实现对电机的 PWM 转矩控制。内部电机电压 VM 的产生如图 2-13 所示，简化电机电路表示了电机电阻上的电压和反电动势电压。

❷ 典型应用电路如图 2-14 所示，图中给出两种霍尔元件的接法。如上所述，关键是正确选择 R_{OSC}，R_{EMF} 和 R_{LIM}。

2. FAN8403D3 有 PLL 速度控制的三相无刷直流电机驱动器单片集成电路

Fairchild（快捷）仙童公司的 FAN8403D3 是一个三相无刷电流电机驱动器单片集成电路，带有 PLL 速度控制功能。它是为激光打印机（LBP）、传真机、复印机的多棱镜电机驱动设计的，也适用于其他三相无刷直流电机驱动。

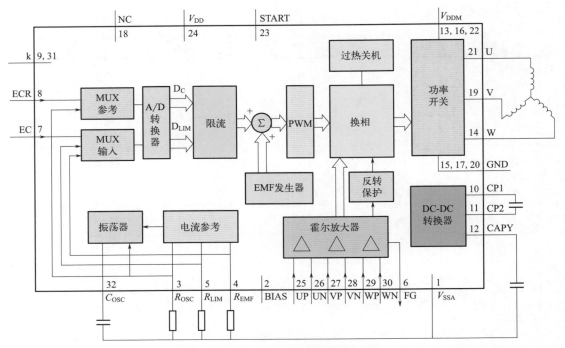

图 2-13　SZA1015 内部电路框图

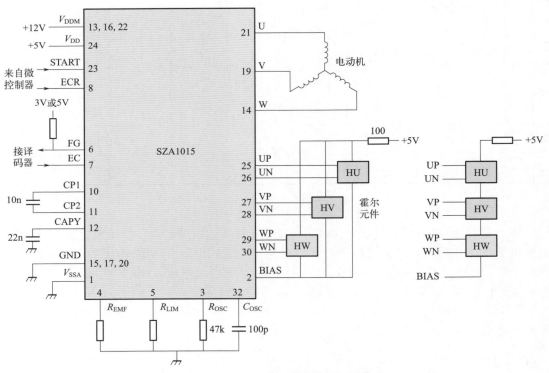

图 2-14　SZA1015 的典型应用电路

（1）主要应用参数

● 推荐工作电压：20 ～ 28V；

- 最大工作电流：1A;
- 最大允许功耗：3W;
- 欠压保护门槛电压：9.3V;
- 限流门槛电压：0.6V。

（2）特点
- 三相无刷直流电机驱动集成电路；
- 带有锁相环（PLL）速度控制；
- 内置锁相检测器输出；
- 由外部时钟控制电机转速；
- 内置 FG 放大器和 FG 施密特比较器；
- 内置相位误差积分放大器；
- 补偿霍尔放大器的自动增益控制（AGC）电路；
- 保护电路（限流、欠电压、过热停机）。

（3）引脚功能说明　见表 2-2。

表2-2　FAN8403D3 引脚功能说明

引脚号	符号	功能说明
1	AGC	AGC 放大器频率特性校正
2	FG_{IN-}	FG 放大器反相输入
3	FG_S	FG 脉冲输出
4	FG_{OUT}	FG 放大器输出（集电极开路）
5	S/S	启 / 停
6	NC	空引脚
7	SGND	信号地
8	LD	PLL 检测器输出（集电极开路）
9	ECLK	外接时钟
10	PD	PLL 检测器输出
11	E_I	误差放大器反相输入
12	E_O	误差放大器输出
13	F_C	控制放大器频率特性校正
14	V_{REG}	调压器输出
15	SV_{CC}	信号 V_{CC}
16	PV_{CC}	功率 V_{CC}
17	PGND	功率地
18	R_F	输出电流检测
19	NC	空引脚

引脚号	符号	功能说明
20	U	U 输出
21	V	V 输出
22	W	W 输出
23	H_{V+}	V 霍尔放大器同相输入
24	H_{V-}	V 霍尔放大器反相输入
25	H_{U+}	U 霍尔放大器同相输入
26	H_{U-}	U 霍尔放大器反相输入
27	H_{W+}	W 霍尔放大器同相输入
28	H_{W-}	W 霍尔放大器反相输入

（4）内部电路框图 如图 2-15 所示。

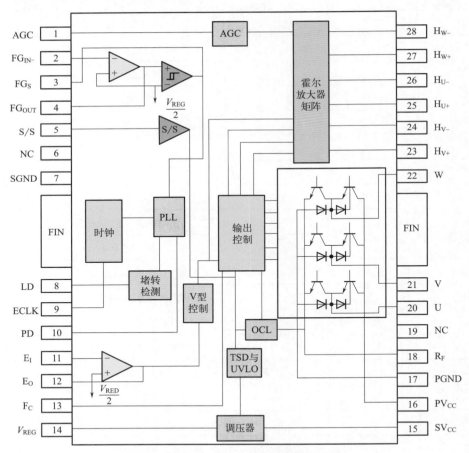

图 2-15 FAN8403D3 内部电路框图

（5）典型应用电路 如图 2-16 所示。

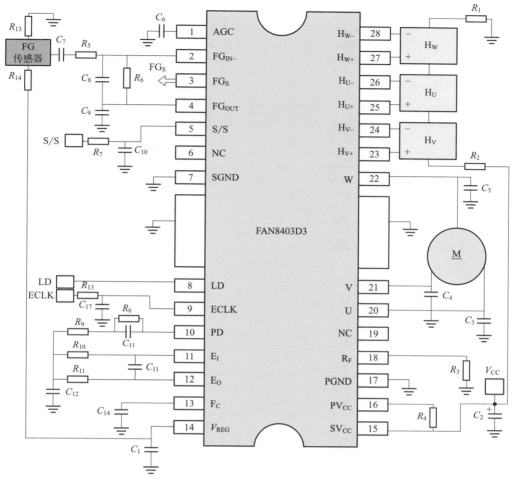

图 2-16　FAN8403D3 典型应用电路

3. ECN3067 高压三相无刷直流电机驱动器集成电路

Hitachi（日立公司）的 ECN3067 是一个控制三相无刷直流电机速度的功率集成电路，该芯片内含 6 个 IGBT 三相逆变桥驱动输出级。它尤其适用于供电电源直接由 AC200 ～ 230 V 市电变换来的场合。从 6 个逻辑输入端接收外部的微处理器 PWM 信号，控制三相无刷直流电机或三相交流异步电机。

（1）推荐工作参数

- 电源电压 V_{S1}，V_{S2}：50 ～ 400V；
- 控制电源 V_{CC}：15V；
- 最大输出电流：2.5A（推荐）；
- 峰值电流：5A。

（2）特点

- 可由外部的微处理器 PWM 控制上桥臂和下桥臂的 IGBT；
- 6 个逻辑输入端与 5V CMOS 或 LSTIL 电平兼容；
- 上桥臂和下桥臂的 IGBT 能在 20kh 频率波形下工作；

- 内置充电泵电路和栅极驱动电路；
- 内置续流二极管；
- 内置过电流保护电路；
- 内置欠电压保护电路。

（3）引脚功能说明　见表2-3。

直流无刷电机与伺服／步进电机驱动控制技术及应用

表2-3　ECN3067引脚功能说明

引脚号	符号	功能说明	引脚号	符号	功能说明
1	MV	接电机 V 相绕组	13	VB	V 相下桥臂输入
2	V_{S2}	电机电源	14	UB	U 相下桥臂输入
3	MW	接电机 W 相绕组	15	WT	W 相上桥臂输入
4	GH2	下桥臂开关管射极	16	VT	V 相上桥臂输入
5	BW	W 相自举母线	17	UT	U 相上桥臂输入
6	BV	V 相自举母线	18	BU	U 相自举母线
7	V_{CC}	控制电源，15V	19	V_{S1}	电机电源
8	CB	内部电源外接平滑电容	20	NC	空引脚
9	GL	逻辑地	21	NC	空引脚
10	F	故障信号	22	MU	接电机 U 相绕组
11	RS	接电流传感电阻	23	GH1	下桥臂开关管射极
12	WB	W 相下桥臂输入			

（4）内部电路框图和典型应用电路　ECN3067 典型应用电路如图 2-17 所示。

❶ 欠电压保护　当电压 V_{CC} 低于 11.5V 时，所有的 IGBT 关闭。当电压 V_{CC} 恢复到 12.0V 时，系统将恢复。

❷ 过电流保护　最大允许电流 I_O（A）由下式计算：

$$I_O = V_{mf} / R_s$$

式中，V_{mf} 为电流限制参考电压。

当发现的电流检测信号超过 V_{mf} 时，下桥臂被关断。电流检测结束后，由 PWM 在每个周期复位一次。

❸ 所有的输出 IGBT 关闭功能　当 V_{S1} 端电压在 1.23V 以下时，所有的 IGBT 关闭。如果这种情况在电机旋转状态时发生，电机将会降速停止，而电压 V_{S2} 有可能上升。请注意，这个电压不要超过 500V。

❹ 输出短路保护 ECN3021 和 ECN3022 没有为输出短路（负载短路、对地短路、上桥臂短路和下桥臂短路）提供保护。当发生输出短路时，集成电路可能会损坏。

❺ 电机堵转　这个集成电路没有过热关机功能，没有为电机堵转提供保护，因此如果电机堵转持续时间过长，集成电路可能会损坏，使用时要注意。

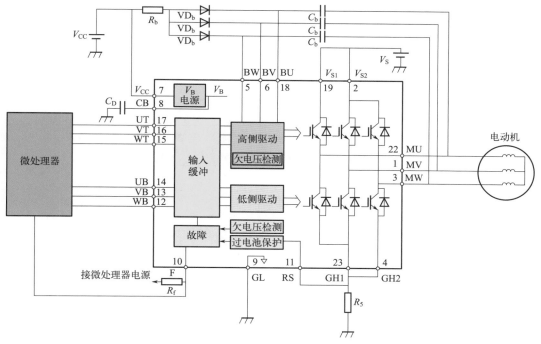

图 2-17　ECN3067 内部电路框图和典型应用电路

4. MSK4310 三相无刷直流电机驱动器集成电路

M.S.Kennedy 公司的 MSK4310 是一个电气绝缘密封功率集成电路,其驱动能力为 55V、10A。具有完整的三相无刷直流电机速度控制功能,包括桥驱动电路、霍尔传感器电路和换相电路,以及限流电路和测速电路等。

（1）特点
- 55V、10A 开关输出能力;
- 交叉导通和短路保护;
- 霍尔传感器和换相电路;
- 限流设定;
- Tach 测速输出闭环控制;
- 三端结构。

（2）引脚功能说明　见表 2-4。

表2-4　MSK4310引脚功能说明

引脚号	符号	功能说明
1 2	+15V INPUT −15V INPUT	芯片电源端,推荐外接 10μF 和 0.1μF 电容
3	TACH OUT	测速输出端,闭环速度控制时,该引脚经一个电阻接至 −E/A 脚
4	REF OUT	6.25V 电压输出端,可用作霍尔传感器电源
5	TACH RC	接 RC 元件端,设定 TACH OUT 脉冲宽度
6, 7, 8	HALL A、B、C	接霍尔传感器端,内有上拉电阻接 6.25V

引脚号	符号	功能说明
9, 10	SPEED COMMAND （+，－）	接速度控制差动输入端，正输入指令使电机，负转正输入指令使电机反转
11	SIG GND	信号地
12	CURRENT LIMIT ADJUST	接电阻调整限流值端，若该引脚开路，限流值为1A。该引脚接地，限流值为15A
13	－E/A	误差放大器反相输入端
14	E/A OUT	误差放大器输出端
15	BRAKE	制动信号输入端，高电位时，制动模式：桥的三个高侧开关截止，三个低侧开关导通使电机快速降速
16	GND	地
17, 18, 19	Aφ，Bφ，Cφ	桥输出端，接电机三相绕组
20	V+	电源端

（3）应用技术　MSK4310 应用电路如图 2-18 所示，其工作时的真值见表 2-5。

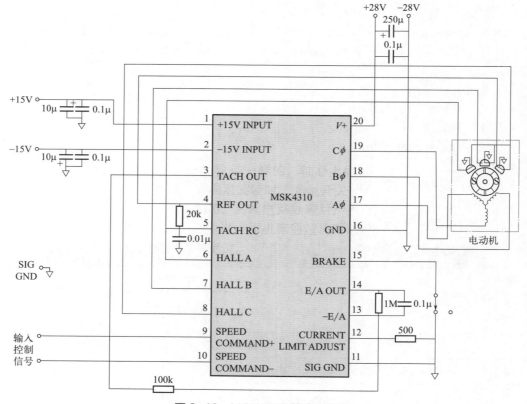

图 2-18　MSK4310 的应用电路

表2-5 真值表

霍尔传感器 120°			SPEED COMMAND=正			SPEED COMMAND=负		
HALLA	HALLB	HALLC	Aϕ	Bϕ	Cϕ	Aϕ	Bϕ	Cϕ
1	0	0	H	—	L	L	—	H
1	1	0	—	H	L	—	L	H
0	1	0	L	H	—	H	L	—
0	1	1	L	—	H	H	—	L
0	0	1	—	L	H	L	H	—
1	0	1	H	L	—	L	H	—
1	1	1	—	—	—	—	—	—
0	0	0	—	—	—	—	—	—
×	×	×	L	L	L	L	L	L

注：输出是三态；H——高电平；L——低电平；-——开路（高阻）。

二、UCC3626 构成的驱动电路原理

UCC3626 是 TI 公司生产的三相无刷直流电机控制器集成芯片，它可为无刷直流电机提供高性能的三相、两象限或四象限控制器所需的设计功能，并可从转子位置输入信号解码，从而输出六个控制信号以驱动外部的功率开关器件。其内部的三角波振荡器和比较器，以及电流传感放大器和绝对值电路等硬件资源，可为无刷直流电机控制提供宽广的平台，从而大大简化控制电路的硬件设计。无刷直流电机控制器专用集成芯片 UCC3626 和 IR2110 构成三相无刷直流电机速度控制电路，具有调速范围宽、控制特性好、可靠性高、维护方便、无换相火花等优点。

1. UCC3626 的结构及基本原理

UCC3626 内含一个精密的三角波振荡器和比较器，可提供电压控制或电流控制模式下的 PWM 控制，其外部时钟经由 SYNCH 输入，该振荡器可方便地与一个外部时钟进行同步。此外，UCC3626 还设有一个 QUAD 选择端，以用于选择输出功率桥四象限或两象限斩波控制，也就是决定高侧开关和低侧开关，PWM 控制或仅低侧开关 PWM 控制。UCC3626 中的差动电流传感放大器和绝对值电路可为电机的控制建立一个正确的电流并提供逐周的电流保护。另外，为实现速度控制，该器件还提供有精密测速电路。它的 TACH_OUT 速度信号是一个变占空比的频率输出信号，可直接用于数字速度控制，或经滤波后提供一个模拟速度反馈信号。而 UCC3626 中的 COAST 则可用于控制电机的启动和停止，BRAKE 制动数字输入端可使器件进入制动模式，DIR_IN 和 DIR_OUT 为转向输入输出控制。UCC3626 的内部结构框图如图 2-19 所示。其芯片的主要特点如下：

- 可两象限或四象限运行控制；
- 内部集成有积分绝对值电流放大电路；

- 可逐周电流检测；
- 具有精确的可变占空比转速信号输出；
- 内含精密的三角波振荡器；
- 具有转向输出功能。

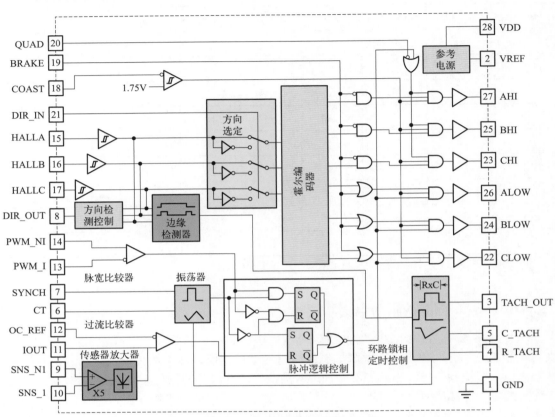

图 2-19 UCC3626 的内部结构框图

2. 控制系统电路设计

（1）位置传感器

❶ UCC3626 的三个位置传感器与 RC 低通滤波器的连接电路如图 2-20 所示。图中，三个霍尔位置传感器产生的位置信号经上拉电阻和 RC 低通滤波后，可连接到 UCC3626 的 HALLA、HALLB、HALLC 信号输入端，并且滤波器应尽可能靠近 UCC3626，表 2-6 给出了 UCC3626 的换相逻辑真值表，同时给出了六个输出（ AHI、BHI、CHI、ALOW、BLOW、CLOW） 随输入（BRAKE、DIR_IN、DIR_OUT、HALLA、HALLB 和 HALLC）的变化而改变的译码逻辑。

表2-6 换相逻辑真值表

| 制动 | 启停 | 方向 | 位置信号输入 | | | 输出（高侧） | | | 输出（低侧） | | |
BRAKE	COAST	DIR_IN	HALLA	HALLB	HALLC	AHI	BHI	CHI	ALOW	BLOW	CLOW
0	0	1	1	0	1	1	0	0	0	1	0

制动 BRAKE	启停 COAST	方向 DIR_IN	位置信号输入			输出（高侧）			输出（低侧）		
			HALLA	HALLB	HALLC	AHI	BHI	CHI	ALOW	BLOW	CLOW
0	0	1	1	0	0	1	0	0	0	0	1
0	0	1	1	1	0	0	1	0	0	0	1
0	0	1	0	1	0	0	1	0	1	0	0
0	0	1	0	1	1	0	0	1	1	0	0
0	0	1	0	0	1	0	0	1	0	1	0
0	0	0	1	0	1	0	0	1	1	0	0
0	0	0	0	0	1	0	1	0	0	0	1
0	0	0	0	1	1	1	0	0	0	0	1
0	0	0	0	1	0	1	0	0	0	1	0
0	0	0	1	1	0	0	0	1	0	1	0
0	0	0	1	0	0	0	0	1	1	0	0
×	1	×	×	×	×	0	0	0	0	0	0
1	0	×	×	×	×	0	0	0	1	1	1
0	0	0	1	1	1	0	0	0	0	0	0
0	0	×	0	0	0	0	0	0	0	0	0

❷ UCC3626 原设计用于 120° 的位置传感器结构，如果需要用在 60° 电机位置传感器结构的场合，则可按图 2-21 所示的方法将 B 相霍尔信号经反向后连接到 HALLA 端。

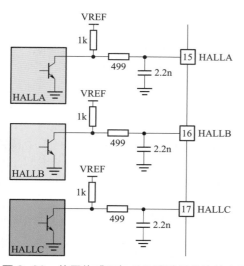

图 2-20　位置传感器与 RC 滤波器的连接电路

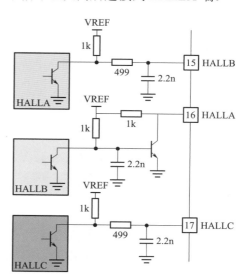

图 2-21　60° 位置传感器结构的连接电路

（2）测速信号　UCC3626 的测速信号 TACH_OUT 来自内部精确的单稳态电路，通常由 HALLA、HALLB、HALLC 三个霍尔位置信号的上升沿或下降沿触发，其频率 f_{T}（Hz）和电机的极对数 p、转速 n（r/min）成正比例关系：

$$f_{\mathrm{T}}=pn/20$$

单稳时间 t_{ON} 可由连接到 R_TACH 和 C_TACH 脚的电容 R 和电容 C 决定：$t_{\mathrm{ON}}=RC$。

测速信号 TACH_OUT 可用于微控制器的数字闭环速度控制。测速信号 TACH_OUT 经过滤波后所得到的速度大小模拟信号，可用于模拟速度控制，图 2-22 所示是一个简单的模拟速度控制电路的连接方法，图中的速度指令信号可连接到外面附加的运算放大器上。

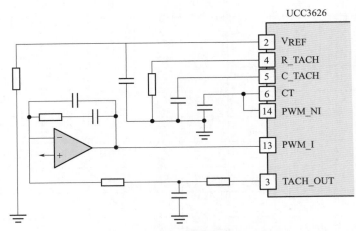

图 2-22　简单的模拟速度控制电路

（3）两象限或四象限运行控制　电机一般有四个可能的工作象限。两象限控制时，电机一般工作在 Ⅰ 和 Ⅲ 象限（转矩和转速方向相同）。由于两象限工作的无刷直流电机控制器，除了摩擦力之外，没有使负载减速的能力，因此，这种方式仅限于要求不高的场合；需四象限控制则提供四个象限工作，这时的转矩和转速方向相反，故可提高系统运动的快速性。

UCC3626 可通过 QUAD 端选择两象限和四象限控制。当 QUAD 为 0 时，为两象限控制，此时 UCC3626 只对功率开关的低侧进行 PWM 控制；而当 QUAD 为 1 时，为四象限控制，此时高侧开关和低侧开关同时进行 PWM 控制。图 2-23 给出了两象限和四象限控制时的主要电流信号波形。

（4）功率级设计　UCC3626 可为主电路功率级提供六个驱动信号。对于不需要制动功能但需要两或四象限控制的情况，可采用如图 2-24（a）所示的电路。而在很多情况下，系统需要制动功能，这时可采用如图 2-24（b）和图 2-24（c）所示电路，该电路每个桥臂都需要串联二极管，而且低侧续流二极管一定要接地，以避免制动电流流过下半桥。图 2-24（c）所示电路适用于需要制动功能且为四象限控制的场合，附加的传感电阻可用来检查 PWM 的 OFF 电流。

（5）电流检测电路　UCC3626 的电流检测电路包括一个固定增益为 5 的差动电流传感放大器和一个绝对值电路。其中电流传感信号需经低通滤波器去除尖峰信号，放大器的输入阻抗平衡可取得最好的性能。如果传感器需要调整，可采用如图 2-25 所示的分压电路，该电路可用来维持阻抗匹配。

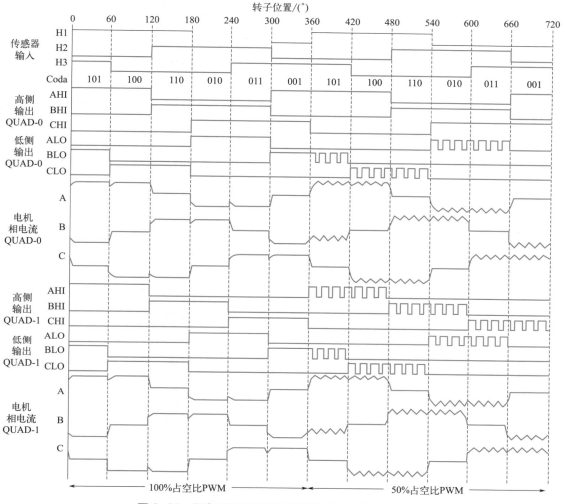

图 2-23 两象限和四象限控制时的主要电流信号波形

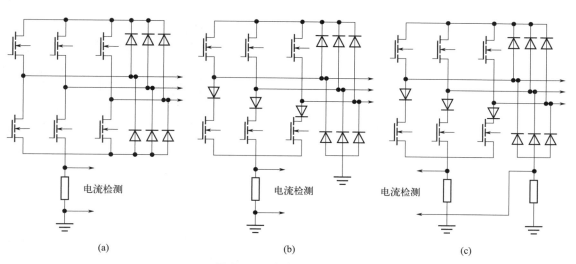

图 2-24 主电路拓扑结构

41

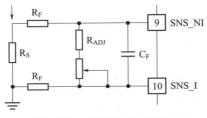

图 2-25　电流检测分压电路

在四象限控制时，电机流过传感电阻的电路在续流期间，其电压极性可能会相反，采用绝对值放大器电路可解决这个问题，事实上，绝对值放大器的输出能重现电机电路，并可供保护电路和反馈环使用。

3. 基于 UCC3626 的速度控制电路

基于 UCC3626 和 IR2110 的 175 V/2 A 两象限速度控制电路如图 2-26 所示。该电路通过三片 IR2110 与功率 MOSFET 相连。控制器的速度指令取自电位器 R30，而 R11 和 C9 可对 TACH_OUT 速度反馈信号进行滤波和缓冲，放大器 U5A 可提供速度控制回路的小信号补偿，其输出可控制 PWM，并以积分电容 C8 和电阻 R10 作为校正元件。

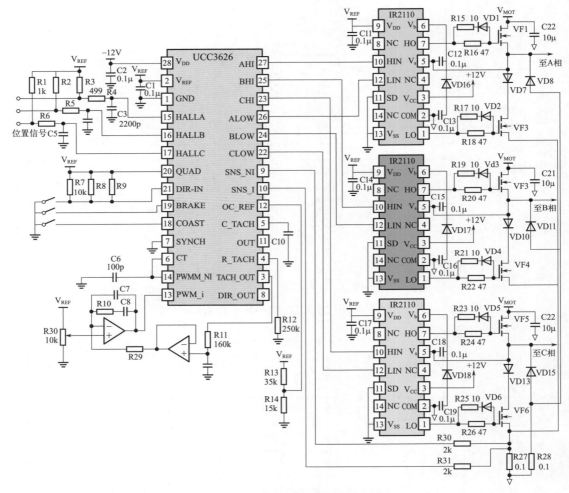

图 2-26　175V/2A 两象限速度控制电路

三、伺服驱动器驱动与控制方式

伺服驱动器又称为"伺服控制器""伺服放大器"，是用来控制伺服电机的一种控制器，其作用类似于变频器作用于普通交流电机，属于伺服系统的一部分，主要应用于高精度的定位系统，一般是通过位置、速度和力矩三种方式对伺服电机进行控制，属于目前实现高精度的传动系统定位的高端产品。伺服驱动器外形如图 2-27 所示。

伺服驱动器结构与端子

图 2-27　伺服驱动器外形

伺服控制系统三种工作模式如图 2-28 所示。

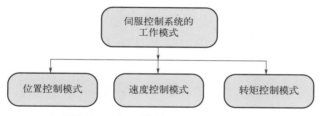

图 2-28　伺服控制系统三种工作模式

1. 转矩控制模式

转矩控制模式通过外部模拟量的输入或直接的地址赋值来设定电机轴对外的输出转矩的大小，具体表现为例如 10V 对应 5N·m 的话，当外部模拟量设定为 5V 时电机轴输出为 2.5N·m：电机轴负载低于 2.5N·m 时电机正转，外部负载等于 2.5N·m 时电机不转，大于 2.5N·m 时电机反转（通常在有重力负载情况下产生）。可以通过即时改变模拟量的设定来改变设定的转矩大小，也可通过通信方式改变对应的地址的数值来实现。

转矩控制模式应用主要是对材质的受力有严格要求的缠绕和放卷的装置中，例如绕线装置或拉光纤设备，转矩的设定要根据缠绕的半径的变化随时更改，以确保材质的受力不会随着缠绕半径的变化而改变。

以收卷控制为例：转矩控制模式如图 2-29 所示，进行恒定的张力控制时，由于负载转矩会因收卷滚筒半径的增大而增加，因此，需据此对伺服电机的输出转矩进行控制。同时在转矩控制卷绕过程中材料断裂时，将因负载变轻而高速旋转，因此，必须设定速度限制值。

2. 位置控制模式

位置控制模式一般是通过外部输入的脉冲的频率来确定转动速度的大小，也有些伺服系统可以通过通信方式直接对速度和位移进行赋值。由于位置控制模式可以对速度和位置都有很严格的控制，因此一般应用于定位装置，应用领域如数控机床、印刷机械等。

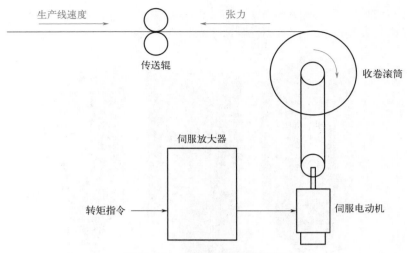

图 2-29　收卷机转矩控制模式

伺服驱动的位置控制模式特点：

❶ 位置控制模式是利用上位机产生脉冲来控制伺服电机，脉冲的个数决定伺服电机转动的角度（或者是工作台移动的距离），脉冲频率决定电机转速。如数控机床的工作台控制，属于位置控制模式。

❷ 对伺服驱动器来说，最高可以接收 500kHz 的脉冲（差动输入），集电极输入是 200kHz。

❸ 电机输出的力矩由负载决定，负载越大，电机输出力矩越大，但不能超出电机的额定负载。

❹ 急剧地加减速或者过载而造成主电路过流会影响功率器件，因此伺服放大器钳位电路以限制输出转矩，转矩的限制可以通过模拟量或者参数设置来进行调速。

位置控制模式如图 2-30 所示。

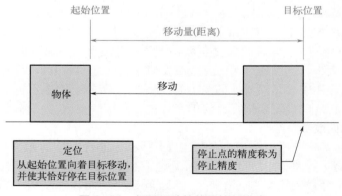

图 2-30　伺服驱动的位置控制模式

3. 速度控制模式

通过模拟量的输入或脉冲的频率都可以进行转动速度的控制，在有上位控制装置的外环 PID 控制时速度模式也可以进行定位，但必须把电机的位置信号或直接负载的位置信号给上位反馈以做运算用。位置控制模式也支持直接负载外环检测位置信号，此时的电机轴端的编码器只检测电机转速，位置信号就由直接的最终负载端的检测装置来提供了，这样的优点在于可以减少中间传动过程中的误差，增加了整个系统的定位精度。

速度控制模式是维持电机的转速不变，当负载增大时，电机输出的力矩增大；负载减小时，电机输出的力矩减小。

速度控制模式速度的设定可以通过模拟量（0 ～ ±10V DC）或通过参数来调整，最多可以设置 7 速。控制方式和变频器相似。

伺服系统的速度控制特点：可"精细、速度范围宽、速度波动小"地运行。

（1）软启动、软停止功能 可调整加、减速运动中的加、减速度，避免加速、减速时的冲击。如图 2-31 所示。

（2）速度控制范围宽 可进行从微速到高速的宽范围的速度控制［1 ：（1000 ～ 5000）左右］，速度控制范围为恒转矩特性。

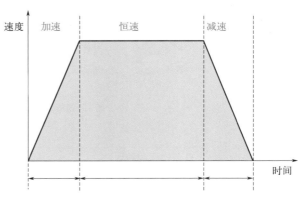

图 2-31 速度控制模式软启动、软停止功能

（3）速度变化率小 即使负载有变化，也可进行小速度波动的运行。

4. 伺服系统三种控制模式比较

如果对电机的速度、位置都没有要求，只要输出一个恒转矩，便用转矩控制模式。

如果对位置和速度有一定的精度要求，而对实时转矩不是很关心，则用转矩控制模式不太方便，用速度或位置控制模式比较好。如果上位控制器有比较好的闭环控制功能，用速度控制效果会好一点。如果本身要求不是很高，或者基本没有实时性的要求，便用位置控制模式，对上位控制器没有很高的要求。

就伺服驱动器的响应速度来看，转矩控制模式运算量最小，驱动器对控制信号的响应最快；位置控制模式运算量最大，驱动器对控制信号的响应最慢。

对运动中的动态性能有比较高的要求时，需要实时对电机进行调整。如果控制器本身的运算速度很慢（比如 PLC 或低端运动控制器），就用位置控制模式；如果控制器运算速度比较快，可以用速度控制模式，把位置环从驱动器移到控制器上，减少驱动器的工作量，提高效率（比如大部分中高端运动控制器）；如果有更好的上位控制器，还可以用转矩控制模式，把速度环也从驱动器上移开，这一般只是高端专用控制器才能这么干，而且，这时完全不需要使用伺服电机。

四、伺服系统的位置环、速度环、电流环

伺服系统的三环结构如图 2-32 所示。

（1）位置环 位置环也称为外环，其输入信号是计算机给出的指令和位置检测器反馈的位置信号。这个反馈是负反馈，也就是说与指令信号相位相反。

指令信号是向位置环送去加数，而反馈信号是送去减数。位置环的输出主要是速度环的输入。

（2）速度环 速度环也称为中环，这是一个非常重要的环，它的输入信号有两个：一个是位置环的输出，作为速度环的指令信号送给速度环；另一个是由电机带动的测速发电机经

反馈网络处理后的信息，作为负反馈送给速度环。速度环的两个输入信号也是反相的，一个是加，一个是减。

速度环的输出就是电流环的指令输入信号。

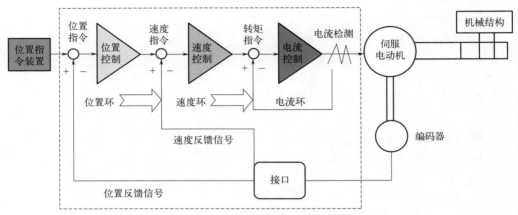

图 2-32　伺服系统的三环结构

（3）电流环　电流环也称为内环，电流环也有两个输入信号，一个是速度环输出的指令信号，另一个是经电流互感器并经处理后得到的信号，它代表电机电枢回路的电流，它送入电流环的也是负反馈。

电流环的输出是一个电压模拟信号，用它来控制 PWM 电路，产生相应的占空比信号去触发功率变换单元电路。

伺服驱动系统的各环都朝着使指令信号与反馈信号之差为零的目标进行控制，各环的响应速度按照下述顺序渐高：位置环→速度环→电流环。

各控制模式中使用的环如表 2-7 所示。

表2-7　各控制模式中使用的环

控制模式	使用的环
位置控制模式	位置环、速度环、电流环
速度控制模式	速度环、电流环
转矩控制模式	电流环（但是空载状态下必须限制速度）

五、伺服系统的分类

（1）伺服系统按照调节理论分类，分为开环伺服系统、闭环伺服系统、半闭环伺服系统，如图 2-33 所示。

❶ 开环伺服控制系统。没有位置测量装置，信号流是单向的（数控装置—进给系统），故系统稳定性好，如图 2-34 所示。

开环伺服控制系统的特点：无位置反馈，精度相对闭环系统来讲不高，其精度主要取决于伺服驱动系统和机械传动机构的性能和精度。一般以功率步进电机为伺服驱动元件。这类系统具有结构简单、工作稳定、调试方便、维修简单、价格低廉等优点，在精度和速度要求不高、驱动力矩不大的场合得到广泛应用，一般用于经济型数控机床。

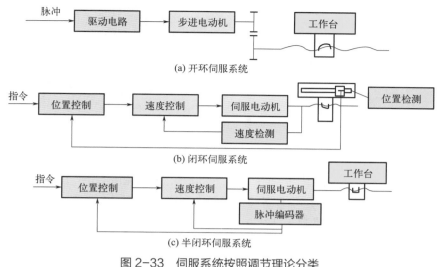

(a) 开环伺服系统

(b) 闭环伺服系统

(c) 半闭环伺服系统

图 2-33　伺服系统按照调节理论分类

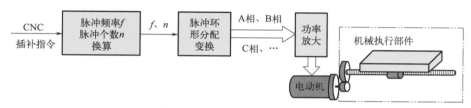

图 2-34　开环伺服控制系统

❷ 半闭环伺服控制系统。半闭环伺服控制系统的位置采样点如图 2-35 所示，是从驱动装置（常用伺服电机）或丝杠引出，采样旋转角度进行检测，不是直接检测运动部件的实际位置。

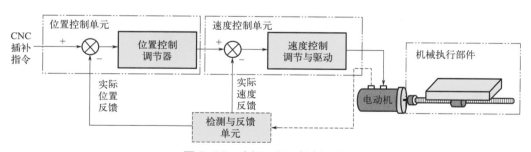

图 2-35　半闭环伺服控制系统

半闭环伺服控制系统特点：半闭环环路内不包括或只包括少量机械传动环节，因此可获得稳定的控制性能，其系统的稳定性虽不如开环系统，但比闭环要好。由于丝杠的螺距误差和齿轮间隙引起的运动误差难以消除，因此，其精度较闭环差，较开环好。但可对这类误差进行补偿，因而仍可获得满意的精度。

半闭环数控系统结构简单、调试方便、精度也较高，因而在现代 CNC 机床中得到了广泛应用。

❸ 闭环伺服控制系统。闭环数控系统的位置采样点如图 2-36 的虚线所示，直接对运动部件的实际位置进行检测。

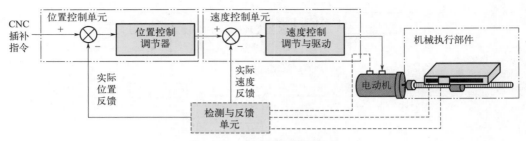

图 2-36 闭环伺服控制系统

闭环伺服控制系统特点：从理论上讲，可以清除整个驱动和传动环节的误差、间隙和失动量，具有很高的位置控制精度。由于位置环内的许多机械传动环节的摩擦特性、刚性和间隙都是非线性的，故很容易造成系统的不稳定，使闭环系统的设计、安装和调试都相当困难。

该系统主要用于精度要求很高的镗铣床、超精车床、超精磨床以及较大型的数控机床等。

（2）伺服控制系统按使用的执行元件分类如下。

❶ 电液伺服系统：电液脉冲马达和电液伺服马达。

优点：在低速下可以得到很高的输出力矩，刚性好，时间常数小，反应快和速度平稳。

缺点：液压系统需要供油系统，体积大，噪声大，漏油。

❷ 电气伺服系统：伺服电机（直流伺服电机和交流伺服电机）。

优点：操作维护方便，可靠性高。

a. 直流伺服系统：进给运动系统采用大惯量宽调速永磁直流伺服电机和中小惯量直流伺服电机；主运动系统采用他励直流伺服电机。

优点：调速性能好。

b. 交流伺服系统：交流感应异步伺服电机（一般用于主轴伺服系统）和永磁同步伺服电机（一般用于进给伺服系统）。

优点：结构简单，不需维护，适合于在恶劣环境下工作，动态响应好，转速高和容量大。

（3）伺服系统按照被控制对象分类。

❶ 要 进给伺服系统：指一般概念的位置伺服系统，包括速度控制环和位置控制环。

❷ 主轴伺服系统：只是一个速度控制系统。

（4）伺服系统按照反馈比较控制方式分类。

❶ 脉冲、数字比较伺服系统。

❷ 相位比较伺服系统。

❸ 幅值比较伺服系统。

❹ 全数字伺服系统。

第三节 通用电动车控制电路原理分析

一、以 CPU（PIC16F72）与 74H 集成电路构成的控制电路

通用控制电路是以 CPU（PIC16F72）与 74H 集成电路构成的控制电路，电路如图 2-37 所示。该控制器由 CPU（PIC16F72）、2 片 74HC27D（3 输入或非门）、1 片 74HC04D（反相器）、

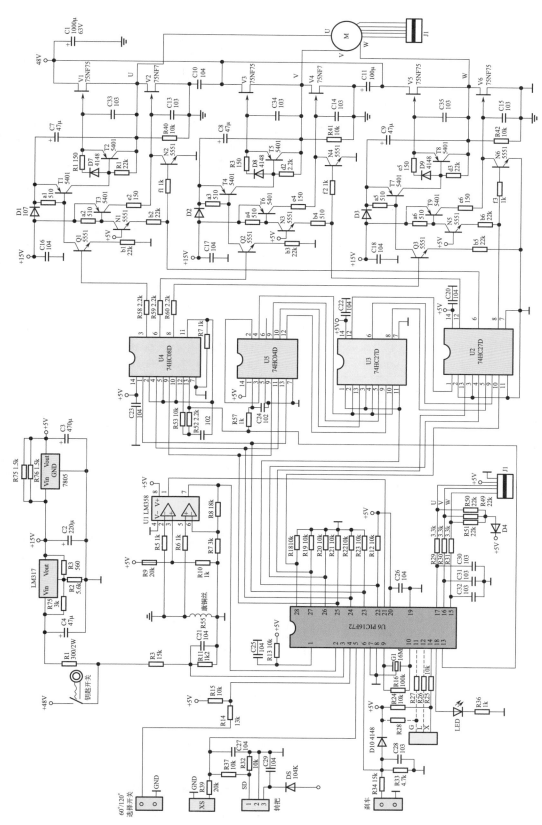

图 2-37 CPU（PIC16F72）与 74H 集成电路构成的控制电路
（本图中二极管用 D 表示）

1 片 74HC08D（双输入与门）和 1 片 LM358（双运放）、6 只大功率场效应管等组成，功率达 350W，是一款比较典型的无刷电动车控制器，具有 60° 和 120° 驱动模式自动切换功能。

1. 电路组成及工作原理

该电路分为电源电路、信号输入与预处理电路、驱动控制信号和功率驱动开关电路等几部分。CPU（PIC16F72）单片机是智能处理控制部分的核心。

（1）PIC16F72 的引脚功能 PIC16F72 单片机有 28 个引脚，去掉电源、复位、振荡器等，共有 22 个可复用的 IO 口，其中第 13 脚是 CCP1 输出口，可输出最大分辨率达 10BIT 的可调 PWM 信号，另有 AN0 ~ AN4 共 5 路 A/D 模数转换输入口，可提供检测外部电路的电路，一个外部中断输入脚，可处理突发事件。

各引脚应用如表 2-8 所示。

表2-8 PIC16F72各引脚应用

引脚	功能
1	MCLR 复位 / 烧写高压输入两用口
2	模拟量输入口：放大后的电流信号输入口，单片机将信号进行 A/D 转换后经过运算来控制 PWM 的输出，使电流不致过大而烧毁功率管。正常运转时电压应在 0 ~ 1.5V 之间
3	模拟量输入口：电源电压经分压后的输入口，单片机将信号进行 A/D 转换后判断电池电压是否过低。如果低则切断输出以保护电池，避免电池因过放电而损坏。正常时电压应在 3V 以上
4	模拟量输入口：线性霍尔组成的手柄调速电压输入口，单片机根据此电压高低来控制输出给电机的总功率，从而达到调整速度的目的
5	模拟 / 数字量输入口：刹车信号电压输入口，可以使用 A/D 转换器判断，或根据电平高低判断，平时该脚为高电平，当有刹车信号输入时，该脚变成低电平，单片机收到该信号后切断给电机的供电，以减少不必要的损耗
6	数字量输入口：1+1 助力脉冲信号输入口，当骑行者踏动踏板使车前行时，该口会收到齿轮传感器发出的脉冲信号，该信号被单片机接收到后会给电机输出一定功率以帮助骑行者更轻松地往前走
7	模拟 / 数字量输入口：由于电机的位置传感器排列方法不同，该口的电平高低决定适合于哪种电机，目前市场上常见的有所谓 120° 和 60° 排列的电机。有的控制器还可以根据该口的电压高低来控制启动时电流的大小，以适合不同的力度需求
8	单片机电源地
9	单片机外接振荡器输入脚
10	单片机外接振荡器反馈输出脚
11	数字输入口：功能开关 1
12	数字输入口：功能开关 2
13	数字输出口：PWM 调制信号输出脚，速度或电流由其输出的脉冲占空比宽度控制
14	数字输入口：功能开关 3
15、16、17	数字输入口：电机转子位置传感器信号输入口，单片机根据其信号变化决定让电机的相应绕组通电，从而使用电机始终向需要的方向转动。这个信号上面讲过有 120° 和 60° 之分，这个角度实际上是这三个信号的电相位之差，120° 就是和三相电一样，每个相位和前面的相位角相差 120°，60° 就是相差 60°

引脚	功能
18	数字输出口：该口控制一个 LED 指示灯，大部分厂商都将该提示灯用作故障情况显示，当控制器有重大故障时该指示灯闪烁不同的次数表示不同的故障类型，以方便生产、维修
19	单片机电源地
20	单片机电源正，上限是 5.5V
21	数字输入口：外部中断输入，当电流由于意外原因突然增大而不在控制范围时，该口有低电平脉冲输入，单片机收到此信号时产生中断，关闭电机的输出，从而保护重要器件不致损坏或故障不再扩大
22	数字输出口：同步续流控制端，当电流比较大时，该口输出低电平，控制其后逻辑电路，使用同步续流功能开启
23 ~ 28	数字输出口：是功率管的逻辑开关，单片机根据电机转子位置传感器的信号，由这里输出三相交流信号控制功率 MOSFET 开关的导通和关闭，使电机正常运转

（2）电源电路　该控制器有三组电源。第一组是提供总能源的电池。板子上的电解电容 C1（1000μF/63V）、C11（100μF/63V）及 C10（0.1μF/63V）用于消除由电源线、电路板走线所带来的电阻、寄生电感等引起的杂波干扰。由于工作在大电流、高频率、高温状态下，对电解电容有损耗角小、耐高温的要求，普通的电解电容容易发热爆裂。

第二组电源提供 15V 电压，一是给场效应管供电，由于场效应管必须有 10V 以上、20V 以下的电压才能很好地导通，所以必须有合适的电压为其供电，同时 15V 电压也为 5V 稳压块提供预稳压。稳压块为 LM317，输出 15V。由于 LM317 的输入输出压差不能超过 40V，而输入电压（电池电压）可能高达 60V，因此在 LM317 前面加了一只 330Ω/2W 的电阻。

第三组电源是 5V，稳压块采用 LM78L05，由于 78L05 的最大输出电流只有 100mA，所以并联了两只 1.5kΩ 的电阻 R75、R76 以扩流。系统对 5V 电源的要求比较高，不单单是因为逻辑电路、CPU 等的电源电压都不能过高，而且由于 CPU 的所有 A/D 转换都是以 5V 电压为基准，所以若 5V 不准，会出现电流检测、欠电压检测、手柄控制等均不能达到设计要求的情况，甚至不能动作。因此，该电压应严格控制在 4.90 ~ 5.10V。

（3）信号输入与预处理电路　该电路包括电源电压输入、工作电流比较、放大输入、手柄转把调速电压输入、刹车信号输入、电机转子位置传感器的霍尔信号输入，以及其他功能开关信号输入等。

❶ 电源电压输入：由于 CPU 只接收 0 ~ 5V 的信号，所以电源电压必须经过分压才能输入 CPU。

❷ 工作电流放大、输入：康铜丝 R55 采样的电流信号经过 R6 送入运放 U1A（LM358）同相输入端 5 脚，经过放大，由 7 脚输出至 U6（CPU）的 2 脚，CPU 根据该信号的高低控制 PWM 脉冲输出的大小，从而控制功率管电流的高低。U1B（LM358）作为比较器，其输出端 1 脚接 CPU 的 21 脚。电流正常时，U1B 的 3 脚电压高于 2 脚，1 脚输出高电平。当电流由于某种原因突然增大到一定程度时，2 脚电压高于 3 脚，1 脚输出低电平，从而将 U6 的 21 脚过流保护端电位拉低，CPU 据此完全关闭电机的输出，进入保护状态，对控制器输出的最大电流进行限制，以保护电池、控制器、电机等不会出现超过允许范围的大电流，避免故障进一步扩大。

❸ 手柄转把输入部分：+5V 电源加到手柄转把的霍尔元件上，转动手柄转把，霍尔元件产生的 1.2 ~ 4.2V 转速控制电压通过 R37、R32 分压，C27 滤波后，输入到 U6 的 5 脚，

CPU 据此控制驱动 PWM 信号，实现电机调速。

④ 刹车信号输入：经 R34、R33 分压，送到刹车信号（低电平有效）CPU 的 7 脚。正常行驶时，U6 的 7 脚为高电平，13 脚正常输出驱动脉冲；刹车时，U6 的 7 脚电平被拉低，13 脚停止驱动脉冲输出，达到刹车断电功能。

⑤ 电机转子位置传感器输入：由于该传感器安装在电机内部，采用开路输出的办法，所以除提供 +5V 电源外，每个传感器 U、V、W 都必须接上拉电阻（R49～R51），传感器 U、V、W 输出的信号经电阻 R29～R31、电容 C30～C32 滤波后，送到 U6 的 15 脚～17 脚，CPU 根据其信号变化让电机相应绕组通电，从而使电机始终向需要的方向转动。此外在电源处接有一只二极管 D4，接地采用细铜膜作保险丝，以防止电机相线与霍尔信号线短路后高电压反窜进来，损坏板子上的其他零件。

⑥ 限速控制：当限速开关接通时，调速信号经 R33 对地拉低，从而使转速不能调得太高，以达到限速目的。

⑦ 电池欠压检测输入：电池电压经 R3、R11 分压，C21 滤波后，加到 U6 的 3 脚，CPU 据此信号判断电池电压是否过低。当电池电压降低到控制器设定值以下时，CPU 停止 PWM 芯片信号的输出，以保护电池不至于在低电压情况下放电，避免电池因过放电而损坏。

（4）驱动控制信号和功率驱动开关电路　从 U6 的 13 脚输出的 PWM 占空比驱动控制信号，一路经 R53、R52、C71 载波（缩小占空比）后输出，相位不变，形成 PWM 信号，加到与门 U4（74HC08D）的 13 脚，与 U6 脚送来的相位开关信号进行逻辑合成，再以一定的逻辑顺序分别从 3 脚、6 脚、8 脚输出高电平加到三极管 Q1～Q3 基极，使之导通，驱动 T1、T4、T7 导通，从而使三组上桥臂场效应管 V1、V3、V5 按一定的逻辑顺序轮流导通工作，将电源电压加至电机绕组。

另一路经 R57、C24 加到 U5（74HC04D）的 1 脚，经反相形成 PWM 信号，由 4 脚输出到或非门 U3（74HC27D）的 2 脚、4 脚、10 脚，与 U6 的 22 脚同步续流控制端送来的同步续流信号比较后，由 6 脚、8 脚、12 脚输出到或非门 U2（74HC27D）的 1 脚、9 脚、10 脚，与 U6 的 26 脚～28 脚送来的相位开关信号进行合成，由或非门 U2 的 6 脚、12 脚、8 脚分别输出高电平，加到三极管 N2、N4、N6 基极，使三极管 N2、N4、N6 导通，从而使三组下桥臂场效应管 V2、V4、V6 按一定的逻辑顺序轮流导通工作，电流通过电机绕组流回电源负极，从而得到模拟自检后的状态，由 LED2 显示结果，进行判断。

LED 显示情况与控制器状态的对应关系如下：

闪 1 停 1——自检正常通过；闪 2 停 1——欠压：闪 3 停 1——LM358 故障；闪 4 停 1——电机霍尔信号故障：闪 5 停 1——下管故障；闪 6 停 1——上管故障；闪 7 停 1——过流保护；闪 8 停 1——刹车保护；闪 9 停 1——手把地线断开；闪 10 停 1——手把信号和手把电源线短路；闪 1 停 11——上电时手把信号未复位。

2. 检修

（1）基本检查　在检修时，首先要排除短路故障，特别是末级功率管。

在电门锁一侧，可以断开电门锁插接件测电流，若电流约为 65mA，则说明控制器前级无短路。

当无短路而电机不转时，应先检查初始化自检条件是否正常。

检查电机霍尔元件好坏的方法：打开电门锁，用指针式万用表交流 10V 挡分别测 U6 的 15 脚～17 脚，即电机霍尔元件的 W、V 和 U 相的输入端，用手慢慢转动电机轮，如果表的指针在 0～4V 内波动，说明电机霍尔元件基本正常。

检查控制器前级是否正常的方法：首先控制器应能自检，观察 LED2 灯闪停是否正常。若 LED2 闪一次停一次，说明自检通过，否则应检查自检灯指示的相关故障电路。

自检正常通过后，用万用表交流 10V 挡测 U6 的 26 脚～ 28 脚（即下管换相信号），转动转把使电机轮尽量旋转慢一点，若表针在 0 ～ 4V 内波动，再测 U6 的 23 脚～ 25 脚（即上管换相信号），表针应在 0 ～ 2V 内波动。然后测 U6（CPU）的 13 脚（即 PWM 输出脚），此点电压随转把的转动而变化，若为 0 ～ 4.8V，说明 U6 输出基本正常。

电机电流检测和保护电路由电流取样电阻 R5、R6 和 U1 等组成。当无刷电机电流增大到使 U1 的 2 脚电压高于 3 脚约 0.23V 时，U1 的 1 脚变为低电平，U6 的 21 脚变为低电平，单片机进入过流保护状态。

（2）常见问题检修

❶ 电机转，但不正常。

a. 控制器 60°、120° 工作方式选择是否对应；

b. 电机靠外力能转，但转动时有较大的噪声，输出缺相，检测连接线情况，线路板上元件是否有漏焊、虚焊、短路、错焊等；

c. 霍尔信号不对，部分电机需调整控制器输出线或霍尔信号线；

d. 电机在低速转动时不平稳，多为驱动电路元件参数差异太大，测试三相驱动元件有无错焊，性能不良。

❷ 电机易停、带负载能力差。

a. 控制器短路，比较电阻 R9、R10 是否为 20kΩ 或 1.2kΩ；

b. 电容 C7（1000pF）、死区调节电容 C24（100pF）容量偏离太大；

c. 康铜丝过长（当控制器电容 C7、C24 电容不对时，工作电流将异常，一般反映为工作电流大而将康铜丝调得过长）；

d. 驱动电路的部分元件漏电，性能不良。

❸ 限流电阻发热，静态电流偏大。

a. 检测电路中有短路；

b. 驱动输出有无器件错焊；

c. 插件中连线是否对应。

❹ 易烧 MOS 管或电机低速正常运行，转把快速上升时易烧 MOS 管。

a. 检测 74 HC27D 电路（U3 ）是否正常；

b. 单片机 21 脚电压不为逻辑的高电平或低电平，其上拉电阻开路或虚焊；

c. MOS 驱动信号不能正常跟随单片机输出信号，呈现一种常态电平，最容易导致 MOS 损坏。

❺ 转把信号加上后信号灯灭，但电机不转。

a. 检查电机输出有无良好连接；

b. 电机霍尔未连接；

c. 驱动电路中有器件开路或虚焊、漏焊等。

二、AT89C2051 组成的无刷电动车控制器电路分析

1. 电路构成

AT89C2051 组成的无刷电动车控制器电路结构较简单、性能可靠。该控制器为 48V/20A 无刷电动车控制器，它的 PCB 板核心由三片 IC（即 AT89C2051-24PI，SG3524 和 LM358）组成，如图 2-38 所示。

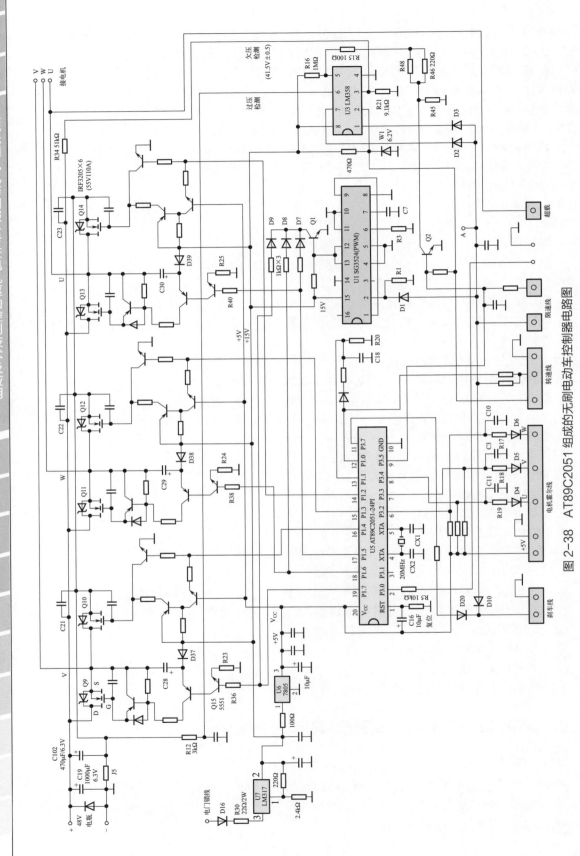

图2-38 AT89C2051组成的无刷电动车控制器电路图

2. 工作原理

单片机 AT89C2051-24PI 根据电机霍尔线指示的电机相位，分别为 V、W、U 相末级驱动输入 6 组电机换相信号；SG3524 是一片类似于 TL494 的开关集成电路，这里用作 PWM 调制信号处理。在图 2-38 中，U1 的 1 脚和 9 脚直接相连，使 U1 的 1、2 脚内的比较器构成了一个电压跟随器，内部输出驱动管采用双管并联集电极输出，当 U1 的 2 脚电压上升时，U1 内输出的脉宽增加，经内部双管并联的集电极输出使 Q1 的 b 极电压下降，控制 Q1，使输出换相信号幅度增大。

LM358 是一个通用双运放电路，起欠压和过流保护作用；末级 3 组 6 只上、下功率管均采用 IRF3205（55V/110A）场效应管；该控制器还设有蓄电池欠压保护电路、过流保护电路，功能较为完整。

打开电门锁，48V 经 U7 稳压输出 15V 电压和由 U6 稳压输出 6V 电压为 IC 等电路供电。初始时刹车和转把复位，A 点电压为低电平，U1 的 2 脚输入低电平，U1 输出脉宽减至最低，Q1 饱和导通，使末级三路上管换相信号短路入地，无刷电机处于停止状态。当转动转把时，A 点电压随转把转动而上升，U1 的 2 脚输入电压也上升，使 U1 输出的脉宽增加，Q1 的 b 极电压下降，控制 Q1 使输出换相信号也不断增大，从而使无刷电机转速不断加快。

当手动刹车时，A 点电压变为低电平，U1 的 2 脚输入低电压，Q1 饱和导通，消除了末级三路上管换相信号，电路停止向无刷电机提供驱动电平。

欠压保护：当蓄电池电压下降到 41.5V，即 U3 的 3 脚电压低于 2 脚 6.2V 时，U3 的 1 脚输出低电平使 A 点电压降低，U1 的 2 脚输入低电平，电路停止向无刷电机提供驱动电平。

过流保护：当末级功率输出电流过流时，J5（康铜丝）上的压降通过 R12 输入，使 U3 的 6 脚电压大于 5 脚，U3 的 7 脚输出低电平，电路停止向无刷电机提供驱动电平。

行驶限速：当断开限速线后，Q2 导通，U3 的 5 脚基准电压由 0.09V 下降到 0.05V，行驶时末级电流上升到一个较大值就可以使 U3 的 6 脚电压大于 5 脚，从而限制行驶时末级工作电流的最大值，达到限速的目的。

第四节 松下 MSD5A3P1E 交流伺服驱动器电路接线与检修

松下 MSD5A3P1E 驱动器电源为三相 200V、60Hz 交流电源，配用电机为 50W，编码盘为 2500 脉冲/转（p/r）的编码器，上位机与控制器用 26 线连接器 I/F 和 RS-232 串行接口 SER 连接，编码器接 SIG 接口。

松下 AC 伺服驱动器接口：面板连接器见图 2-39。典型应用接线见图 2-40。

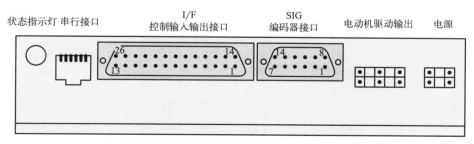

图 2-39 MSD5A3P1E 面板连接器

1. 松下 AC 伺服驱动器接口

CN2 I/F 各引脚的功能见表 2-9。

表2-9　CN2 I/F各引脚的功能

引脚号	符号	名称	典型连接
1	COM+	控制信号供电	12～24V+
2	SRV-ON	伺服开输入	开关常开接 COM-
3	A-CLR	报警清除输入	开关常开接 COM-
4	CL	计数器清零输入	开关常开接 COM-
5	GAIN	增益开关输入选择二次增益	开关常开接 COM-
6	DIV	控制分频开关输入选择二次倍率	开关常开接 COM-
7	CWL	正转驱动禁止输入	开关常闭接 COM-
8	CCWL	反转驱动禁止输入	开关常闭接 COM-
9	ALM	伺服报警输出	继电器线圈（＜50mA）接 COM+
10	COIN	达到位置信号输出	继电器线圈（＜50mA）接 COM+
11	SP	速度指示信号输出	4.7kΩ
12	IM	转矩指示信号输出	4.7kΩ
13	COM-	控制信号供电	12～24V-
14	GND	12～20 线的屏蔽	
15	OA+	A 相差动输出 +	330Ω 负载
16	OA-	A 相差动输出 -	
17	OB+	B 相差动输出 +	330Ω 负载
18	OB-	B 相差动输出 -	
19	OZ+	Z 相差动输出 +	330Ω 负载
20	OZ-	Z 相差动输出 -	
21	CZ	Z 相输出零相位输出	（集电极开路，30V、15mA）外接 LED
22	CW+	顺时针脉冲输入 +	命令脉冲串差动输入
23	CW-	顺时针脉冲输入 -	
24	CCW+	逆时针脉冲输入 +	命令脉冲串差动输入
25	CCW-	逆时针脉冲输入 -	
26	FG	外壳地	

CN1 SER　编程串行接口，RS-232 标准，有 RX、TX、GND 三条信号线。

CN3 SIG　编码器接口，有差动输入的两条信号线和两条电源线。

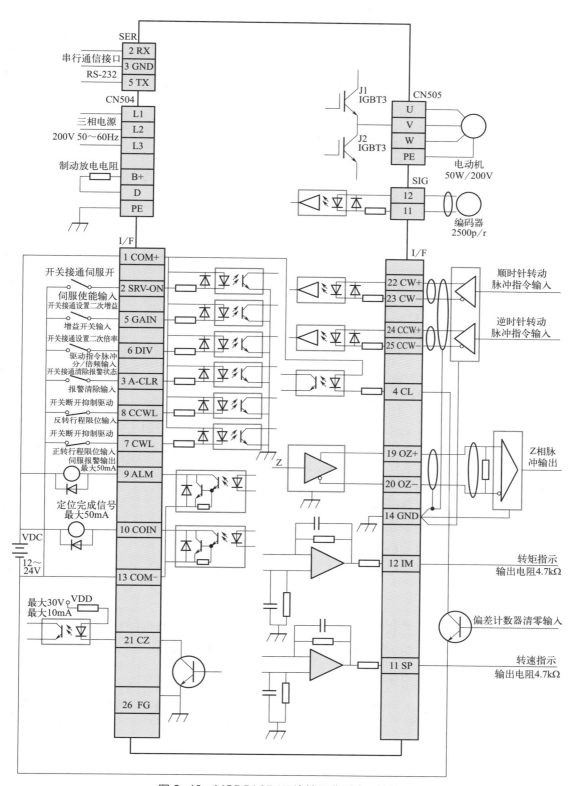

图 2-40 MSD5A3P1E 连接器典型应用接线图

2. 状态指示

状态指示灯，只有一个双色发光二极管指示灯，单独发光分别为绿和红，同时发光为黄。

绿长亮：电源开。

黄闪亮：亮 1s 灭 1s，表示故障代码的开始，连续闪亮次数代表故障代码的十位数。

红闪亮：亮 0.5s 灭 0.5s，连续闪亮次数代表故障代码的个位数。

例如：黄亮 1s、黄灭 1s，红亮 0.5s、红灭 0.5s，红共亮 6 次灭 6 次，最后灭 2s，再循环，黄亮 1 次，红亮 6 次，表示故障代码是 16，是过载报警。

常见故障代码：

11：电源电压低；

12：电源电压高；

14：过电流或对地漏电保护；

15：内部过热保护；

16：过载；

18：再生放电保护；

21：编码盘连接错误保护；

23：编码盘连接数据错误保护；

24：位置超过保护；

26：超速保护；

27：控制脉冲倍率错误保护；

29：距离计数脉冲丢失（打滑）保护；

34：软件限制；

36：EEPROM 校验码错误；

38：超行程禁止保护；

44：绝对编码盘的一环计数器错误保护；

45：绝对编码盘的多环计数器错误保护；

48：编码盘 Z 相错误保护；

49：编码盘 CS 信号错误保护；

95：电机自动识别错误保护。

3. 电路原理

内有三块电路板：主控板、驱动板、功率板，功率板采用散热良好的金属电路板。驱动板的连接器 CN501、CN502 分别与功率板的连接器 CN1、CN2 连接，驱动板的 CN503 与主控板的 CN4 连接。

（1）功率板与驱动板电路原理　如图 2-41 所示，功率板主要包含 VD1 ～ VD6 组成的三相电源的桥式整流电路、QN1 ～ QN6 等组成的三相 SPWM 输出的六个 IGBT 桥式电路、开关电源的开关管 QN7，这些都是功率放大电路。驱动板为连接弱信号控制部分与高电压的功率板。

CN504 为外接电源连接器，CN504#6、#8、#10 接三相 200V、60Hz 交流电源，#1 接保护地，#3、#5 外接制动电阻。压敏电阻 ZNR504、放电管 DSA501，可以释放瞬时高电压脉冲，保护内部电路。电容 C554、C555、C556 滤掉交流电源对内部的干扰和对外部交流电源的干扰。三相交流电源的 U 相经过连接器 CN502、CN2 的 27 ～ 30 线，V、W 相分别经过连

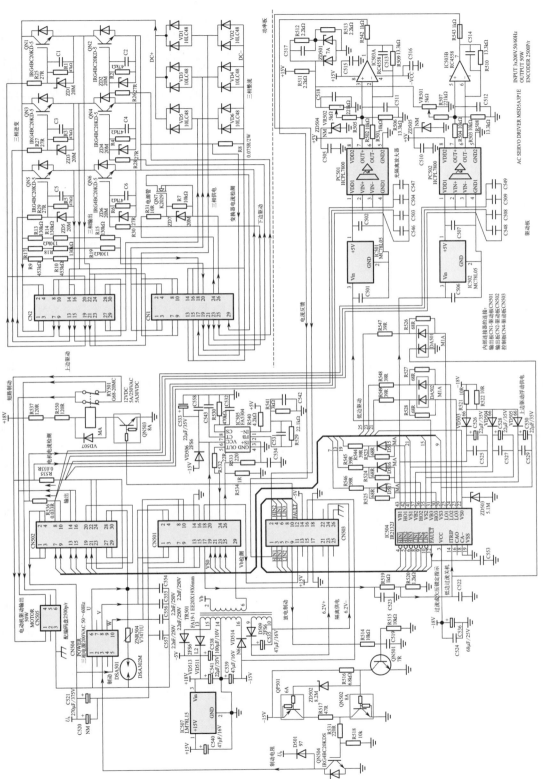

图 2-41 功率板与驱动板电路原理

接器 CN501、CN1 的 1～4 线、7～10 线到功率板，每相都用四线可以适应大电流，不同相之间用空线加大间隔提高绝缘强度。三相电源经过 VD1～VD6 六个双二极管整流为直流电作为主电源 U_b，正极经过连接器 CN2#1～#4、CN502#1～#4 到驱动板连接滤波电容 C520、C521 和 CN504 外接的制动电阻，还有开关变压器 TR501#2，负极经过 CN1#13～#16、CN501#13～#16 到驱动板，其中 #13#15#16 为滤波电容负极，#14 为信号地。六个 IGBT 管 QN1～QN6 将主电源逆变成 SPWM 的交流电，从连接器 CN2#8#10、#14#16、#22#23#24 到连接器 CN502，再通过电流取样电阻 R535、R536 到电机连接器 CN505。逆变管的高边的 QN1、QN3、QN5 的集电极接主电源正极，低边的 QN2、QN4、QN6 的发射极经过变换器电流检测电阻 R8 接主电源负极，R8 电阻的电流取样电压经过 CN1#17、CN501#17 到驱动电路 IC504#14，过电流时 IC504 内部会断开驱动信号。低边的三个 IGBT 的驱动信号从 CN1#19、#21、#23、#25 接入，#19 接发射极公共端，其余三线分别接三个门极。高边的三个 IGBT 的驱动信号从 CN2#7#9、#13#15、#19#21 接入，由于三个发射极电压是随输出浮动的，没有公共端，因此高边的三个 IGBT 的驱动信号都是浮动的差动信号驱动的。每个 IGBT 的门极和发射极之间都有稳压二极管、电阻、电容，稳压二极管用于保护门极内的绝缘栅，电阻、电容提高抗干扰能力，即使连接器断开时门极也不会感应高电压。

驱动板的 TR501、IC505、IC507 和功率板的 QN7 等组成开关稳压电源。TR501#6 经过 CN501#29、CN1#29 接功率板的电源开关管 QN7 的漏极，QN7 的源极经过 CN1#26、CN501#26 到驱动板的电流取样电阻 R534，IC505 是开关电源 PWM 控制电路，内部框图见图 2-42，IC505#5 为驱动 PWM 输出，该输出经过 CN501#24、CN1#24 到功率板的 QN7 的栅极，控制 QN7 的通断，该电源为反激式开关电源，当 QN7 断电时，TR501 的二次侧通过二极管对滤波电容充电、对负载供电。VD513、C538 整流滤波产生 +5V，为控制弱信号供电，VD514、C539 产生 -15V，为运算放大器等提供正电源，VD511、C541 产生 +18V，为驱动电路供电，+18V 再经过三端稳压电路 IC507 产生 +15V，为运算放大器等提供负电源，VD509、C535 产生的 6.2V 为主控板的控制器接口的电路隔离供电。为了稳定输出电压，+5V 电压反馈到 IC505#1 的误差放大器的输入端，与内部的基准电压比较，控制开关管 QN7 的通断电时间比例，调节输出电压。IC505 为电源端，启动前主电源通过功

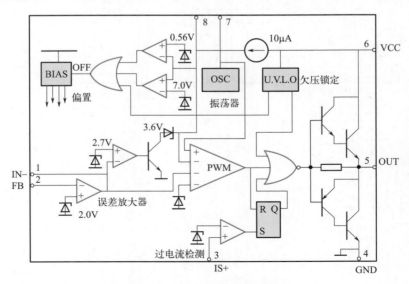

图 2-42 FA5304AP 内部框图

率板的 R13 ～ R15、R17 ～ R19，连接器 CN1#20、CN501#20 供电，启动后用 +15V 经过 VD506 供电。CN501# 2 为误差放大器的输出端外接放大倍数电阻和频率补偿电容，CN501# 为开关管电流检测输入端，CN501#7#8 为振荡器外接电阻电容，决定开关电源的工作频率。

IC504 为三相 PWM 电路的专用驱动电路，内部框图如图 2-43 所示。内部有低边的三路普通驱动电路，有高边三路的高耐压的恒流驱动浮动输出电路。从主控板来的通过 CN503#6、#7、#8 接入的低边驱动信号，进入 IC504#8、#9、#10，经过 IC504 处理后从 IC504#25、#24、#23 输出，驱动功率板的低边的三个 IGBT 管，IC504#22 的 VS0 为驱动信号的公共端，该端由 ZD503 决定了比地端电压高出 5V，这样可以使 IGBT 的门极、发射极间反压关断。

从主控板来的通过 CN503#3、#4、#5 接入的高边驱动信号，进入 IC504#4、#5、#6，经过 IC504 处理后从 IC504#42、#41 输出高边第一路驱动，HO1、HO2、HO3 分别为三路驱动的信号端，分别接三个高边 IGBT 的门极，VS1、VS2、VS3 分别接三个高边 IGBT 的发射极，为三路驱动的信号的参考端。每路驱动都是双线差动驱动。VB1、VB2、VB3 分别为三路驱动输出电路的浮动供电端，用 +18V 电源分别通过 VD503、VD504、VD505，对应为电容 C526、C528、C530 储电，再为内部供电。SPWM 驱动电路正常工作时三个高边 IGBT 的发射极会被对应的低边 IGBT 轮番接地，例如，当 QN2 导通时，QN1 的发射极接地，对应的 VS1 的 C526、C525 电容接地，+18V 电源通过 VD503 将 C526、C525 充电到 18V。当 QN1 导通，QN2 截止时，QN1 的发射极电压为主供电 Vb，即对应的 VS1 的 C526、C525 电容接 Vb，电容的正极电压比 Vb 高出 +18V，VD503 承受反向的 Vb，VB1 仍比 VS 高出 18V，驱动电路得到了浮动供电。另外两路原理相同。每路驱动输出都串联了二极管与电阻的并联电路，这可以使 IGBT 开通时间很短，关断时间较长。VD503 ～ VD505 要用快恢复、高耐压的二极管。

从低边三个 IGBT 发射极电流取样电阻来的电流信号，经过 CN1#17、CN501#17、电阻 R519 和 R520 分压，接到 IC504#14，作为低边过电流关断 SPWM 驱动信号的保护依据。IC504#12 输出过电流或驱动电源欠压指示信号，该信号经过 CN503#12 到主控板。

CN503#9 为制动信号，从主控板制动信号经过 QN501 放大，QP501、QN502 驱动制动开关管 QN504，如果 QN504 导通，外接制动电阻接到主电源 Vb 的正负极之间，对电源放电，防止电机转速过高引起主滤波电容电压升高。CN503#10 也为制动信号，制动时高电压，继电器 RY501 吸合，将电机三绕组短路，电机惯性转动发电，又被短路，实现快速停止。

电机驱动的三相电源的两相串联了电流取样电阻 R535、R536，电阻两端的电压差代表输出到电机的电流，该电压差信号经过光隔离放大器 PC501、PC502 放大，再经过双运算放大器 IC503 反相放大，到连接器 CN503#1#2，到主控板。由于取样电阻的电压对地有很大浮动，即有很大的共模电压，因此采用了隔离差动放大。输入信号线采用了双侧屏蔽，减小干扰。隔离的输入输出两部分的电源也是隔离的，前端的电源用了高边驱动电源经过 IC501、IC502 稳压的 5V 电源。VR502、VR503 为 IC503 的调零电位器，确保输入为 0V 时输出也为 0V。C511 ～ C514 起低通滤波作用。

(2) 主控板电路原理 主控板电路原理见图 2-44、图 2-45，IC1、IC2 为控制微处理器，MCUBUS 为处理器的数据用总线，CNTBUS 为控制用总线。IC4 有复位功能的电可擦可编程只读存储器（EEPROM），为 IC2 提供复位信号，内部框图见图 2-46，在开机上电时，RESET 为高电压，为 IC2 复位，经过几百毫秒再变为低电压，复位完成，处理器开始执行程序。IC4 内存储的数据是生产厂和用户的各项设置，通过串行总线 DO、DI、RD、SCK、CS 与 IC2 传送数据。IC6 也是复位电路，为 IC1 提供复位，C31 为复位电容，该电容的充电时间决定复位时间。IC1#86 为内部模数转换器的基准电源，IC1#87 为主电源 Vb 电压检测，是模数转换器的输入端。

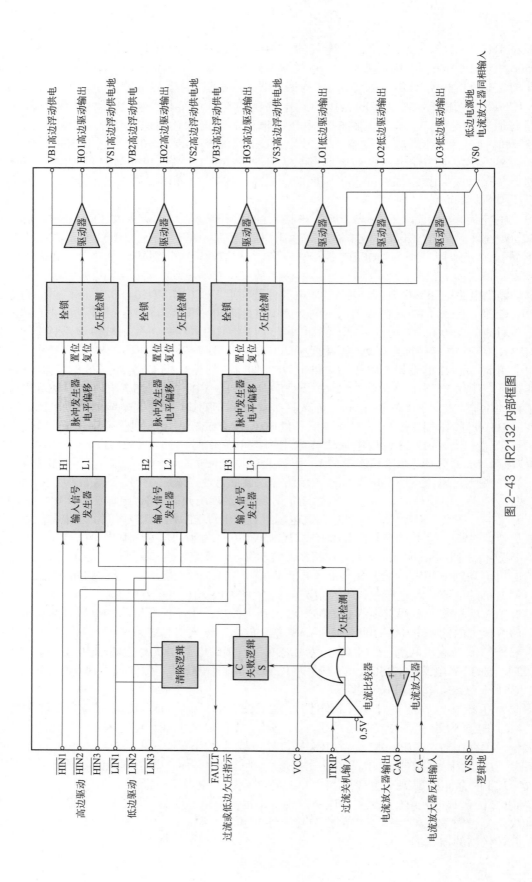

图2-43 IR2132内部框图

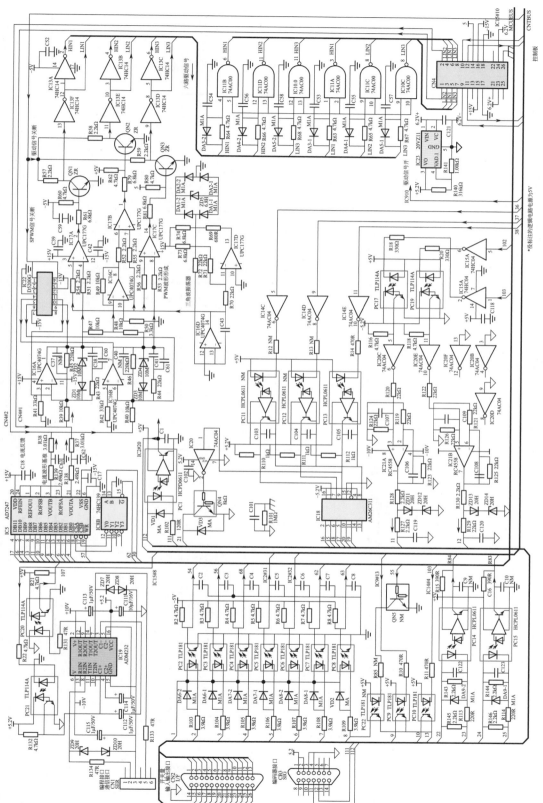

图 2-44 松下 MSD5A3P1E 交流伺服驱动器（一）

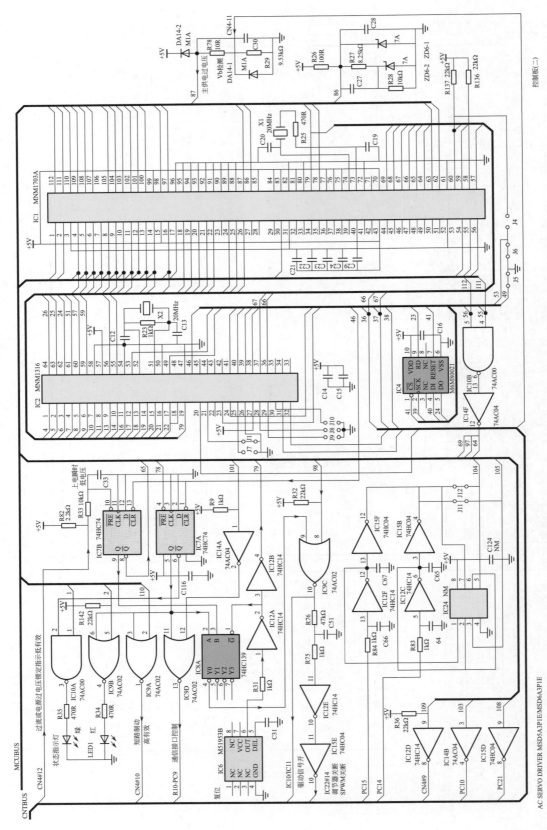

图 2-45 松下 MSD5A3P1E 交流同服驱动器 (二)

AC SERVO DRIVER MSD5A3P1E/MSD63A3P1E

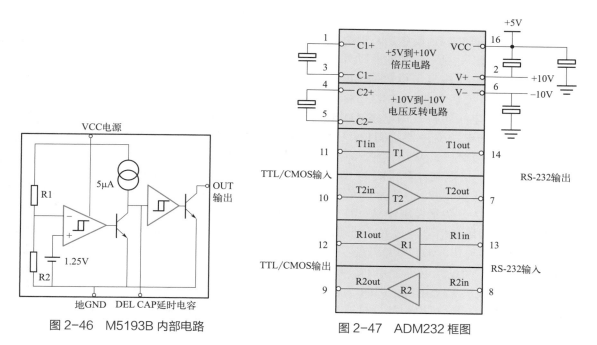

图 2-46 M5193B 内部电路

图 2-47 ADM232 框图

IC7B 为双 D 触发器，由于数据输入端 D 和时钟端 CLK 都接地，故两个都接成了 RS 触发器。开机上电时 IC2#46 低电压通过 $\overline{\text{CLR}}$ 对这两个触发器复位，复位后同相输出端 Q 为低电压，反相输出端 $\overline{\text{Q}}$ 为高电压。对于 IC7B，置位端 $\overline{\text{PRE}}$ 接过电流和驱动欠电压信号，过电流或驱动欠电压时为低电压，IC7B#9 的 Q 为高电压，$\overline{\text{Q}}$ 为低电压，前者用于关断驱动信号和 SPWM 发生器，后者送到 IC1#65 故障检测信号。

对于 IC7A，置位端 $\overline{\text{PRE}}$ 接 IC1#78，复位端 $\overline{\text{CLR}}$ 接 IC2#46，两线共同控制其输出，其输出用于控制状态指示灯的发光、闪动，控制电机的短路制动和通信接口。当 IC7A#5 的 Q 为高电压时，关断 LED1 内的红色指示灯，关断电机的短路制动，通过光电耦合器 PC9 使通信口 CN2#9 与 CN2#13 连接，$\overline{\text{Q}}$ 的低电压使 LED1 内的绿色指示灯亮，IC7A#5 的 Q 为高电压说明 IC1 判断为有故障。当 IC7A#5 的 Q 为低电压时，LED1 内的红色指示灯受 IC1#2 的控制，低电压时亮，电机的短路制动受 IC1#110 的控制，低电压时制动，通信口 CN2#9 与 CN2#13 是否连接，受 IC1#101 的控制，高电压时不连接，当出现报警时驱动外接继电器，$\overline{\text{Q}}$ 的高电压使 LED1 内的绿色指示灯受 IC1#1 的控制，低电压时亮。

IC8A 是译码器，BA 两位二进制数输入使四个 Y 输出端的一个为 0，当 BA=00 时，Y0 为 0，即 Y0 输出低电压，其他输入时 Y0 为高电压。当时 Y0 为高电压时，或非门 IC9C#10 输出低电压，通过 IC10、IC11 关断六路驱动信号，IC9C#10 输出的低电压还通过非门 IC12E、IC15E 关断 SPWM 信号发生器。当 Y0 输出低电压，六路驱动信号和 SPWM 信号发生器是否关断受 IC1#98 的控制，高电压时关断。IC8A#1 是使能端，低电压有效，复位完成后 IC6、IC12A 使其一直有效。可见除了 IC1#98 关断六路驱动信号和 SPWM 信号发生器外，过电流、驱动欠压、IC7A 使红灯亮、制动、CN2#9 与 CN2#13 连接的任何一种情况也会关断六路驱动信号和 SPWM 信号发生器。LED1 是双色发光二极管，可以发红色、绿色、黄色（红色、绿色同时发光），通过发光颜色、不同颜色的闪动次数指示工作状态。

通信接口 CN2#22#23 和 CN2#24#25 是两路控制数据差动信号输入，通过高速光电耦合器 PC14、PC15 和非门 IC12C、IC12F、IC15B、IC15F 分别接 IC1#104#105。IC1#109 通

过非门 IC12D 反相后到驱动板，控制制动电阻，IC1#109 低电压时制动电阻为主电源放电。IC1#103 通过非门 IC14B 反相后，通过光电耦合器 PC10 将 CN2#10#13 连接，IC1#103 高电压时连接，当速度达到一定值时驱动外接继电器。IC1#108 通过非门 IC15D 反相后，通过高速光电耦合器 PC21 输出串行数据，IC1#107 从高速光电耦合器 PC20 输入串行数据，双向的串行数据经过 IC19 转换成 RS-232 标准电平信号，通过串行接口 CN1 和外部控制器通信。IC19 是 RS-232 电平转换专用电路 ADM232，内部框图见图 2-47。内有将 +5V 电源转换成 +10V 和 -10V 的电源变换器，C112、C114 是升压电容，C111、C113、C115 是电源滤波电容，稳压二极管 DZ7 ~ DZ10 对输入输出信号限幅，限制在 ±10V 范围内。

接口 CN2 外接控制计算机或 PLC 等，#1 为接口电源 12 ~ 24V 的正极，#13 为接口电源 12 ~ 24V 的负极。#2 ~ #8 为开关量控制输入，分别通过光电耦合器 PC2 ~ PC8 接 IC1、IC2。#9 ~ #12 为开关量控制输出。#15 ~ #20 为增量编码盘信号的 A、B、Z 三路脉冲差动信号输出，是编码盘信号经过 IC2 处理，经过光电耦合器 PC11 ~ PC13 隔离，再经过 IC16 转换成差动信号输出。#21 为编码盘零位指示信号，与 Z 信号一致。#22 ~ #25 为两路控制数据差动输入，经过光电耦合器 PC14、PC15 到 IC1#104#105。CN3 是接编码器通信接口，#1#2 对编码器提供 +5V 电源，#3#4 为地，#11#12 为差动数字信号输入。CN1 是编程和通信控制用 RS-232 接口，可以用计算机通过编程软件、编程电缆对驱动器进行多种设置，工作时还可以和驱动器之间传送控制数据。

IC5、IC16、IC17 等组成三相 SPWM 信号发生器。IC5 是双路 12 位模数转换器，内部框图见图 2-48。

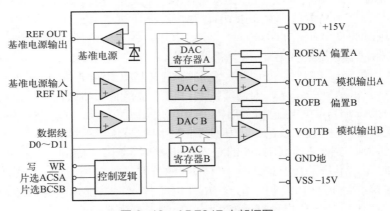

图 2-48 AD7247 内部框图

IC1#4 ~ #11、#13 ~ #17 向 IC5 传送数据，IC1#57、#62、#30 控制向 IC5 内的两个模数转换器分别传送数据，IC8 是双二 - 四线译码器。IC5 #21#23 的两路模拟输出是相位差为 120° 的两路正弦波信号，作为 U、W 两相输出的基准信号，频率大范围可调。U、W 两相正弦波电压分别经过 IC16A、IC16B 放大，送入比较器 IC17A、IC17C 的反相输入端。U、W 两相正弦波电压经过 IC16C 相加、反相放大，得到 V 相正弦波电压，送到 IC17B 的同相输入端，波形图见图 2-49。

IC17A 的反相输入端、IC17B 的同相输入端、IC17C 的反相输入端分别输入 U、V、W 三相正弦波电压，另一个输入端接 IC16D 输出的三角波，IC16D、IC17D 等组成高频三角波振荡器，DA1、DA2、DZ5 组成 ±6.8V 双相限幅电路。IC16D、C43、R72 组成积分器，可以将 R72、R69 连接点的方波电压转换为三角波，IC17D、R71、R70、R69 组成有回差的比较器（施密特触发器），将 IC16D#14 的三角波转换为方波，两部分电路接成正反馈形式。

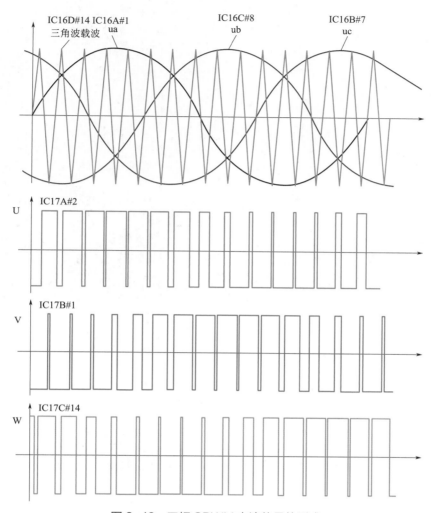

图 2-49　三相 SPWM 电流信号的形成

U、V、W 三相正弦波电压经过 IC17A、IC17B、IC17C 与高频三角波比较，产生 U、V、W 三相 SPWM（正弦脉宽调制）信号，分别从 IC17A#2、IC17B#1、IC17C#14 输出，经过 QN1 ～ QN3 放大、六反相施密特触发器 IC13 整形倒相产生三个高边、三个低边的六路 SPWM 驱动信号，再经过与非门 IC10、IC11，经过连接器 CN4 输出到驱动板的驱动模块 IC504。另外通过 CN4#2#1 来的 U、W 相的输出电流检测信号的负极性信号叠加到了模数转换器 IC5 的输出端，引入了电流负反馈，使电机绕组的电流波形按给定正弦波变化，而不是电压。电机绕组是电感性的，如果电压不变而频率变化会导致高频时，电流过小，驱动力矩过小，低频时电流过大，按电流波形驱动使频率不同时电感电流不变，在一定频率以下，频率变化时驱动力矩不变，也不会过电流。

如果出现故障，IC1#98、IC1#78、IC7B#9 等会通过 IC15E 接六路 SPWM 信号输出与非门 IC10、IC11 的另一个输入端，关断输出，还会通过开关电路 IC22，将 U、W 两相的放大电路 IC16A、IC16B 的输入输出短路，输出为零。

IC23 是稳压电源，为接口部分供电，与内部电路隔离。

第三章

伺服驱动器的安装、接线、调试与维修

第一节 伺服驱动器外部结构和通用配线

　　伺服驱动器是现代运动控制的重要组成部分，被广泛应用于工业机器人及数控加工中心等各种自动化设备中。如何能学好伺服系统？那就是实践出真知，从具体品牌入手，结合实践进行学习。本节以汇川 IS600P 伺服驱动器为例进行介绍。

　　IS600P 系列伺服驱动器产品是汇川技术研制的高性能的小功率的交流伺服驱动器。该系列产品功率范围为 100W ～ 7.5kW，支持 MODBUS 通信协议，采用 RS-232/RS-485 通信接口，配合上位机可实现多台伺服驱动器联网运行，提供了刚性表设置、惯量辨识及振动抑制功能，使伺服驱动器简单易用。配合包括小惯量、中惯量的 ISMH 系列 2500 线增量式编码器的高响应伺服电机，运行安静平稳。它适用于半导体制造设备、贴片机、印制电路板打孔机、搬运机械、食品加工机械、机床、传送机械等自动化设备，实现快速精确的位置控制、速度控制、转矩控制。其外形结构如图 3-1 所示。

图 3-1　汇川 IS600P 伺服驱动器及配套伺服电机外形

一、汇川 IS600P 伺服驱动器接口

汇川 IS600P 伺服驱动器接口部分如图 3-2 所示。

名称	用途
CN5 模拟量监视信号端子	调整增益时为方便观察信号状态 可通过此端子连接示波器等测量仪器
数码管显示器	5位7段LED数码管用于显示伺服的运行状态及参数设定
按键操作器	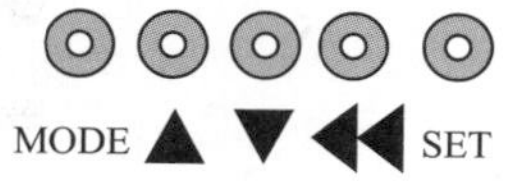 MODE ▲ ▼ ◀◀ SET 保存修改并进入下一级菜单 当前闪烁位左移 长按：显示多于5位时翻页 减少当前闪烁位设置值 增加当前闪烁位设置值 依次切换功能码
CHARGE 母线电压指示灯	用于指示母线电容处于有电荷状态。指示灯亮时，即使主回路电源OFF，伺服单元内部电容器可能仍存有电荷。因此，灯亮时请勿触摸电源端子，以免触电
L1C、L2C 控制回路电源输入端子	参考铭牌额定电压等级输入控制回路电源
R、S、T 主回路电源输入端子	参考铭牌额定电压等级输入主回路电源
P⊕、⊖ 伺服母线端子	直流母线端子，用于多台伺服共直流母线
P⊕、D、C 外接制动电阻连接端子	默认在P⊕-D之间连接短接线。外接制动电阻时，拆除该短接线，使P⊕-D之间开路，并在P⊕-D之间连接外置制动电阻
U、V、W 伺服电动机连接端子	连接伺服电机U、V、W相
⏚ PE接地端子	与电源及电动机接地端子连接，进行接地处理
CN2 编码器连接用端子	与电动机编码器端子连接
CN1 控制端子	指令输入信号及其他输入输出信号用端口
CN3、CN4 通信端子	内部并联，与RS-232、RS-485通信指令装置连接

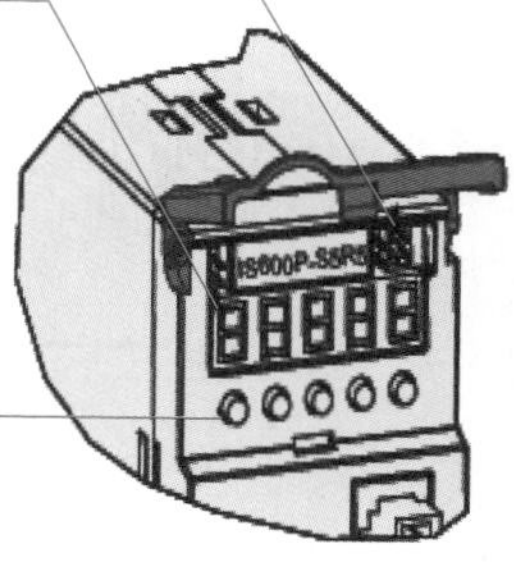

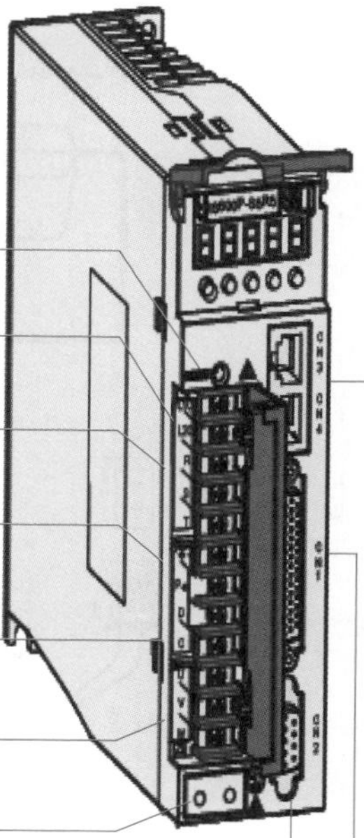

图 3-2 汇川 IS600P 伺服驱动器外部接口部分

二、汇川 IS600P 伺服驱动器组成的伺服系统

汇川 IS600P 伺服驱动器组成的伺服系统基本配线图如图 3-3 所示。

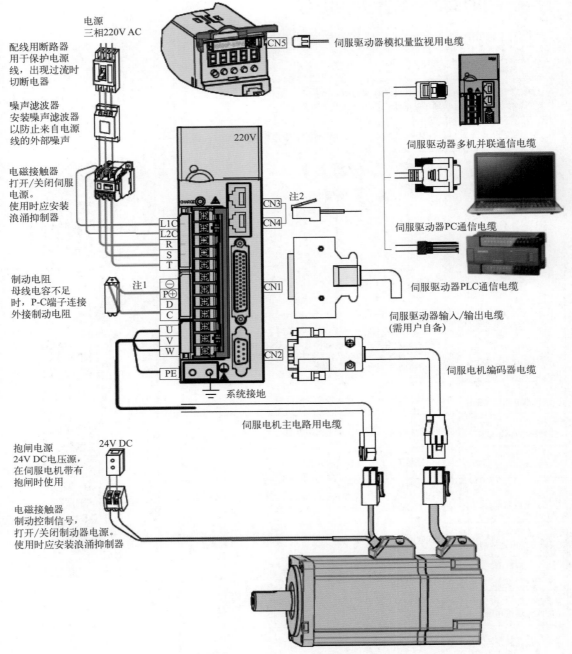

电源
三相220V AC

配线用断路器
用于保护电源
线，出现过流时
切断电器

噪声滤波器
安装噪声滤波器
以防止来自电源
线的外部噪声

电磁接触器
打开/关闭伺服
电源。
使用时应安装
浪涌抑制器

制动电阻
母线电容不足
时，P-C端子连接
外接制动电阻

注1

注2

220V

L1C
L2C
R
S
T

⊖
P⊕
D
C

U
V
W

PE

CN3
CN4

CN1

CN2

CN5

系统接地

伺服驱动器模拟量监视用电缆

伺服驱动器多机并联通信电缆

伺服驱动器PC通信电缆

伺服驱动器PLC通信电缆

伺服驱动器输入/输出电缆
(需用户自备)

伺服电机编码器电缆

伺服电机主电路用电缆

抱闸电源
24V DC电压源，
在伺服电机带有
抱闸时使用

24V DC

电磁接触器
制动控制信号，
打开/关闭制动器电源。
使用时应安装浪涌抑制器

图 3-3　三相 220V 汇川 IS600P 伺服驱动器系统配线图

三、伺服系统配线注意事项

在伺服驱动器接线过程中，如果未使用变压器等隔离电源，为防止伺服系统产生交叉触电事故，需要注意，在输入电源上要使用配电用的断路器或专用漏电保护器。

在伺服驱动器接线过程中，严禁将电磁接触器用于电机的运转、停止操作，主要是因为电机是大电感元件组成的，瞬间高压可能会击穿接触器，从而造成事故。

伺服驱动器接线中使用外界控制直流电源时，应注意电源容量。尤其是同时为几个伺服驱动器供电或者多路抱闸供电电路，如电源功率不够，会导致供电电流不足，驱动抱闸失效。

外接制动电阻时，需要拆下伺服驱动器 P⊕-D 端子间短路线后再进行连接。在单相 220V 配线中，主回路端子为 L1、L2，千万不能接错。

伺服电机和伺服驱动器型号配套说明：伺服电机和伺服驱动器型号配套需要注意的是：由于每个品牌伺服电机的控制算法都不一样，伺服控制单元功能设计不同，在伺服电机使用中，一般需要采用配套的伺服驱动器才能发挥伺服驱动的优势，特别是日本品牌系列伺服系统。目前实际使用中，对于欧美品牌系列伺服电机驱动，由于其控制算法很多是开放式设计，所以在使用中可以考虑同参数接口相同通用驱动控制器和伺服电机的互换使用。

图 3-4 和图 3-5 是汇川 IS600P 伺服驱动器及其配套伺服电机型号说明。

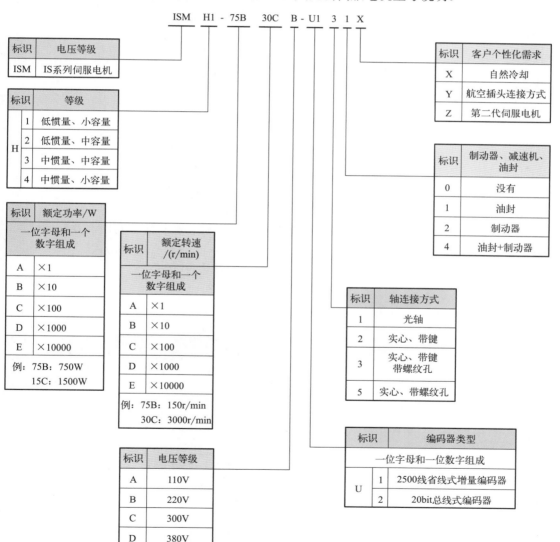

图 3-4　ISM 伺服电机型号说明

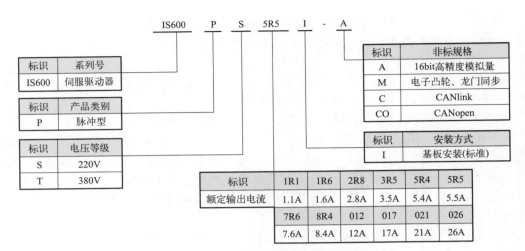

图3-5 IS600P 伺服驱动器型号说明

 第二节 伺服电机和伺服驱动器的安装及接线

一、伺服电机的安装

1. 伺服电机安装场所

❶ 禁止在封闭环境中使用电机。封闭环境会导致电机高温，缩短使用寿命。

❷ 在有磨削液、油雾、铁粉、切削等的场所应选择带油封伺服电机。

❸ 勿在有硫化氢、氯气、氨、硫黄、氯化性气体、酸、碱、盐等腐蚀性及易燃性气体环境、可燃物等附近使用伺服电机。

❹ 伺服电机应远离火炉等热源的场所。

2. 伺服电机安装环境

伺服电机安装环境一般要求如表 3-1 所示。

表3-1 伺服电机安装环境一般要求

项目	描述
使用环境温度	0～40℃（不冻结）
使用环境湿度	20%～90%RH（不结露）
储存温度	−20～60℃（最高温度保证：80℃ 72h）
储存湿度	20%～90%RH（不结露）
振动	49m/s² 以下
冲击	490m/s² 以下
防护等级	遵照伺服电机厂家要求防护等级要求
海拔	1000m 以下，1000m 以上请降额使用

3. 伺服电机安装注意事项

伺服电机安装注意事项如表 3-2 所示。

表3-2　伺服电机安装注意事项

项目	描述
防锈处理	安装前应擦拭干净伺服电机轴伸端的"防锈剂"，再做相关的防锈处理
滑轮	◆安装过程禁止撞击轴伸端，否则会造成内部编码器碎裂 ◆当在有键槽的伺服电机轴上安装滑轮时，在轴端使用螺孔。为了安装滑轮，首先将双头钉插入轴的螺孔内，在耦合端表面使用垫圈，并用螺母逐渐锁入滑轮。 ◆对于带键槽的伺服电机轴，使用轴端的螺孔安装。对于没有键槽的轴，则采用摩擦耦合或类似方法。 ◆当拆卸滑轮时，采用滑轮移出器防止轴承受负载的强烈冲击。 ◆为确保安全，在旋转区安装保护盖或类似装置，如安装在轴上的滑轮
定心	◆在与机械连接时，应使用联轴器，并使伺服电机的轴心与机械的轴心保持在一条直线上。安装伺服电机时，使其符合右图所示的定心精度要求。如果定心不充分，则会产生振动，有时可能损坏轴承与编码器等 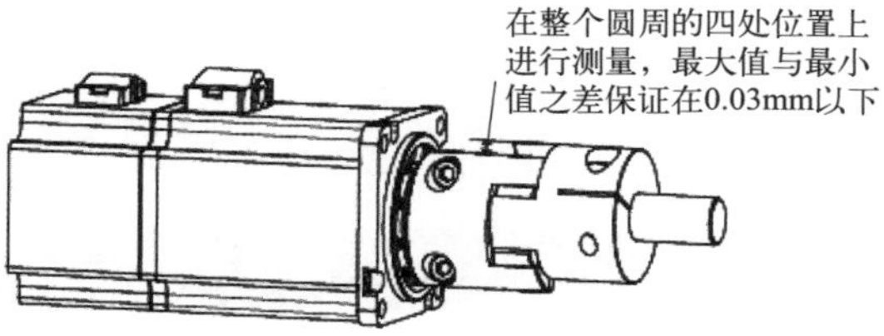
安装方向	◆伺服电机可安装在水平方向或者垂直方向上
油水对策	在有水滴滴下的场所使用时，应在确认伺服电机防护等级的基础上进行使用（但轴贯通部除外）。 在有油滴会滴到轴贯通部的场所使用时，应指定带油封的伺服电机。 带油封的伺服电机的使用条件： ◆使用时请确保油位低于油封的唇部。 ◆应在油封可保持油沫飞溅程度良好的状态下使用。 ◆在伺服电机垂直向上安装时，注意勿使油封唇部积油 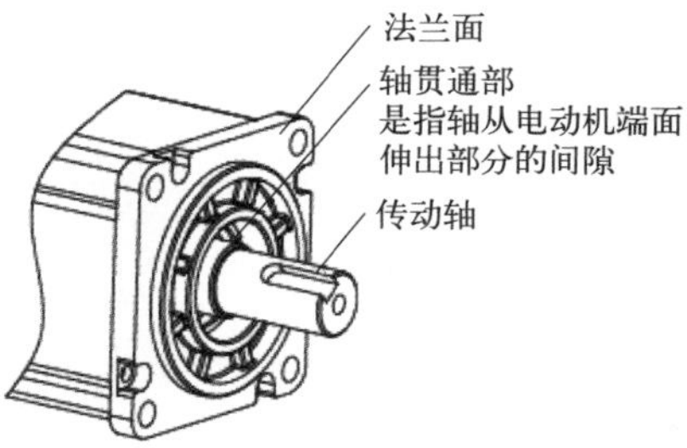
电缆的应力状况	◆不要使电线"弯曲"或对其施加"张力"，特别是信号线的芯线为 0.2mm 或 0.3mm，非常细，所以配线（使用）时，不要使其张拉过紧

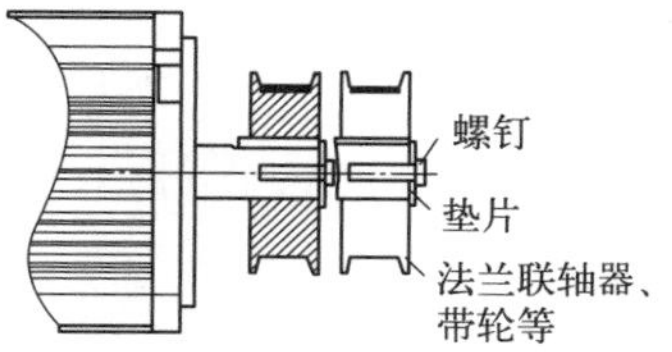

项目	描述
连接器部分的处理	◆连接器连接时，应确认连接器内没有垃圾或者金属片等异物。 ◆将连接器连到伺服电机上时，务必先从伺服电机主电路电缆一侧连接，并且主电缆的接地线一定要可靠连接。如果先连接编码器电缆一侧，那么编码器可能会因 PE 之间的电位差而产生故障。 ◆接线时，应确认针脚排列正确无误。 ◆连接器是由树脂制成的。勿施加冲击以免损坏连接器。 ◆在电缆保持连接的状态下进行搬运作业时，务必握住伺服电机主体。如果只抓住电缆进行搬运，则可能会损坏连接器或者拉断电缆。 ◆如果使用弯曲电缆，则应在配线作业中充分注意，勿向连接器部分施加应力。如果向连接器部分施加应力，则可能会导致连接器损坏

二、伺服驱动器的安装

1. 伺服驱动器安装场所

❶ 安装在无日晒雨淋的安装柜内；

❷ 不要安装在高、潮湿、有灰尘、有金属粉尘的环境下；

❸ 应安装在无振动场所；

❹ 禁止在有硫化氢、氯气、氨、氯化性气体、酸、碱、盐等腐蚀性及易燃性气体环境、可燃物等附近使用伺服驱动器。

2. 伺服驱动器安装环境

伺服驱动器安装环境如表 3-3 所示。

表3-3　伺服驱动器安装环境

项目	描述
使用环境温度	$0 \sim +55℃$（环境温度在 $40 \sim 55℃$，平均负载率请勿超过 80%）（不冻结）
使用环境湿度	90%RH 以下（不结露）
储存温度	$-20 \sim 85℃$（不冻结）
储存湿度	90%RH 以下（不结露）
振动	$4.9m/s^2$ 以下
冲击	$19.6m/s^2$ 以下
防护等级	防护等级遵照伺服驱动器说明书
海拔	一般为 1000m 以下，特殊情况可以和伺服驱动厂家定制

3. 伺服驱动器安装注意事项

（1）伺服驱动器安装方法　伺服驱动器安装时安装方向与墙壁垂直。使用自然对流或风扇对伺服驱动器进行冷却。通过 2～4 处（根据容量不同安装孔的数量不同）安装孔，将伺服驱动器牢固地固定在安装面上。安装时，请将伺服驱动器正面（操作人员的实际安装面）面向操作人员，并使其垂直于墙壁。如图 3-6 所示。

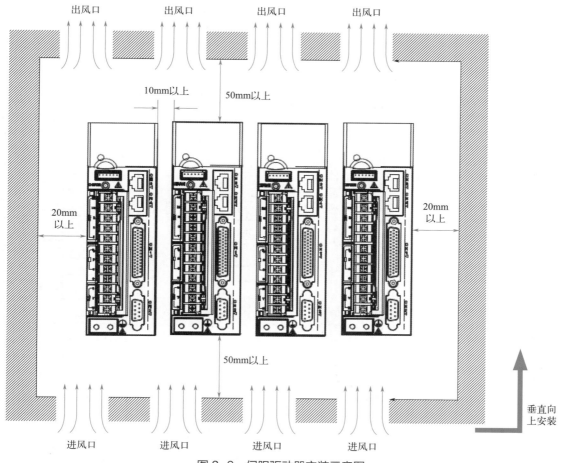

图 3-6　伺服驱动器安装示意图

（2）伺服驱动器冷却　为了保证能够通过风扇以及自然对流进行冷却，在伺服驱动器的周围留有足够的空间。为了不使伺服驱动器的环境温度出现局部过高的现象，需使电柜内的温度保持均匀，可以在伺服驱动器的上部安装冷却用风扇。

（3）伺服驱动器并排安装　并排安装时，横向两侧建议各留 10mm 以上间距（若受安装空间限制，可选择不留间距），纵向两侧各留 50mm 以上间距。

（4）伺服驱动器接地　在伺服驱动器安装过程中，我们必须将接地端子接地，否则，可能有触电或者干扰而产生误动作的危险。

三、伺服驱动器和伺服电机的连接

以汇川 IS600P 伺服驱动器为例（注意各厂家不同接口不同，但主要接口与图 3-7 类似），伺服驱动器接线端口如图 3-7 所示。

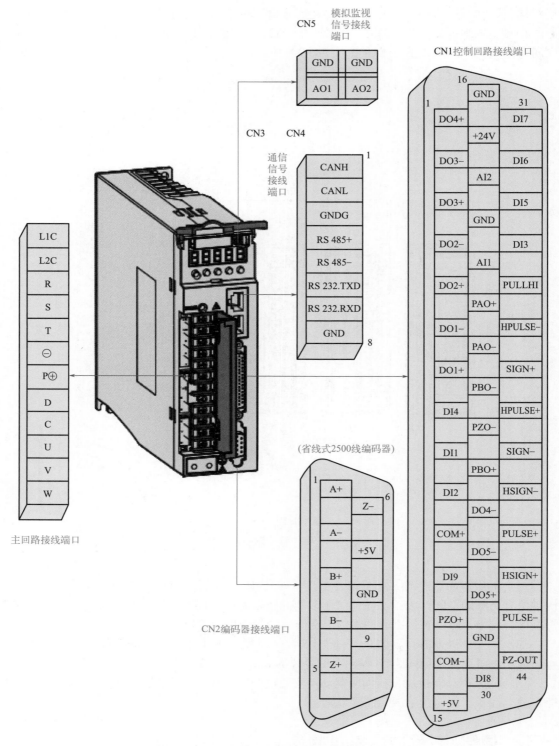

图 3-7 汇川 IS600P 伺服驱动器接线端口

（1）主回路端子 汇川 IS600P 伺服驱动器主回路端子排布如图 3-8 所示。

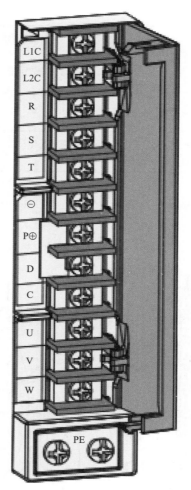

图 3-8　伺服驱动器主回路端子排布

伺服驱动器主回路端子功能如表 3-4 所示。

表3-4　汇川IS600P伺服驱动器主回路端子功能

端子记号	端子名称	端子功能	
L1、L2	主回路电源输入端子	不同型号伺服驱动器按照使用说明书	主回路单相电源输入，只有 L1、L2 端子。L1、L2 间接入 AC 220V 电源
R、S、T			主回路三相 220V 电源输入
			主回路三相 380V 电源输入
L1C、L2C	控制电源输入端子	控制回路电源输入，需要参考铭牌的额定电压等级	
P⊕、D、C	外接制动电阻连接端子	不同型号伺服驱动器按照使用说明书	制动能力不足时，在 P⊕、C 之间连接外置制动电阻
			默认在 P⊕-D 之间连接短接线。制动能力不足时，请使 P⊕-D 之间为开路（拆除短接线），并在 P⊕-C 之间连接外置制动电阻

端子记号	端子名称	端子功能
P⊕、⊖	共直流母线端子	伺服的直流母线端子，在多机并联时可进行共母线连接
U、V、W	伺服电机连接端子	伺服电机连接端子，和电机的 U、V、W 相连接
PE	接地	两处接地端子，与电源接地端子及电机接地端子连接。 务必将整个系统进行接地处理

对于伺服驱动器制动电阻的接线，在接线中需要注意，如图 3-9 所示是制动电阻接线和选型举例。

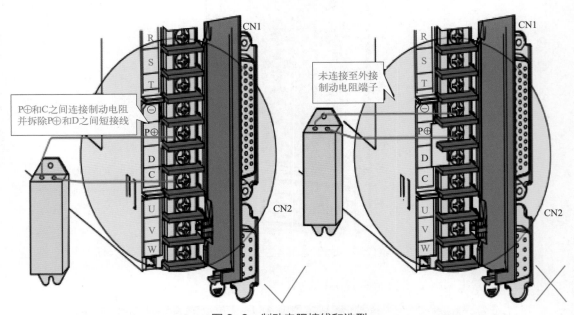

图 3-9　制动电阻接线和选型

制动电阻接线注意事项：

● 勿将外接制动电阻直接接到母线正负极 P⊕、⊖，否则会导致炸机和引起火灾；

● 使用外接制动电阻时请将 P⊕、D- 之间短接线拆除，否则会导致制动管过流损坏；

● 外接制动电阻选型需要参考该型伺服驱动器使用说明书，否则会导致损坏；

● 伺服使用前请确认已正确设置制动电阻参数；

● 将外接制动电阻安装在金属等不燃物上。

（2）汇川 IS600P 伺服驱动器电源配线实例　汇川 IS600P 伺服驱动器电源配线实例如图 3-10 和图 3-11 所示。

图 3-10、图 3-11 中 1KM：电磁接触器；1Ry：继电器；1D：续流二极管。连接主电路电源，DO 设置为警报输出功能（ALM+/-），当伺服驱动器报警后可自动切断动力电源，同时报警灯亮。

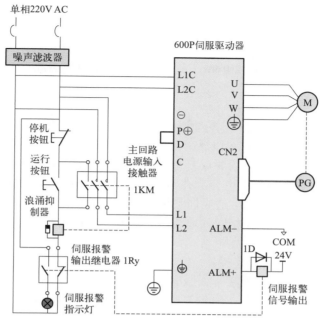

图 3-10 单相 220V 主电路配线

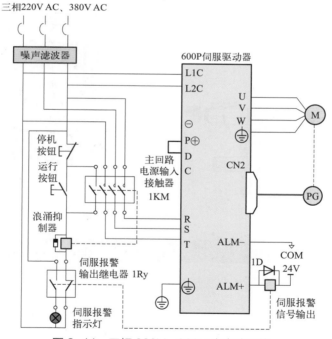

图 3-11 三相 220V、380V 主电路配线

伺服驱动器主电路配线注意事项：

● 不能将输入电源线连到输出端 U、V、W，否则引起伺服驱动器损坏。

● 将电缆捆束后于管道等处使用时，由于散热和要件变差，应考虑容许电流降低率。

● 周围高温环境时应使用高温电缆，一般的电缆热老化会很快，短时间内就不能使用；周围低温环境时应注意线缆的扣暖措施，一般电缆在低温环境下表面容易硬化破裂。

● 电缆的弯曲半径应确保在电缆本身外径的 10 倍以上，以防止长期折弯导致线缆内部线芯断裂。

● 使用耐压 AC 600V 以上，温度额定 75℃以上的电缆，注意电缆散热条件。

● 制动电阻禁止接于直流母线 P⊕、⊖端子之间，否则可能引起火灾。

● 勿将电源线和信号线从同一管道内穿过或捆扎在一起，为避免干扰两者应距离 30cm 以上。

● 即使关闭电源，伺服驱动器内也可能残留有高电压状态。在 5min 之内不要接触电源端子。

● 在确认 CHARGE 指示灯熄灭以后，再进行检查作用。

● 勿频繁 ON/OFF 电源，在需要反复地 ON/OFF 电源时，应控制在 1min 1 次以下。由于在伺服驱动器的电源部分带有电容，在 ON 电源时，会流过较大的充电电流（充电时间 0.2s）。频繁地 ON/OFF 电源，则会造成伺服驱动器内部的主电路元件性能下降。

● 使用与主电路电线截面积相同的地线，若主电路电线截面积为 1.6mm² 以下，请使用 2.0mm² 地线。

● 将伺服驱动器与大地可靠连接。

（3）伺服驱动器与电机的连接　伺服驱动器与电机连接如图 3-12 所示，一般它们之间使用厂家配送的接插件进行连接。不同的伺服驱动器根据现场使用条件接插件形状不同。如表 3-5 所示。

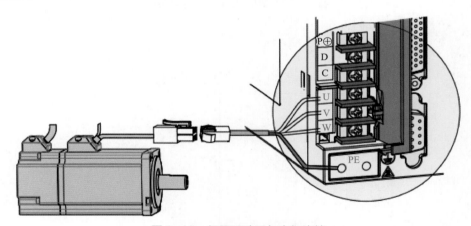

图 3-12　伺服驱动器与电机连接

表3-5　不同伺服驱动器与电机连接接插件针脚号说明

连接器外形图	端子引脚分布

黑色 6 Pin 接插件

针脚号	信号名称
1	U
2	V
4	W
5	PE
3	抱闸
6	（无正负）

塑壳：MOLEX-50361736；端子：MOLEX-39000061

连接器外形图	端子引脚分布
 20-18航插	MIL-DTL-5015系列3108E20-18S军规航插

	新结构		老结构	
针脚号	信号名称	针脚号	信号名称
B	U	B	U
I	V	I	V
F	W	F	W
G	PE	G	PE
C	抱闸		
E	(无正负)		

四、伺服电机编码器的连接

伺服电机编码器连接如图 3-13 所示。

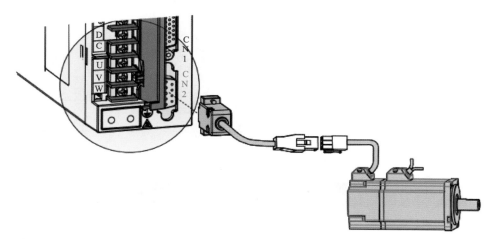

图 3-13　伺服电机编码器连接

（1）伺服电机编码器连接同样使用专用连接插件，如表 3-6 所示。

表3-6　编码器线缆和伺服驱动器连接插件针脚号说明

连接器外形图	端子引脚分布

针脚号	信号名称	针脚号	信号名称
1	A+	6	Z-
2	A-	7	+5V
3	B+	8	GND
4	B-	9	保留
5	Z+	壳体	PE

此端视入

电缆侧插头塑壳

连接器外形图	端子引脚分布
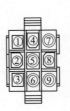 此端视入	9PIN接插件 | 针脚号	信号名称	
---	---	---
3	A+	对绞
6	A−	
2	B+	对绞
5	B−	
1	Z+	对绞
4	Z−	
9	+5V	
8	GND	
7	屏蔽		 塑壳：AMP 172161-1； 端子：AMP 770835-1
此端视入	MIL-DTL-5015系列3108E20-29S 军规航插 20-29航插 | 针脚号	信号名称	
---	---	---
A	A+	对绞
B	A−	
C	B+	对绞
D	B−	
E	Z+	对绞
F	Z−	
G	+5V	
H	GND	
J	屏蔽		

（2）编码器线缆引脚连接关系。编码器线缆引脚连接关系如表 3-7 所示。

表3-7　编码器线缆引脚连接关系

驱动器侧 DB9		电机侧	
		9PIN	20−29 航插
信号名称	针脚号	针脚号	针脚号
A+	1	3	A
A−	2	6	B
B+	3	2	C
B−	4	5	D
Z+	5	1	E
Z−	6	4	F
+5V	7	9	G
GND	8	8	H
PE	壳体	7	J

（3）编码器与伺服驱动器接线注意事项。

❶ 务必将驱动器侧及电机侧屏蔽网层可靠接地，否则会引起驱动器误报警。

❷ 使用双绞屏蔽电缆，配线长度 20m 以内。

❸ 勿将线接到"保留"端子。

❹ 编码器线缆屏蔽层需可靠接地，将差分信号对应连接双绞线中双绞的两条芯线。

❺ 编码器线缆与动力线缆一定要分开走线，间隔至少 30cm。

❻ 编码器线绞因长度不够续接电缆时，需将屏蔽层可靠连接，以保证屏蔽及接地可靠。

五、伺服驱动器控制信号端子的接线方法

以汇川 IS600P 伺服驱动器为例，控制信号接口引脚分布如图 3-14 所示。

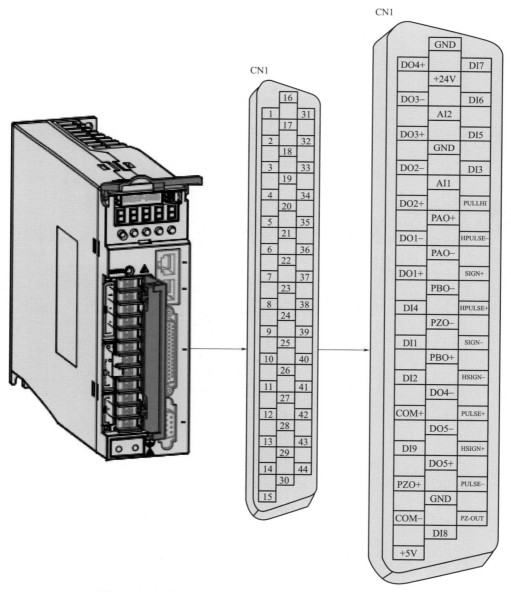

图 3-14　汇川 IS600P 伺服驱动器控制信号接口引脚分布

三种控制模式配线图如图 3-15 所示。

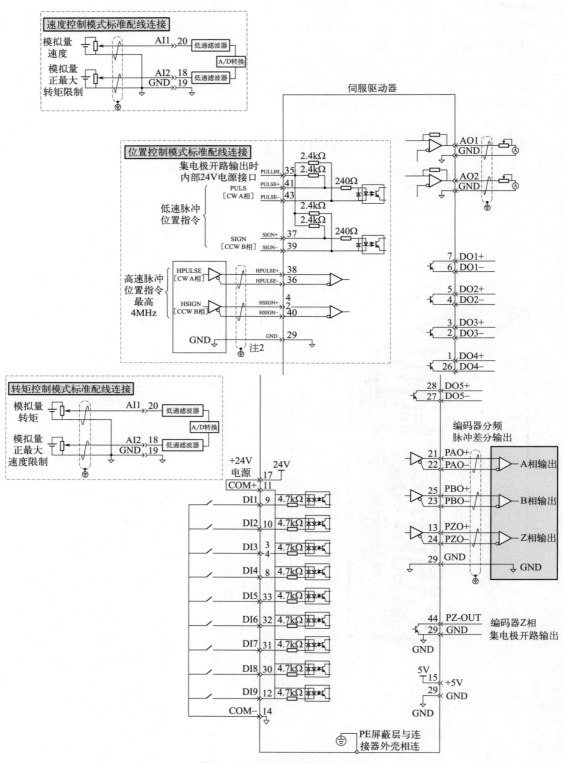

图 3-15　三种控制模式配线图

1. 位置指令输入信号

下面我们就对控制信号接口连接器的普通指令脉冲输入、指令符号输入信号及高速指令脉冲输入、指令符号输入信号端子进行介绍。

（1）位置指令输入信号说明　位置指令输入信号说明如表3-8所示。

表3-8　位置指令输入信号说明

信号名		针脚号	功能	
位置指令	PULSE+	41	低速脉冲指令输入方式： 差分驱动输入 集电极开路	输入脉冲形态： 方向＋脉冲 A、B相正交脉冲 CW/CCW脉冲
	PULSE-	43		
	SIGN+	37		
	SIGN-	39		
	HPULSE+	38	高速输入脉冲指令	
	HPULSE-	36		
	HSIGN+	42	高速位置指令符号	
	HSIGN-	40		
	PULLHI	35	指令脉冲的外加电源输入接口	
	GND	29	信号地	

位置控制模式标准配线伺服驱动器如图3-16所示。

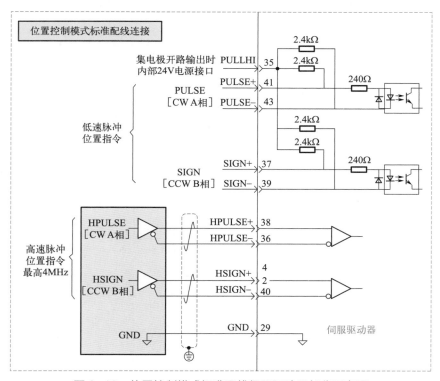

图3-16　位置控制模式标准配线伺服驱动器部分示意图

上位装置侧指令脉冲及符号输出电路，可以从差分驱动器输出或集电极开路输出2种中选择，其最大输入频率及最小脉宽如表 3-9 所示。

表3-9 脉冲输入频率与脉宽对应关系

脉冲方式		最大频率 /pps	最小脉宽 / μs
普通	差分	500k	1
	集电极开路	200k	2.5
高速差分		4M	0.125

在这里需要注意：上位装置输出脉冲宽度小于脉宽值，会导致驱动器接收脉冲错误。

（2）低速脉冲指令输入

❶ 当为差分时，如图 3-17 所示。

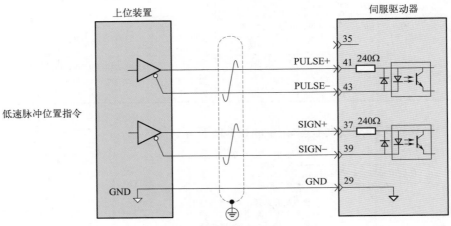

图 3-17 低速脉冲指令差分输入

❷ 当为集电极开路时，使用伺服驱动器内部 24V 电源，如图 3-18 所示。

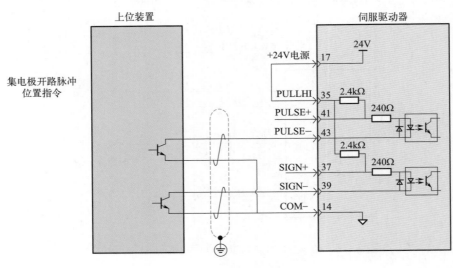

(a) 方式一

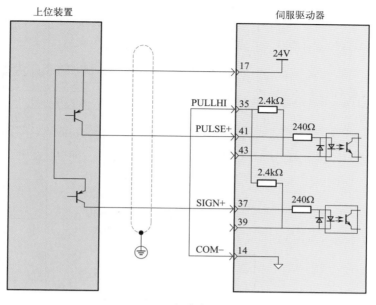

(b) 方式二

图 3-18　集电极开路时使用伺服驱动器内部 24V 电源

使用伺服驱动器内部 24V 电源接线常犯错误如下：

错误接线：未接 14 号引脚 COM- 无法形成闭合回路，如图 3-19 所示。

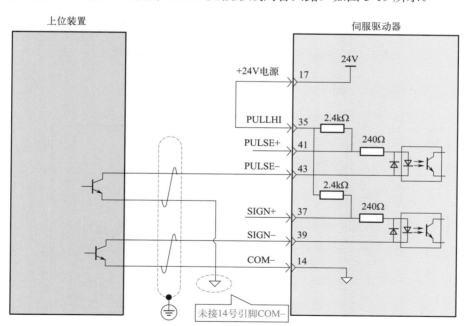

图 3-19　未接公共 COM 端错误接线

使用外部电源时：

方案一：使用驱动器内部电阻，如图 3-20 所示。

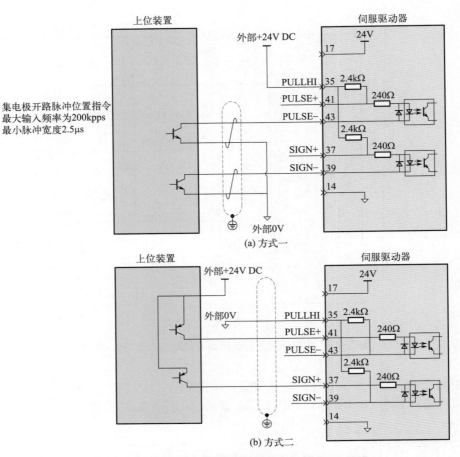

集电极开路脉冲位置指令
最大输入频率为200kpps
最小脉冲宽度2.5μs

(a) 方式一

(b) 方式二

图 3-20　当使用外部电源时使用驱动器内部电阻接线

方案二：使用外接电阻，如图 3-21 所示。

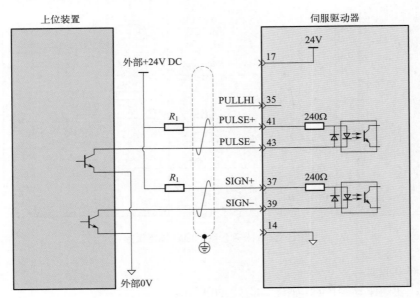

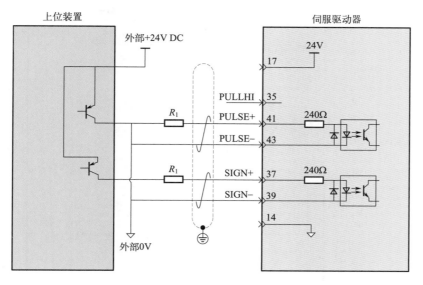

图 3-21　当使用外部电源时使用驱动器外接电阻接线

在这里 R_1 阻值 一般选取如表 3-10 所示。

表3-10　电阻R_1阻值选取

U_{CC} 电压	R_1 阻值	R_1 功率
24V	2.4kΩ	0.5W
12V	1.5 kΩ	0.5W

使用外接电阻错误接线举例如图 3-22 所示。

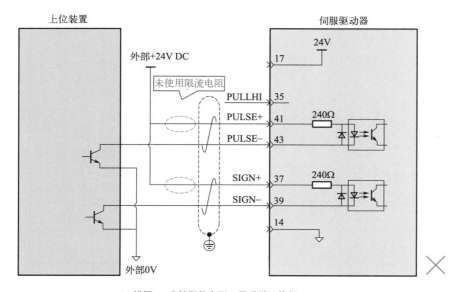

(a) 错误1：未接限流电阻，导致端口烧损

图 3-22

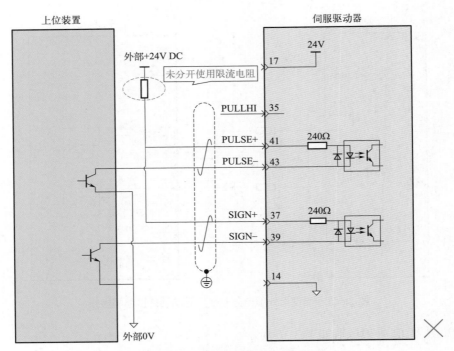

(b) 错误2：多个端口共用限流电阻，导致脉冲接收错误

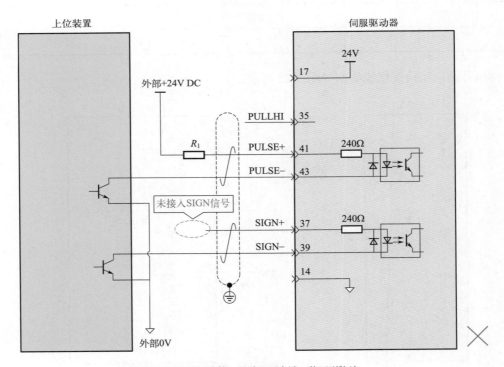

(c) 错误3：SIGH端口未接，导致这两个端口收不到脉冲

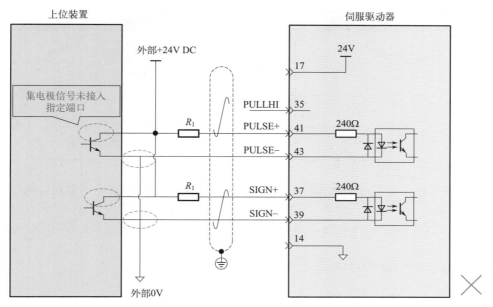

(d) 错误4：端口接错，导致端口烧损

图 3-22 使用外接电阻错误接线

（3）高速脉冲指令输入 上位装置侧的高速指令脉冲及符号的输出电路，只能通过差分驱动器输出给伺服驱动器。如图 3-23 所示。

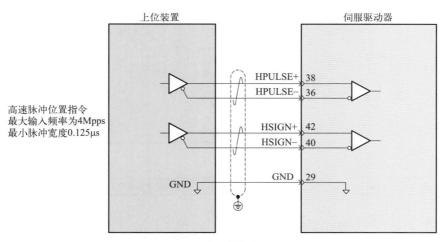

高速脉冲位置指令
最大输入频率为4Mpps
最小脉冲宽度0.125μs

图 3-23 高速脉冲指令输入接线

在高速脉冲指令输入接线中有两点需要注意：

务必保证差分输入为 5V 系统，否则伺服驱动器的输入不稳定。会导致以下情况：

● 在输入指令脉冲时，出现脉冲丢失现象。

● 在输入指令方向时，出现指令取反现象。

务必将上位装置的 5V 地与驱动器的 GND 连接，以降低噪声干扰。

2. 伺服驱动器模拟量输入信号

模拟量输入信号说明：模拟量输入信号引脚功能如表 3-11 所示。

	表3-11　模拟量输入信号引脚功能		
信号名	默认功能	针脚号	功能
模拟量	AI2	18	普通模拟量输入信号，分辨率12位，输入电压：最大 ±12V
	AI1	20	
	GND	19	模拟量输入信号地

速度与转矩模拟量信号输入端口为 AI1、AI2，分辨率为 12 位，电压值对应命令由 H03 组设置。

电压输入范围：−10 ～ +10V，分辨率为 12 位；最大允许电压：±12V；输入阻抗约 9kΩ。

模拟量输入信号如图 3-24 所示。

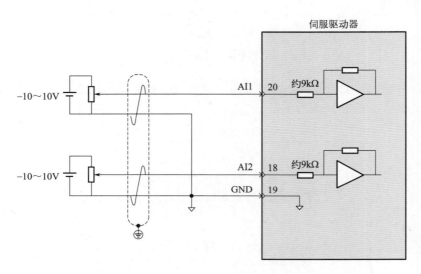

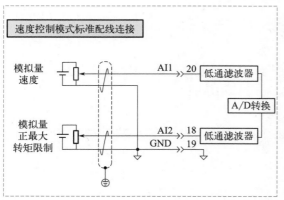

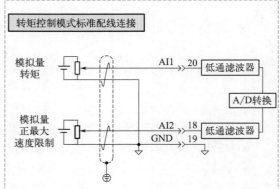

图 3-24　模拟量输入信号

3. 伺服驱动器数字量输入输出信号

数字量输入输出信号引脚功能说明如表 3-12 所示。

表3-12　数字量输入输出信号引脚功能说明

信号名		默认功能	针脚号	功能
	DI1	P-OT	9	正向超程开关
	DI2	N-OT	10	反向超程开关
	DI3	INHIBIT	34	脉冲禁止
	DI4	ALM-RST	8	报警复位（沿有效功能）
	DI5	S-ON	33	伺服使能
	DI6	ZCLAMP	32	零位固定
	DI7	GAIN-SEL	31	增益切换
	DI8	HomeSwitch	30	原点开关
	DI9	保留	12	—
通用		+24V	17	内部 24V 电源，电压范围 +20 ～ 28V，最大输出电流 200mA
		COM-	14	
		COM+	11	电源输入端（12 ～ 24V）
	DO1+	S-RDY+	7	伺服准备好
	DO1-	S-RDY-	6	
	DO2+	COIN+	5	位置完成
	DO2-	COIN-	4	
	DO3+	ZERO+	3	零速
	DO3-	ZERO-	2	
	DO4+	ALM+	1	故障输出
	DO4-	ALM-	26	
	DO5+	HomeAttain+	28	原点回零完成
	DO5-	HomeAttain-	27	

（1）数字量输入电路　以 DI1 为例说明，DI1 ～ DI9 接口电路相同。

● 当上级装置为继电器输出时，如图 3-25 所示。

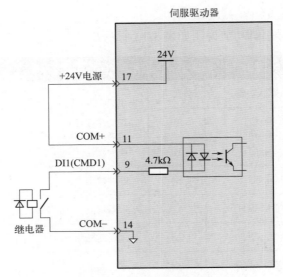

(a) 使用伺服驱动器内部24V电源时

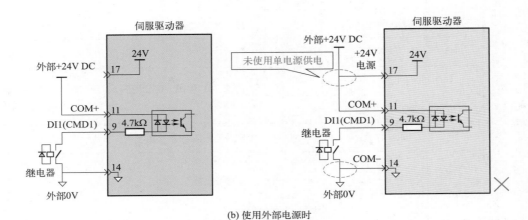

(b) 使用外部电源时

图 3-25　上级装置使用继电器输出

- 当上级装置为集电极开路输出时，如图 3-26 所示。

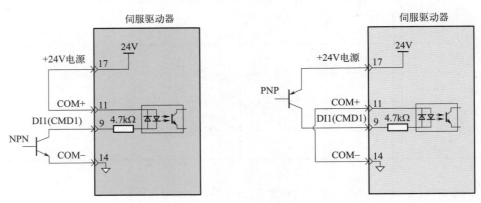

(a) 使用伺服驱动器内部24V电源时

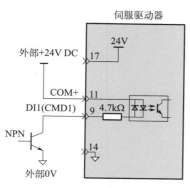
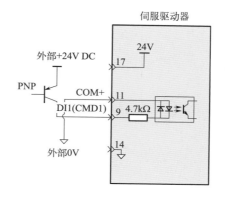

注：不支持PNP与NPN输入混用情况。

(b) 使用外部电源时

图 3-26   上级装置使用晶体管输出

（2）数字输出电路   以 DO1 为例介绍数字输出接口电路接线，DO1 ～ DO5 接口电路相同。

❶ 当上级装置为继电器输入时，如图 3-27 所示。

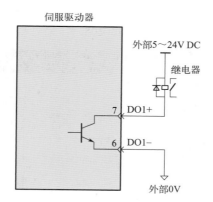

注：当上级装置为继电器输入时，务必接入续流二极管，否则可能损坏DO端口。

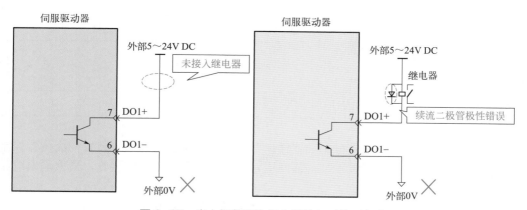

图 3-27   当上级装置为继电器输入时接口电路

❷ 当上级装置为光耦输入时，如图 3-28 所示。

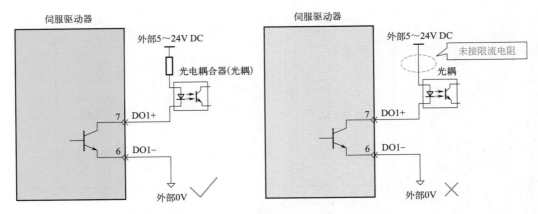

图 3-28　当上级装置为光耦输入时接口电路

 注意：伺服驱动器内部光耦输出电路最大允许电压、电流容量如下。

电压：DC 30V（最大）；电流：DC 50mA（最大）。

4. 伺服驱动器编码器分频输出电路

表 3-13 为编码器分频输出信号引脚功能说明。

表3-13　编码器分频输出信号引脚功能说明

信号名	默认功能	针脚号		功能
通用	PAO+ PAO-	21 22	A 相分频输出信号	A、B 的正交分频脉冲输出信号
	PBO+ PBO-	25 23	B 相分频输出信号	
	PZO+ PZO-	13 24	Z 相分频输出信号	原点脉冲输出信号
	PZ-OUT	44	Z 相分频输出信号	原点脉冲集电极开路输出信号
	GND	29	原点脉冲集电极开路输出信号地	
	+5V	15	内部 5V 电源，最大输出电流 20mA	
	GND	16		
	PE	机壳		

　　编码器分频输出电路通过差分驱动器输出差分信号，通常，为上级装置构成位置控制系统时，提供反馈信号，在上级装置时，请使用差分或者光耦接收电路接收，最大输出电流为 20mA。如图 3-29 所示。

　　编码器 Z 相分频输出电路可通过集电极开路信号。通常，在上级装置构成位置控制系统时，提供反馈信号。在上级装置侧，应使用光电耦合器电路、继电器电路或总线接收器电路接收。如图 3-30 所示。

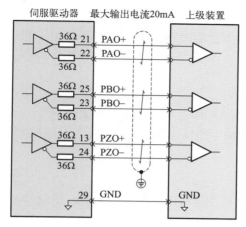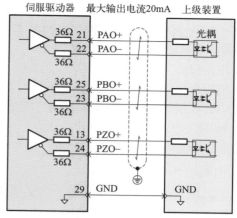

图 3-29　编码器分频输出电路接线

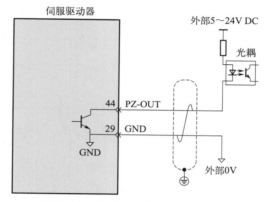

图 3-30　编码器 Z 相分频电路接线

注意：接线中应将上级装置的 5V 地与驱动器的 GND 连接，并采用双绞屏蔽线以降低噪声干扰。伺服驱动器内部光耦输出电路最大允许电压、电流容量如下：

电压：DC 30V（最大）；电流：DC 50mA（最大）。

六、伺服驱动器与伺服电机抱闸配线

抱闸是在伺服驱动器处于非运行状态时，防止伺服电机轴运行，使电机保持位置锁定，以使机械的运动部分不会因为自重或外力移动的机构。抱闸应用示意图如图 3-31 所示。

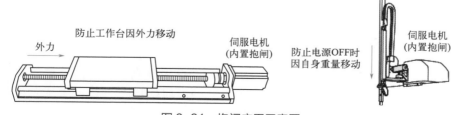

图 3-31　抱闸应用示意图

1. 在伺服驱动系统使用抱闸时的注意事项

❶ 内置于伺服电机中的抱闸机构是非电动作型的固定专用机构，不可用于制动用途，仅在使伺服电机保持停止状态时使用。

❷ 抱闸线圈无极性。

❸ 伺服电机停机后，应关闭伺服使能（S-ON）。

❹ 内置抱闸的电机运转时，抱闸可能会发出"咔嚓"声，功能上并无影响。

❺ 抱闸线圈通电时（抱闸开放状态），在轴端等部位可能发生磁通泄漏。在电机附近使用磁传感器等仪器时应注意。

2. 抱闸配线

抱闸输入信号的连接没有极性，需要伺服电机使用用户准备 24V 电源，抱闸信号 BK 和抱闸电源的标准连线如图 3-32 所示。

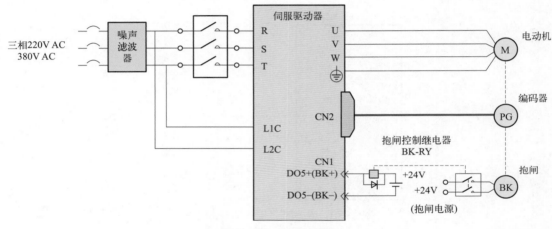

图 3-32　抱闸配线图

3. 抱闸配线注意事项

❶ 电机抱闸线缆长度要充分考虑线缆电阻导致的压降，抱闸工作需要保证输入电压至少 21.6V。

❷ 抱闸最好不要与其他用电器共用电源，防止因为其他用电器的工作导致电压或者电流降低，最终导致抱闸误动作。

❸ 推荐用 0.5mm^2 以上线缆。

❹ 对于带抱闸的伺服电机，必须按照驱动器的说明书将抱闸输出端子在软件设置中配置为有效的模式。

❺ 伺服驱动器正常状态抱闸时序和故障状态抱闸时序要符合规定。

七、伺服驱动器通信信号的接线

伺服驱动器通信信号接线如图 3-33 所示。IS600P 伺服驱动器通信信号连接器（CN3、CN4）为内部并联的两个同样的通信信号连接器。通信信号连接器引脚功能如表 3-14 所示。

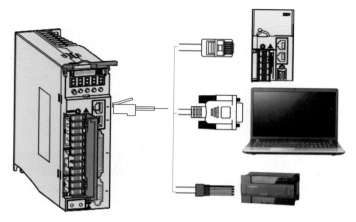

图 3-33　通信信号接线示意图

表3-14　通信信号连接器引脚功能

针脚号	定义	描述	端子引脚分布
1	CANH	CAN 通信端口	
2	CANL		
3	CGND	CAN 通信地	
4	RS-485+	RS-485 通信端口	
5	RS-485-		
6	RS-232-TXD	RS-232 发送端，与上位机的接收端连接	
7	RS-232-RXD	RS-232 接收端，与上位机的发送端连接	
8	GND	地	
外壳	PE	屏蔽	

1. 对应 PC 端 DB9 端子定义

对应 PC 端 DB9 端子定义如表 3-15 所示。

表3-15　对应PC端DB9端子功能说明

针脚号	定义	描述	端子引脚分布
2	PC-RXD	PC 接收端	
3	PC-TXD	PC 发送端	
5	GND	地	
外壳	PE	屏蔽	

PC 通信线缆示意图如图 3-34 所示。

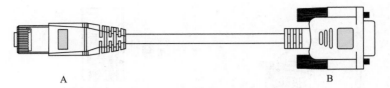

图 3-34　PC 通信线缆示意图

PC 通信线缆引脚连接关系如表 3-16 所示。

表3-16　PC通信线缆引脚连接关系

驱动器侧 RJ45（A 端）		PC 端 DB9（B 端）	
信号名称	针脚号	信号名称	针脚号
GND	8	GND	5
RS-232-TXD	6	PC-RXD	2
RS-232-RXD	7	PC-TXD	3
PE（屏蔽网层）	壳体	PE（屏蔽网层）	壳体

2. PLC 与通信电缆连接示意图（见图 3-35）

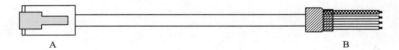

图 3-35　PLC 与通信电缆连接示意图

PLC 与伺服驱动电缆连接关系如表 3-17 所示。

表3-17　PLC与伺服驱动电缆连接关系

A		B	
信号名称	针脚号	信号名称	针脚号
GND	8	GND	8
GANH	1	CANH	1
CANL	2	CANL	2
CGND	3	CGND	3
RS-485+	4	RS-485+	4
RS-485-	5	RS-485-	5
PE（屏蔽网层）	壳体	PE（屏蔽网层）	壳体

八、伺服驱动器模拟量监视信号的接线

模拟量监视信号连接器（CN5）的端子排列如图 3-36 所示。

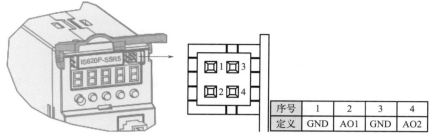

序号	1	2	3	4
定义	GND	AO1	GND	AO2

图 3-36　模拟量监视信号连接器（CN5）的端子排列

（1）相应接口电路。

模拟量输出：-10 ～ +10V；

最大输出：1mA。

接口电路如图 3-37 所示。

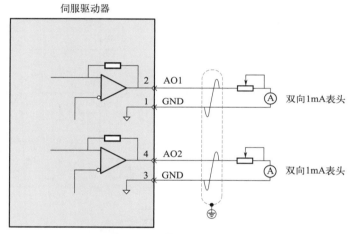

图 3-37　模拟量接口电路

（2）伺服驱动器模拟量接口可监视内容如表 3-18 所示。

表3-18　模拟量接口可监视内容

信号	监视内容
AO1	00：电机转速；01：速度指令；02：转矩指令；03：位置偏差；04：位置放大器偏差；05：位置指
AO2	令速度；06：定位完成指令；07：速度前馈

九、伺服驱动系统电气接线的抗干扰措施

1. 伺服驱动系统抗干扰措施

在伺服系统接线中为抑制干扰，需要采取以下措施。

❶ 使用连接长度最短的指令输入和编码器配线等连接线缆。

❷ 接地配线尽可能使用粗线（$2.0mm^2$ 以上）。接地电阻值为 100Ω 以下。

❸ 在民用环境或在电源干扰噪声较强的环境下使用时，应在电源线的输入侧安装噪声

滤波器。

❹ 为防止电磁干扰引起的误动作，可以采用下述处理方法：

● 尽可能将上级装置以及噪声滤波器安装在伺服驱动器附近。

● 在继电器、电磁接触器的线圈上安装浪涌抑制器。

● 配线时请将强电线路与弱电线路分开，并保持 30cm 以上的间隔，不要放入同一管道内或捆扎在一起。

● 不要与电焊机、放电加工设备等共用电源。当附近有高频发生器时，应在电源线的输入侧安装噪声滤波器。

2. 伺服驱动系统抗干扰措施实例

伺服驱动系统抗干扰措施噪声滤波器和接地线安装如图 3-38 所示。

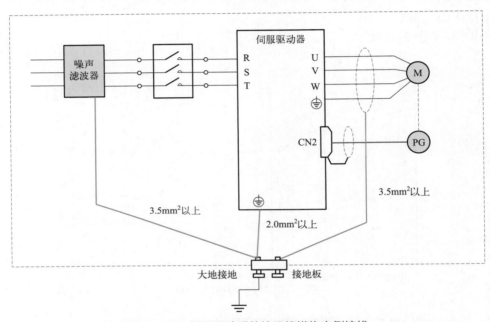

图 3-38　伺服驱动系统抗干扰措施实例接线

（1）接地处理　为避免可能的电磁干扰问题，应按以下方法接地。

● 伺服电机外壳的接地。应将伺服电机的接地端子与伺服驱动器的接地端子 PE 连在一起，并将 PE 端子可靠接地，以降低潜在的电磁干扰问题。

● 功率线屏蔽层接地。应将电机主电路中的屏蔽层或金属导管在两端接地。建议采用压接方式以保证良好搭接。

● 伺服驱动器的接地。伺服驱动器的接地端子 PE 需可靠接地，并拧紧固定螺钉，以保持良好接触。

（2）噪声滤波器使用方法　为防止电源线的干扰，削弱伺服驱动器对其他敏感设备的影响，应根据输入电流的大小，在电源输入端选用相应的噪声滤波器。另外，应根据需要在外围装置的电源线处安装噪声滤波器，噪声滤波器在安装、配线时，应遵守以下注意事项以免削弱滤波器的实际使用效果。

❶ 将噪声滤波器输入与输出配线分开布置，勿将两者归入同一管道内或捆扎在一起。如图 3-39 所示。

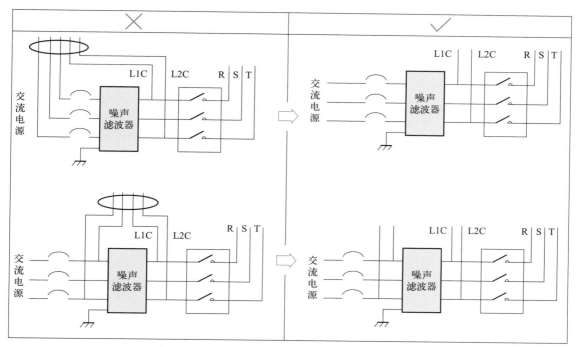

图 3-39　噪声滤波器输入与输出配线分开走线示意图

❷ 将噪声滤波器的接地线与输出电源分开布置。如图 3-40 所示。

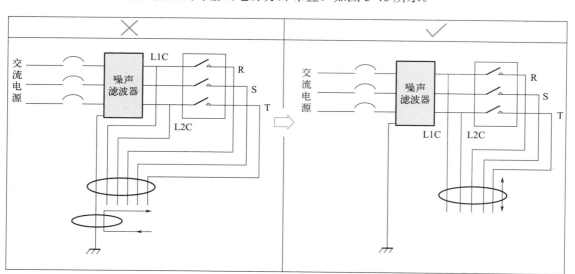

图 3-40　将噪声滤波器接地线与输出电源分开布置

❸ 噪声滤波器需使用尽量短的粗线单独接地，勿与其他接地设备共用一根地线。如图 3-41 所示。

❹ 安装于控制柜内的噪声滤波器地线处理。当噪声滤波器与伺服驱动器安装在一个控制柜内时，建议将滤波器与伺服驱动器固定在同一金属板上，保证接触部分导电且搭接良好，并对金属板进行接地处理。如图 3-42 所示。

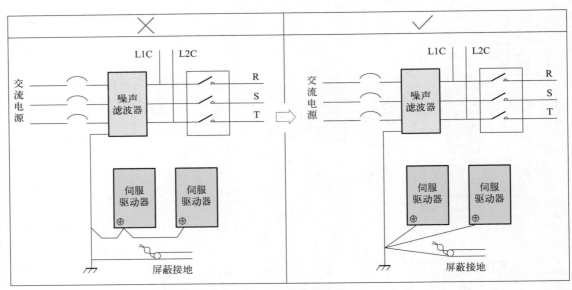

图 3-41　单点接地示意图

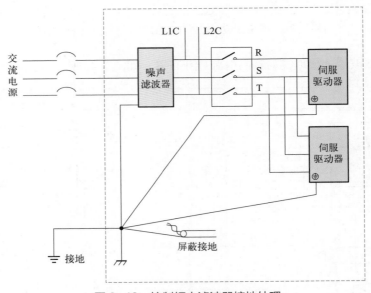

图 3-42　控制柜内滤波器接地处理

3. 伺服驱动系统电缆使用注意事项

❶ 应勿使电缆弯曲或承受张力。因信号用电缆的芯线直径只有 0.2mm 或 0.3mm，容易折断，使用时请注意。

❷ 需移动线缆时，应使用柔性电缆线，普通电缆线容易在长期弯折后损坏。小功率电机自带线缆不能用于线缆移动场合。

❸ 使用线缆保护链时应确保：

● 电缆的弯曲半径应在外径的 10 倍以上；

● 电缆保护链内的配线勿进行固定或者捆束，只能在电缆保护链的不可动的两个末端进行捆束固定；

- 勿使电缆缠绕、扭曲；
- 电缆保护链内的占空系统确保在 60% 以下；
- 外形差异太大的电缆请勿混同配线，防粗线将细线压断，如果一定要混同配线请在线缆中间设置隔板装置。线缆保护链安装示意图如图 3-43 所示。

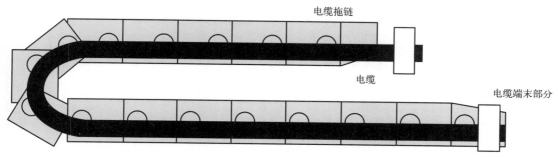

图 3-43　线缆保护链安装示意图

 第三节　伺服驱动器的三种控制运行模式

按照伺服驱动器的命令方式与运行特点，可分为三种运行模式，即位置模式、速度模式、转矩模式等。

位置模式一般是通过脉冲的个数来确定移动的位移，外部输入的脉冲频率确定转动速度的大小。由于位置模式可以对速度和位置严格控制，故一般应用于定位装置，是伺服应用最多的控制模式，主要用于机械手、贴片机、雕铣雕刻、数控机床等。

速度模式是通过模拟量输入或数字量给定、通信给定控制速度，主要应用于一些恒速场合，如模拟量雕铣机应用、上位机采用位置控制，伺服驱动器采用速度模式。

转矩模式是通过即时改变模拟量的设定或以通信方式改变对应的地址数值来改变设定的力矩大小，主要应用在对材质的受力有严格要求的缠绕和放卷的装置中，例如绕线装置或拉光纤设备等一些张力控制场合，转矩的设定要根据缠绕半径的变化随时更改，以确保材质的受力不会随着缠绕半径的变化而改变。

其实对于初学者来说，伺服驱动器运行模式简单理解就是伺服电机速度控制和转矩控制都是用模拟量来控制，位置控制是通过发脉冲来控制。具体采用什么控制方式要根据客户现场的要求以及满足何种运动功能来选择。所以下面以 IS600P 伺服驱动器为例介绍伺服电机的三种控制方式。

一、伺服驱动器位置模式

IS600P 伺服驱动器位置模式如图 3-44 所示。

1. 伺服驱动器位置模式使用步骤

❶ 正确连接伺服主电路和控制电路的电源，以及电机动力线和编码器线，上电后伺服面板显示"rdy"即表示伺服电源接线正确，电机编码器接线正确。

❷ 通过按键进行伺服 JOG 试运行（慢速点动运行）确认电机能否正常运行。

❸ 参考位置模式接线说明连接控制信号端子中的脉冲方向输入和脉冲指令输入以及必要的 DI/DO 信号，如伺服使能、定位完成信号等。

❹ 进行位置模式的相关设定。根据实际情况设置所用到的 DI/DO、功能码组，此外根据需要有时还要设置原点复归、分频输出等功能，各品牌不同，需要参照伺服驱动器手册。

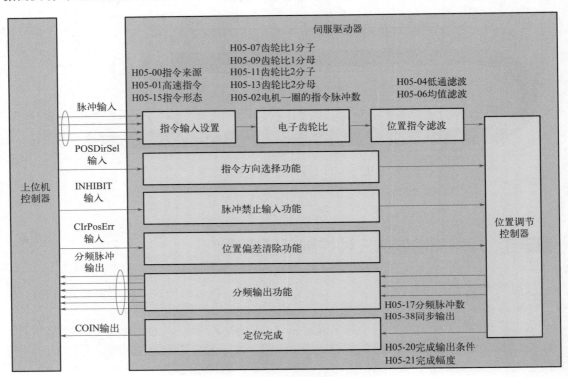

图 3-44　位置模式框图

❺ 使能伺服，通过上位机发出位置指令控制伺服电机旋转。首先使电机低速旋转，并确认旋转方向及电子齿轮比是否正常，参考伺服驱动器一般调试步骤然后进行增益调节。

IS600P 伺服驱动器位置模式配线图如图 3-45 所示。

> 说明：① 信号线缆与动力线缆一定要分开走线，间隔在 30cm 以上；+5V 以 GND 为参考，+24V 以 COM 为参考；请勿超过最大允许电流，否则驱动器无法正常工作；
> ② 信号线缆因为长度不够进行续接电缆时，一定将屏蔽层可靠连接以保证屏蔽及接地可靠；∫ 表示双绞线。

2. 伺服驱动器位置模式相关功能码设定（以 IS600P 伺服驱动器为例介绍）

位置模式下参数设置，包括模式选择、指令脉冲形式、电子齿轮比、DI/DO 等。

（1）位置指令输入设置

❶ 位置指令来源。设置功能码 H05-00=0，位置指令来源于脉冲指令，也可根据实际情况设为其他值。如表 3-19 所示。

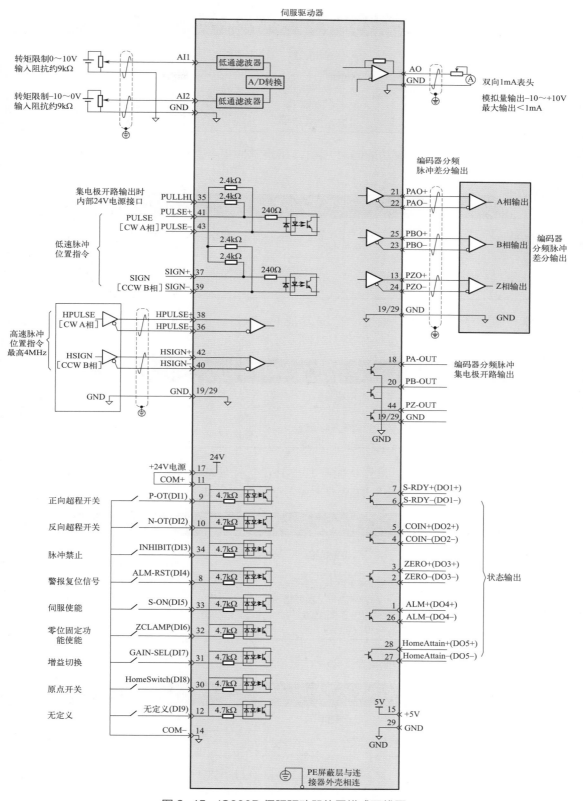

图 3-45　IS600P 伺服驱动器位置模式配线图

表3-19 位置指令来源

功能码		名称	设定范围	单位	出厂设定	生效方式	设定方式	相关模式
H05	00	位置指令来源	0——脉冲指令 1——步进量 2——多段位置指令	—	0	立即生效	停机设定	P

❷ 脉冲指令来源。设置功能码 H05-01，指定脉冲指令来源于低速脉冲口或者高速脉冲口。如表 3-20 所示。

表3-20 脉冲指令来源

功能码		名称	设定范围	单位	出厂设定	生效方式	设定方式	相关模式
H05	01	脉冲指令输入端子选择	0——低速 1——高速	—	0	再次通电	停机设定	P

❸ 位置指令方向切换。通过设置 DI 功能 FunIN.27，可使用 DI 控制位置指令的方向切换，满足需要切换方向的情况。如表 3-21 所示。

表3-21 位置指令方向切换

编码	名称	功能名	描述	备注
FunIN.27	POSDirSel	位置指令方向设定	无效——正方向； 有效——反方向	相应端子的逻辑选择，建议设置为：电平有效

❹ 脉冲指令形态选择。设置功能码 H05-15，选择外部脉冲指令的形式，包括"方向＋脉冲（正负逻辑）""正交脉冲""CW+CCW"三种形式。如表 3-22 所示。

表3-22 外部脉冲指令形式

功能码		名称	设定范围	单位	出厂设定	生效方式	设定方式	相关模式
H05	15	脉冲指令形态	0——脉冲＋方向，正逻辑 1——脉冲＋方向，负逻辑 2——A 相＋B 相正交脉冲，4 倍频 3——CW+CCW	—	0	再次通电	停机设定	P

三种脉冲指令形式的原理如表 3-23 所示。

表3-23 三种脉冲指令形式的原理

脉冲指令形式	正逻辑		负逻辑	
	正转	反转	正转	反转
方向＋脉冲	PULSE ⎍⎍⎍ SIGN ⎏	PULSE ⎍⎍⎍ SIGN ⎏	PULSE ⎍⎍⎍ SIGN ⎏	PULSE ⎍⎍⎍ SIGN ⎏

脉冲指令形式	正逻辑		负逻辑	
	正转	反转	正转	反转
正交脉冲 （A相+B相）	PULSE ⊓⊔⊓⊔ SIGN ⊓⊔⊓⊔	PULSE ⊓⊔⊓⊔ SIGN ⊔⊓⊔⊓		
CW+CCW	PULSE ⊓ SIGN ⊔⊔⊔	PULSE ⊓ SIGN ⊔⊔⊔		
	PULSE ⊔⊓ SIGN ⊔⊓⊔⊓	PULSE ⊔⊓ SIGN ⊔⊓⊔⊓		

❺ 脉冲禁止输入。通过设置 DI 功能 FunIN.13，禁止脉冲指令输入。如表 3-24 所示。

表3-24　禁止脉冲指令输入

编码	名称	功能名	描述	备注
FunIN.13	INHIBIT	位置指令禁止	有效——禁止指令脉冲输入； 无效——允许指令脉冲输入	原来为脉冲禁止功能。现升级为位置指令禁止，含内部和外部位置指令。相应端子的逻辑选择，必须设置为：电平有效

（2）电子齿轮比设置　电子齿轮比参数如表 3-25 所示。

表3-25　电子齿轮比参数

功能码		名称	设定范围	单位	出厂设定	生效方式	设定方式	相关模式
H05	07	电子齿数比1（分子）	1～1073741824	1	4	立即生效	运行设定	P
H05	09	电子齿数比1（分母）	1～1073741824	1	1	立即生效	运行设定	P
H05	11	电子齿数比2（分子）	1～1073741824	1	4	立即生效	运行设定	P
H05	13	电子齿数比2（分母）	1～1073741824	1	1	立即生效	运行设定	P

电子齿轮比的作用原理如图 3-46 所示。

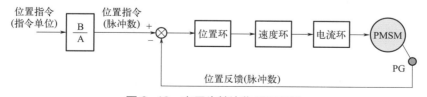

图 3-46　电子齿轮比作用原理图

当 H05-02=0 时，电机与负载通过减速齿轮连接，假设电机轴与负载机械侧的减速比为 n/m（电机轴旋转 m 圈，负载轴旋转 n 圈），电子齿轮比的计算公式如下：

$$电子齿轮比=\frac{B}{A}=\frac{H05-07}{H05-09}=\frac{编码器分辨率}{负载轴旋转一圈的位移量（指令单位）}\times\frac{m}{n}$$

当 H05-02 $\neq$ 0 时；

$$电子齿轮比=\frac{B}{A}=\frac{编码器分辨率}{H05-02}$$

如表 3-26 所示。

表3-26　当H05-02≠0时的参数

功能码		名称	设定范围	单位	出厂设定	生效方式	设定方式	相关模式
H05	02	电机每旋转1圈的位置指令数	0～10000	P/r	0	再次通电	停机设定	P

此时齿轮比与 H05-07、H05-09、H05-11、H05-13 无关，齿轮比切换功能无效。

（3）位置指令滤波设置　位置指令平滑功能是指对输入的位置指令进行滤波，使伺服电机的旋转更平滑，该功能在以下场合效果明显：

❶ 上位装置输出脉冲指令未经过加／减速处理，且加／减速度很大；

❷ 指令脉冲频率过低；

❸ 电子齿轮比为 10 倍以上。

 注意：该功能对位移量（位置指令总数）没有影响。

位置指令平滑功能相关参数的设定如表 3-27 所示。

表3-27　位置指令平滑功能相关参数的设定

功能码		名称	设定范围	单位	出厂设定	生效方式	设定方式	相关模式
H05	04	一阶低通滤波时间常数	0.0～6553.5	ms	0.0	立即生效	停机设定	P

一阶滤波示意图如图 3-47 所示。

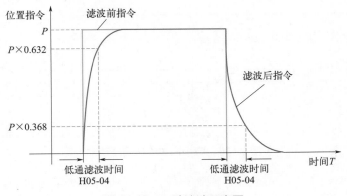

图 3-47　一阶滤波示意图

平均值滤波时间常数如表 3-28 所示。

功能码		名称	设定范围	单位	出厂设定	生效方式	设定方式	相关模式
H05	06	平均值滤波时间常数	0.0～128.0	ms	0.0	立即生效	停机设定	P

表3-28　平均值滤波时间常数

注：H05-06=0 时，平均值滤波器无效。

平均值滤波对两种不同位置指令滤波效果对比如图 3-48 所示。

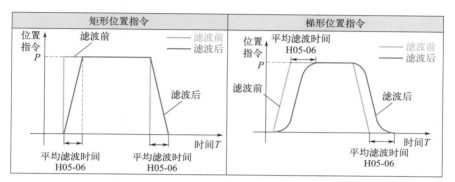

图 3-48　平均值滤波对两种不同位置指令滤波效果对比

（4）位置偏差清除功能　通过设置 DI 功能 FunIN.35，可使用 DI 控制是否对位置偏差清零。如表 3-29 所示。

表3-29　位置偏差清除功能

编码	名称	功能名	描述	备注
FunIN.35	ClrPosErr	清除位置偏差（沿有效功能）	有效——位置偏差清零；无效——位置偏差不清零	相应端子的逻辑选择，建议设置为：边沿有效。该 DI 功能建议配置到 DI8 或 DI9 端子上

（5）分频输出功能　伺服脉冲输出来源由 H05-38 选择，脉冲指令同步输出功能一般用于同步控制场合。如表 3-30 所示。

表3-30　分频输出功能

功能码		名称	设定范围	单位	出厂设定	生效方式	设定方式	相关模式
H05	38	伺服脉冲输出来源选择	0——编码器分频输出 1——脉冲指令同步输出 2——分频和同步输出禁止	—	0	再次通电	停机设定	P

通过设置 H05-07，伺服驱动器对编码器反馈的脉冲数按照设定值分频后通过分频输出端口输出，H05-17 设定的值对应 PAO/PBO 每个输出的脉冲数（4 倍频前）。如表 3-31 所示。

表3-31　H05-17设定

功能码		名称	设定范围	单位	出厂设定	生效方式	设定方式	相关模式
H05	17	编码器分频脉冲数	35～32767	P/r	2500	再次通电	停机设定	—

输出相位形态如表 3-32 所示。

表3-32　输出相位形态

正转时（A 相超前 B 相 90°）	反转时（B 相超前 A 相 90°）
PAO PBO	PAO PBO

输出脉冲反馈相应形态可通过 H02-03 调整。如表 3-33 所示。

表3-33　输出脉冲反馈相位参数设定

功能码		名称	设定范围	单位	出厂设定	生效方式	设定方式	相关模式
H02	03	输出脉冲相位	0——以 CCW 方向为正转方向（A 超前 B） 1——以 CW 方向为正转方向（反转模式，A 滞后 B）	—	0	再次通电	停机设定	PST

二、伺服驱动器速度模式

伺服驱动器速度模式（以 IS600P 为例）框图如图 3-49 所示。

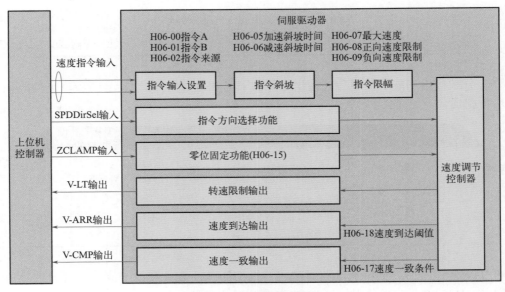

图 3-49　速度模式框图

1. 伺服驱动器速度模式主要使用步骤

❶ 正确连接伺服主电路和控制电路的电源，以及电机动力线和编码器线，上电后伺服面板显示"rdy"，即表示伺服电源接线正确，电机编码器接线正确。

❷ 通过按键进行伺服 HOG 试运行，慢速点动运行，确认电机能否正常运行。

❸ 参考速度模式接线说明连接控制信号端子中必要的 DI/DO 信号及模拟量速度指令。

❹ 进行速度模式的相关设定。

❺ 使能伺服，首先使电机低速旋转，判断电机的旋转方向是否正常，然后进行增益调节。

2. 速度模式配线

IS600P 速度模式配线如图 3-50 所示。

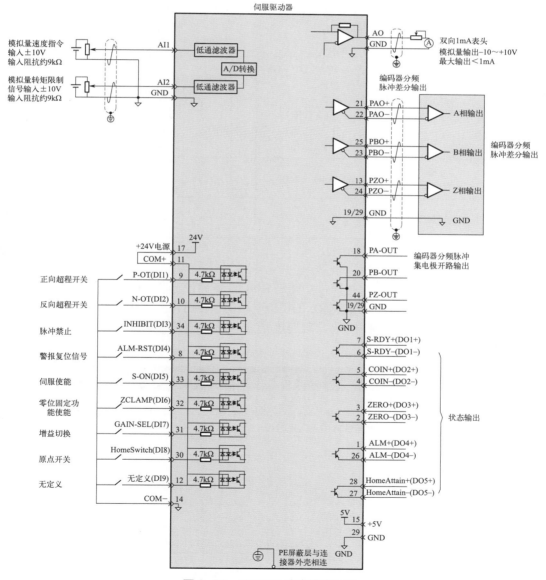

图 3-50　IS600P 速度模式配线

注意速度模式配线中：信号线缆与动力线缆一定要分开走线，间隔至少 30cm；信号线缆因为长度不够进行续接电费时，一定将屏蔽层可靠连接以保证屏蔽及接地可靠；+5V 以 GND 为参考，+24V 以 GND 为参考，勿超过最大允许电流，否则驱动器无法正常工作。∫表示双绞线。

3. 速度模式相关代码设定

（1）速度指令输入设置

❶ 速度指令来源。速度模式下，速度指令有两组来源：来源 A 和来源 B，如表 3-34 所示。

表 3-34　速度指令两组来源

功能码		名称	设定范围	单位	出厂设定	生效方式	设定方式	相关模式
H06	00	主速度指令 A 来源	0——数字给定（H06-03） 1——AI1 2——AI2	—	0	立即生效	停机设定	S
H06	01	辅助速度指令 B 来源	0——数字给定（H06-03） 1——AI1 2——AI2 3——0（无作用） 4——0（无作用） 5——多段速度指令	—	1	立即生效	停机设定	S
H06	03	速度指令键盘设定值	−6000 ～ 6000	r/min	200	立即生效	运行设定	S
H06	04	点动速度设定值	0 ～ 6000	r/min	100	立即生效	运行设定	S

其中：

● 数字设定，即键盘设定，指通过功能码 H06-03 存储设定的速度值并作为速度指令。

● 模拟速度指令来源，指将外部输入的模拟电压信号转换为控制电机速度的指令信号。

下面就以 AI2 为例说明模拟量设定速度指令方法。模拟量设定速度操作模式举例如表 3-35 所示。

表3-35　模拟量设定速度操作模式举例

步骤	操作内容	备注
1	设定指令来源为主速度指令 A 中 AI2 来源 H06-00=2，H06-02=0	设定速度控制下的速度指令来源
2	调整 AI2 相关参数： （1）零漂校正 （H03-59 设置或 H0D-10 选择自动校正） （2）偏置设置（由 H03-55 设置） （3）死区设置（由 H03-58 设置）	通过零漂、偏置、死区设置，对 AI2 采样进行调整
3	H03-80 设定 ±10V 对应速度指令最大 / 最小值，H03-80=3000r/min	指定 +10V 对应的最大转速值（H03-80） 指定 −10V 对应的最小转速值（−H03-80）

当 AI2 输入信号中存在干扰时，可以设置 AI2 低通滤波参数（H03-56），进行滤波处理。在 AI2 参数设置中图 3-51 是无偏置和偏置后曲线。

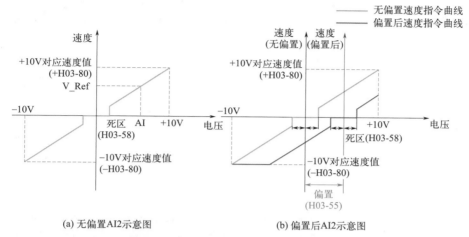

(a) 无偏置AI2示意图　　　　(b) 偏置后AI2示意图

图 3-51　AI2 无偏置和偏置后曲线示意图

可通过 H0B-01 查看给定速度指令值。

● 多段速度指令，指用户通过外部 DI 或内部指定的方式选择内部寄存器存储的 16 组速度指令和相关控制参数。

● 点动速度指令，指用户通过配置两个外部 DI 或上位机控制软件，设置点动运行功能（FunIN.18、FunIN.19），根据功能码 H06-04 存储的速度值和为点动运行速度，DI 状态选择速度指令方向。

❷ 速度指令方向切换。通过设置功能码 FunIN.26，可使用 DI 控制速度指令的方向切换，满足需要切换方向的情况。如表 3-36 所示。

表3-36　速度指令方向切换

编码	名称	功能名	描述	备注
FunIN.26	SPDDirSel	速度指令方向设定	无效——正方向 有效——反方向	相应端子的逻辑选择，建议设置为：电平有效

❸ 速度指令选择。速度模式具有如表 3-37 所示五种速度指令获取方式，通过功能码 H06-02 设定。

表3-37　速度指令选择

功能码		名称	设定范围	单位	出厂设定	生效方式	设定方式	相关模式
H06	02	速度指令选择	0——主速度指令 A 来源 1——辅助速度指令 B 来源 2——A+B 3——A/B 切换 4——通信给定	—	0	立即生效	停机设定	S

当速度指令选择"A/B 切换"即功能码 H06-02=3 时，需对 DI 端子单独分配一个功能定义，通过此输入端子决定当前是 A 指令输入有效或 B 指令输入有效。如表 3-38 所示。

表3-38　主辅运行指令切换

编码	名称	功能名	描述	备注
FunIN.4	CMD-SEL	主辅运行指令切换	无效——当前运行指令为 A；有效——当前运行指令为 B	相应端子的逻辑选择，建议设置为：电平有效

（2）指令斜坡函数设置　斜坡函数控制功能是指将变化较大速度指令转换为较为平滑的恒定加减速的速度指令，即通过设定加减速时间，以达到控制加速和减速的目的。在速度控制模式下，若给出的速度指令变化太大，则导致电机出现跳动或剧烈振动现象，若增加软启动的加速和减速时间，则可实现电机的平稳启动，避免上述情况的发生和造成机械部件损坏。相关的功能代码如表 3-39 所示。

表3-39　斜坡函数相关的功能代码

功能码		名称	设定范围	单位	出厂设定	生效方式	设定方式	相关模式
H06	05	速度指令加速斜坡时间常数	0 ～ 65535	ms	0	立即生效	运行设定	S
H06	06	速度指令减速斜坡时间常数	0 ～ 65535	ms	0	立即生效	运行设定	S

斜坡函数控制功能将阶跳速度指令转换为较为平滑的恒定加减速的速度指令，实现平滑的速度控制（包括内部设定速度控制），如图 3-52 所示。

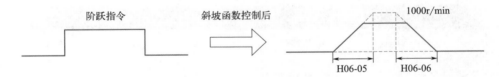

图 3-52　斜坡函数定义示意图

H06-05：速度指令从零速加速到 1000r/min 所需时间。

H06-06：速度指令从 1000r/min 减速到零速度所需时间。

实际的加减速时间计算公式如下：

实际加速时间 =（速度指令 /1000）× 速度指令加速斜坡时间

实际减速时间 =（速度指令 /1000）× 速度指令减速斜坡时间

如图 3-53 所示。

（3）速度指令限幅限制设置　速度模式下，伺服驱动器可以限制速度指令的大小。速度指令限制包括：

❶ H06-07：设定速度指令的幅度限制，正、负方向的速度指令都不能超过这个数值，否则将被限定为以该值输出。

❷ H06-08：设定正向速度限制，正方向速度指令若超过该设定值都将被限定为以该值

输出。

❸ H06-09：设定负向速度限制，负方向速度指令若超过该设定值都将被限定为以该值输出。

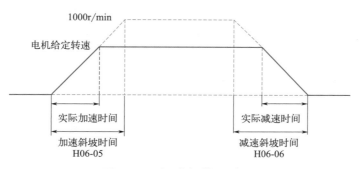

图 3-53　加减速时间示意图

电机最高转速为默认的限制点，当匹配不同电机时，此参数会随着电机参数而变更。

功能码 H06-07、H06-08 和 H06-09 在限制转速时，以最小的限制点为限制条件，如图 3-54 所示，因 H06-09 设定值大于 H06-07，实际的工作转速限制为 H06-08，反转转速限制为 H06-07。

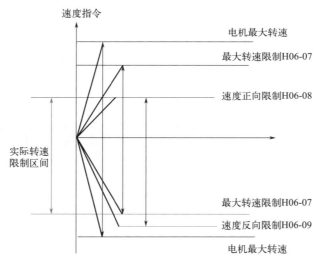

图 3-54　速度指令限制示意图

 注意：电机最大转速是默认的限制最大点。

实际电机转速限制区间满足：

$|$正向转速指令的幅度$| \leqslant \min\{$电机最大转速、H06-07、H06-08$\}$

$|$负向转速指令的幅度$| \leqslant \min\{$电机最大转速、H06-07、H06-09$\}$

相关功能代码如表 3-40 所示。

表3-40 相关功能代码

功能码		名称	设定范围	单位	出厂设定	生效方式	设定方式	相关模式
H06	07	最大转速阈值	0～6000	r/min	6000	立即生效	运行设定	S
H06	08	正向速度阈值	0～6000	r/min	6000	立即生效	运行设定	S
H06	09	反向速度阈值	0～6000	r/min	6000	立即生效	运行设定	S

（4）零位固定功能 在速度模式下，当 ZCLAMP 有效，且速度指令的幅度小于或等于 H06-15 设定的速度值时，伺服电机进入零位固定状态的控制，若此时发生振荡，可以调节位置环增益。当速度指令的幅度大于 H06-15 设定的速度值时，伺服电机退出零位固定状态的控制。

DI 功能选择如表 3-41 所示。

表3-41 DI功能选择

编码	名称	功能名	描述	备注
FunIN.12	ZCLAMP	零位固定使能	有效——使能零位固定功能； 无效——禁止零位固定功能	相应端子的逻辑选择，建议设置为：电平有效

功能代码如表 3-42 所示。

表3-42 功能代码

功能码		名称	设定范围	单位	出厂设定	生效方式	设定方式	相关模式
H06	15	零位固定转速阈值	0～6000r/min	r/min	10	立即生效	运行设定	S

三、伺服驱动器转矩模式

伺服驱动器转矩模式框图（以 IS600P 为例）如图 3-55 所示。

1. 伺服驱动器转矩控制模式使用步骤

❶ 正确连接伺服主电路和控制电路的电源，以及电机动力线和编码器线，上电后伺服面板显示"rdy"即表示伺服电源接线正确，电机编码器接线正确。

❷ 通过按键进行伺服 HOG 试运行，慢速点动运行，确认电机能否正常运行。

❸ 按照转矩模式接线说明连接控制信号端子中必要的 DI/DO 信号及模拟量速度指令。

❹ 进行转矩模式的相关参数设定。

❺ 使能伺服，设置一个较低的速度限制值，给伺服旋加一个正向或反向转矩指令，确

认电机旋转方向是否正确，转速是否被正确限制，若正常则可以开始使用。

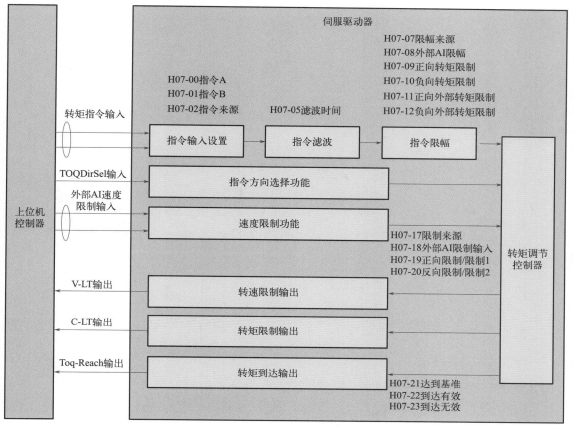

图 3-55   转矩模式框图

2. 伺服驱动器转矩模式配线

以 IS600P 为例，如图 3-56 所示。图 3-56 中∫表示双绞线。同时线中注意以下三点：

❶ 信号线缆与动力线缆一定要分开走线，间隔至少 30cm；

❷ 信号线缆因为长度不够进行续接电缆时，一定将屏蔽层可靠连接以保证屏蔽及接地可靠；

❸ +5V 以 GND 为参考，+24V 以 COM 为参考。勿超过最大允许电流，否则驱动器无法正常工作。

3. 转矩模式相关功能码设定

（1）转矩指令输入设置

❶ 转矩指令来源。转矩模式下，转矩指令有两组来源：来源 A 和来源 B，可通过以下两种方式设定：

a. 数字设定，即键盘设定，指功能码 H07-03 存储的转矩值与额定转矩的百分比作为转矩指令。

b. 模拟量指令来源，指将外部输入的模拟电压信号转换为控制电机的转矩指令信号，此时可以任意指定模拟量和转矩指令的对应关系。功能参数如表 3-43 所示。

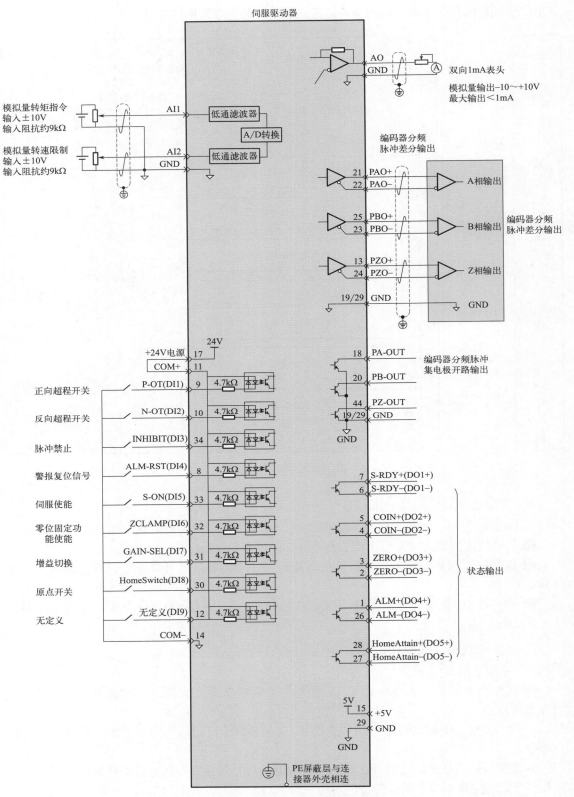

图 3-56　IS600P 转矩模式配线图

表3-43　功能参数

功能码		名称	设定范围	单位	出厂设定	生效方式	设定方式	相关模式
H07	00	主转矩指令A来源	0——数字给定（H07-03） 1——AI1 2——AI2	—	0	立即生效	停机设定	T
H07	01	辅助转矩指令B来源	0——数字给定（H07-03） 1——AI1 2——AI2	—	1	立即生效	停机设定	T
H07	03	转矩指令键盘设定值	−300.0～300.0	%	0	立即生效	运行设定	T

❷ 转矩指令选择。转矩模式具有五种转矩指令获取方式，通过功能码H07-02设定，如表3-44所示。

表3-44　五种转矩指令获取方式

功能码		名称	设定范围	单位	出厂设定	生效方式	设定方式	相关模式
H07	02	转矩指令选择	0——主转矩指令A来源 1——辅助转矩指令B来源 2——A+B来源 3——A/B切换 4——通信给定	—	0	立即生效	停机设定	T

❸ 转矩指令方向切换。通过设置功能码FunIN.25，可使用DI控制转矩指令的方向切换，满足需要切换方向的情况。如表3-45所示。

表3-45　转矩指令方向切换

编码	名称	功能名	描述	备注
FunIN.25	TOQDirSel	转矩指令方向设定	无效——正方向； 有效——反方向	相应端子的逻辑选择，建议设置为：电平有效

当转矩指令选择"A/B切换"即功能码H07-02=3时，需对DI端子单独分配一个功能定义。通过此输入端子选择当前是A指令输入有效或B指令输入有效。如表3-46所示。

表3-46　A/B指令切换

编码	名称	功能名	描述	备注
FunIN.4	CMD-SEL	主辅运行指令切换	无效——当前运行指令为A； 有效——当前运行指令为B	相应端子的逻辑选择，建议设置为：电平有效

以 AI1 为例说明模拟量设定转矩指令方法。模拟量设定转矩操作指令举例如表 3-47 所示。

表3-47 模拟量设定转矩操作指令

步骤	操作内容	备注
1	设定指令来源为辅助转矩指令 B 中的 AI1 来源 H07-02=1，H07-01= 1	设定转矩控制下的转矩指令来源
2	调整 AI1 相关参数： ①零漂校正（H03-54 设置或 H0D-10 选择自动校正） ②偏置设置（由 H03-50 设置） ③死区设置（由 H03-53 设置）	通过零漂、偏置、死区设置，对 AI1 采样进行调整
3	H03-81 设定 ±10V 对应转矩最大 / 最小值 H03-81=3.00 倍额定转矩	指定 +10V 对应的最大转矩值（H03-81） 指定 -10V 对应的最小转矩值（-H03-81）

当 AI1 输入信号中存在干扰时，可以设置 AI1 低通滤波参数（H03-51），进行滤波处理。AI1 相关参数设置无偏置和偏置后指令曲线示意图如图 3-57 所示。

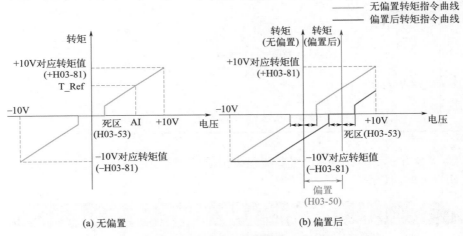

图 3-57 AI1 相关参数无偏置和偏置后指令曲线示意图

在转矩模式中可通过 H0B-02 查看给定转矩指令（相对于电机额定转矩的百分比）。

（2）转矩模式速度限制功能 在转矩模式下，为保护机械需限制伺服电机的转速，转矩控制时，伺服电机仅受控于输出的转矩指令，不控制转速，因此若设定转矩指令过大，高于机械侧的负载转矩，则电机将一直加速，可能发生超速现象，此时需设定电机的转速限制值。

超出限制速度范围时，将超速与限制速度的速度差转化为一定比例的转矩，通过负向清除，使速度向限制速度范围内回归。因此，实际的电机转速限制值，会因负载功条件不同而发生波动。可以通过内部给定或模拟量采样给定方式给定速度限制值（同速度控制时的速度指令）。速度限制示意图如图 3-58 所示。

速度限制来源包括内部速度限制来源和外部速度限制来源。当选择内部速度限制来源（H07-17=0）时，直接设定 H07-19 限制正向速度、H07-20 限制度负向速度。若 H07-17=2，在

FunIN.36 分配情况下，则通过 DI 选择 H07-19 或 H07-20 作为速度限制。当 H07-17=1 选择外部速度限制来源时，先通过 H07-18 指定模拟量通道，再根据需要设定模拟量对应关系，此时外部限制值需小于内部速度限制值来源，以防由于外部速度限制来源设置不当引发危险。

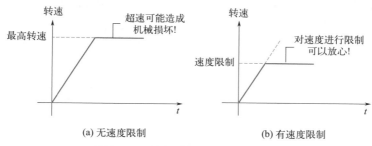

(a) 无速度限制　　　　　　　　　(b) 有速度限制

图 3-58　转矩模式速度限制示意图

DO 功能选择：电机转速在受到限速后信号如表 3-48 所示。

表3-48　转速限制信号

编码	名称	功能名	描述	备注
FunOUT.8	V-LT	转速限制信号	转矩控制时速度受限的确认信号： 有效——电机转速受限； 无效——电机转速不受限	—

注：V-LT 需要对信号进行分配。

以 IS600P 伺服驱动器举例，速度限制方式通过如表 3-49 所示功能表设定。

表3-49　速度限制方式

功能码		名称	设定范围	单位	出厂设定	生效方式	设定方式	相关模式
H07	17	速度限制来源选择	0——内部速度限制（转矩控制时速度限制） 1——将 V-LMT 用作外部速度限制输入 2——通过 FunIN.36（V-SEL）选择第 1 或第 2 速度限制输入	—	0	立即生效	运行设定	T
H07	18	V-LMT 选择	1——AI1 2——AI2	—	1	立即生效	运行设定	T
H07	19	转矩控制正向速度限制值 /转矩控制速度限制值 1	0～6000	r/min	3000	立即生效	运行设定	T
H07	20	转矩控制反向速度限制值 /转矩控制速度限制值 2	0～6000	r/min	3000	立即生效	运行设定	T

（3）转矩指令限幅设置　为保护机械装置，可通过设定功能码 H07-07 限制输出转矩，转矩限制选择有以下几种方式，如表 3-50 所示。

表3-50　转矩限制选择方式

功能码		名称	设定范围	单位	出厂设定	生效方式	设定方式	相关模式
H07	07	转矩限制来源	0——正负内部转矩限制（默认） 1——正负外部转矩限制（利用 P-CL，N-CL 选择） 2——T-LMT 用作外部转矩限制输入 3——以正负外部转矩和外部 T-LMT 的最小值为转矩限制（利用 P-CL，N-CL 选择） 4——正负内部转矩限制和 T-LMT 转矩限制之间切换（利用 P-CL，N-CL 选择）	—	0	立即生效	停机设定	PST

DI 功能选择：输入正／反转外部转矩限制选择信号 P-CL/N-CL。如表 3-51 所示。

表3-51　DI功能选择

编码	名称	功能名	描述	备注
FunIN.16	P-CL	正外部转矩限制	根据 H07-07 的选择，进行转矩限制源的切换。 H07-07=1 时： 有效——正转外部转矩限制有效； 无效——正转内部转矩限制有效。 H07-07=3 且 AI 限制值大于正转外部限制值时： 有效——正转外部转矩限制有效。 无效——AI 转矩限制有效。 H07-07=4 时： 有效——AI 转矩限制有效； 无效——正转内部转矩限制有效	相应端子的逻辑选择，建议设置为：电平有效
FunIN.17	N-CL	反外部转矩限制	根据 H07-07 的选择，进行转矩限制源的切换。 H07-07=1 时： 有效——反转外部转矩限制有效； 无效——反转内部转矩限制有效。 H07-07=3 且 AI 限制值小于反转外部限制值时： 有效——反转外部转矩限制有效； 无效——AI 转矩限制有效。 H07-07=4 时： 有效——AI 转矩限制有效； 无效——反转内部转矩限制有效	相应端子的逻辑选择，建议设置为：电平有效

DO 功能选择：输出转矩限制确认信号 C-LT。如表 3-52 所示。

表3-52 DO功能选择

编码	名称	功能名	描述	备注
FunOUT.7	C-LT	转矩限制信号	转矩限制的确认信号： 有效——电机转矩受限； 无效——电机转矩不受限	—

需设置 DI/DO 相关功能码进行功能和逻辑分配。

如：设置模拟量输入 AI 时，首先通过功能码 H07-08 指定 T-LMT 变量，再设定转矩和模拟量电压的对应关系。

当 H07-07=1 时，正反转外部转矩限制是利用外部 DI 给定（P-CL、N-CL）触发，按照 H07-11、H07-12 设定的值进行转矩限制，当外部限制和 T-LMT 及其组合限制超过内部限制时，取内部限制，即所有的限制条件均按最小限制值进行约束转矩控制，使得转矩限制在电机最大转矩范围内。T-LMT 是对称的，正转时按照 |T-LMT| 值限制，反转时按照 -|T-LMT| 值限制。如表 3-53 所示。

表3-53 设置DI/DO相关功能码

功能码		名称	设定范围	单位	出厂设定	生效方式	设定方式	相关模式
H07	07	转矩限制来源	0——正负内部转矩限制 1——正负外部转矩限制（利用 P-CL，N-CL 选择） 2——T-LMT 用作外部转矩限制输入 3——以正负外部转矩和外部 T-LMT 的最小值为转矩限制（利用 P-CL，N-CL 选择） 4——正负内部转矩限制和 T-LMT 转矩限制之间切换（利用 P-CL，N-CL 选择）	—	0	立即生效	停机设定	PST
H07	08	T-LMT 选择	1——AI1 2——AI2	—	2	立即生效	停机设定	PST
H07	09	正内部转矩限制	0.0～300.0 （100% 对应一倍额定转矩）	%	300.0	立即生效	运行设定	PST
H07	10	负内部转矩限制	0.0～300.0 （100% 对应一倍额定转矩）	%	300.0	立即生效	运行设定	PST
H07	11	正外部转矩限制	0.0～300.0 （100% 对应一倍额定转矩）	%	300.0	立即生效	运行设定	PST
H07	12	负外部转矩限制	0.0～300.0 （100% 对应一倍额定转矩）	%	300.0	立即生效	运行设定	PST

第四节 伺服驱动器运行前的检查与调试

一、伺服驱动器运行前的检查工作

首先脱离伺服电机连接的负载、与伺服电机轴连接的联轴器及其相关配件。保证无负载情况下伺服电机可以正常工作后，再连接负载，以避免不必要的危险。

运行前应检查并确保：

❶ 伺服驱动器外观上无明显的毁损。

❷ 配线端子已进行绝缘处理。

❸ 驱动器内部没有螺钉或金属片等导电性物体，可燃性物体，接线端口处没有导电异物。

❹ 伺服驱动器或外部的制动电阻器未放置于可燃物体上。

❺ 配线完成及正确。

驱动器电源、电源、接地端等接线正确；各控制信号线缆接线正确、可靠；各限位开关、保护信号均已正确连接。

❻ 使能开关已置于 OFF 状态。

❼ 切断电源回路及急停报警回路保持通路。

❽ 伺服驱动器外加电压基准正确。

在控制器没有发送运行命令信号的情况下，给伺服驱动器上电，检查并保证伺服电机可以正常转动，无振动或运行声音过大现象；各项参数设置正确。根据机械特性的不同可能出现不预期动作，请勿有过度极端的参数；母线电压指示灯与数码管显示器无异常。

二、伺服驱动器负载惯量辨识和增益调整

得到正确负载惯量比后，建议先进行自动增益调整，若效果不佳，再进行手动增益调整。通过陷波器抑制机械共振，可设置两个共振频率。一般调整流程如图 3-59 所示。

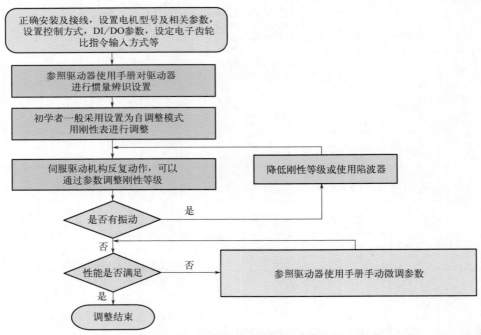

图 3-59　伺服驱动器负载惯量辨识和增益调整流程图

以 IS600P 为例，伺服驱动器调试流程图如图 3-60 所示。

（1）惯量辨识　自动增益调整或手动增益调整前需进行惯量辨识，以得到真实的负载惯量比，惯量辨识的调试流程图如图 3-61 所示。

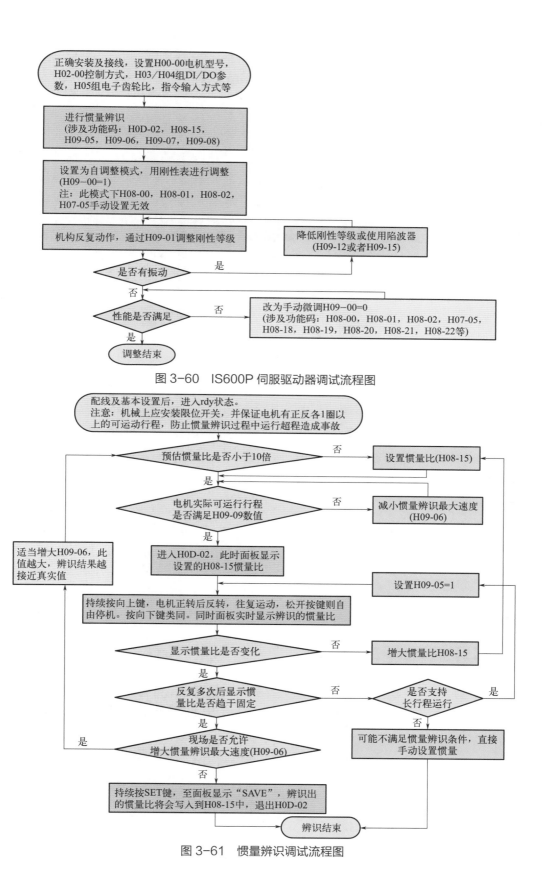

图 3-60　IS600P 伺服驱动器调试流程图

图 3-61　惯量辨识调试流程图

注意：若在负载转动惯量比默认值小的情况下，由于量比过小导致实际速度跟不上指令，使得辨识失败，需预置"惯量辨识最后输出平均值"，预置值建议以5倍为起始值，逐步递增至可正常辨识为止。

离线惯量辨识模式，一般建议用三角波模式，如果碰到有辨识不好的场合用阶跃矩形波模式尝试。在点动模式的情况下注意机械行程，防止离线惯量辨识过程中超程造成事故。IS600P 伺服驱动器惯量自调整参数功能代码如表 3-54 所示。

表3-54　IS600P伺服驱动器惯量自调整参数功能代码

功能码		名称	设定范围	单位	出厂设定	生效方式	设定方式	相关模式
H09	05	离线惯量辨识模式选择	0：正反三角波模式 1：JOG 点动模式	—	0	立即生效	停机设定	PST
H09	06	惯量辨识最大速度	100～1000	r/min	500	立即生效	停机设定	PST
H09	07	惯量辨识时加速至最大速度时间常数	20～800	ms	125	立即生效	停机设定	PST
H09	08	单次惯量辨识完成后等待时间	50～10000	ms	800	立即生效	停机设定	PST
H09	09	完成单次惯量辨识电机转动圈数	0.00～2.00	r	—	—	显示	PST

（2）惯量辨识有效条件

❶ 实际电机最高转速高于 150r/min；

❷ 实际加减速时的加速度在 3000rpm/s（1rpm=1r/min）以上；

❸ 负载转矩比较稳定，不能剧烈变化；

❹ 最大可辨识 120 倍惯量；

❺ 机械刚性极低或传动机械背隙较大时可能会辨识失效。

三、自动增益调整

自动增益调整的一般方法是，先设定成参数自调整模式，再施加指令使伺服电机运动起来，此时一边观察效果一边调整刚性等级的值，直到达到满意效果，如果始终不能满意则转为手动增益调整模式。

 注意：刚性调高后可能产生振动，推荐使用陷波器抑制，为避免因刚性等级突然增高产生振动，应逐渐增加刚性等级。应检查增益是否有裕量以避免伺服系统处于临界稳定状态。

IS600P 伺服驱动器参数自调整模式和刚性等级参数如表 3-55 所示。

直流无刷电机与伺服／步进电机驱动控制技术及应用

表3-55 IS600P伺服驱动器参数自调整模式和刚性等级参数

功能码		名称	设定范围	单位	出厂设定	生效方式	设定方式	相关模式
H09	00	自调整模式选择	0——参数自调整无效，手动调节增益参数 1——参数自调整模式，用刚性表自动调节增益参数 2——定位模式，用刚性表自动调节增益参数	—	0	立即生效	运行设定	PST
H09	01	刚性等级选择	0～31	—	12	立即生效	运行设定	PST

推荐刚性等级	负载机构类型
4～8级	一些大型机械
8～15级	皮带等刚性较低的应用
15～20级	滚珠丝杠、直连等刚性较高的应用

四、伺服驱动器手动增益调整

手动增益调整时，需要将增益调整参数设置成手动增益调整模式，再单独调整几个增益相关的参数，加大位置环增益和速度环增益都会使系统的响应变快，但是太大的增益会引起系统不稳定。此外在负载惯量比基本准确的前提下，速度环增益和位置环增益应满足一定的关系，如下所示，否则系统也容易不稳定。

$$\frac{1}{3} \leqslant \frac{H08-00[\text{Hz}]}{H08-02[\text{Hz}]} \leqslant 1$$

加大转矩指令滤波时间，对抑制机械共振有帮助，但会降低系统的响应，相对速度环增益，滤波时间不能随意加大，应满足如下条件：

$$H08-00 \leqslant \frac{1000}{2\text{II} \times H07-05 \times 4}$$

手动增益调整功能代码如表 3-56 所示。

表3-56 手动增益调整功能代码

功能码		名称	设定范围	单位	出厂设定	生效方式	设定方式	相关模式
H08	00	速度环增益	0.1～2000.0	Hz	25.0	立即生效	运行设定	PS
H08	01	速度环积分时间常数	0.15～512.00	ms	31.83	立即生效	运行设定	PS
H08	02	位置环增益	0.0～2000.0	Hz	40.0	立即生效	运行设定	P
H07	05	转矩指令滤波时间常数	0.00～30.00	ms	0.79	立即生效	运行设定	PST

五、伺服驱动器陷波器

机械系统具有一定的共振频率，若伺服增益设置过高，则有可能在机械共振频率附近产生共振，此时可考虑使用陷波器，陷波器通过降低特定频率的增益达到抑制机械共振的目的，增益也因此可以设置得更高。

共有 4 组陷波器，每组陷波器均有 3 个参数，分别为频率，宽度等级和衰减等级。当频率为默认值 4000Hz 时，陷波器实际无效。其中第 1 和第 2 组陷波器为手动陷波器，各参数由用户手动设定。第 3 和第 4 组陷波器为自适应陷波器，当开启自适应陷波器模式时，由驱动器自动设置，如不开启自适应陷波器模式，也可以手动设置。

若使用陷波器抑制共振，优先使用自适应陷波器，如果自适应陷波器无效或效果不佳，可以使用手动陷波器。使用手动陷波器时，将频率参数设置为实际的共振频率。此频率可以由后台软件的机械特性分析工具得到。宽度等级建议保持默认值 2。深度等级根据情况进行调节，此参数设得越小，对共振的抑制效果越强，设得越大，抑制效果越弱，如果设为 99，则几乎不起作用。虽然降低深度等级会增强抑制效果，但也会导致相位滞后，可能使系统不稳定，因此不可随意降低。

以 IS600P 为例：自适应陷波器的模式由 H09-02 功能码进行控制。H09-02 设为 1 时，第 3 组陷波器有效，当伺服使能且检测到共振发生时参数会被自动设定以抑制振动。H09-02 设为 2 时，第 3 和第 4 组陷波器共同有效，两组陷波器都可以被自动设定。

 提示：陷波器只能在转矩模式以外的模式下使用。

如果 H09-02 一直设为 1 或 2，自适应陷波器更新的参数每隔 30min 自动写入 EEPROM 一次，在 30min 内的更新则不会存入 EEPROM。H09-02 设为 0 时，自适应陷波器会保持当前参数不再发生变化。在使用自适应陷波器正确抑制且稳定一段时间后，可以使用此功能将自适应陷波器参数固定。虽然总共有 4 组陷波器，但建议最多 2 组陷波器同时工作，共振频率在 300Hz 以下时，自适应陷波器的效果会有所降低。使用自适应陷波器的时候，如果振动长时间不能消除，应及时关闭驱动器使能。

IS600P 伺服驱动器陷波器相关功能代码如表 3-57 所示。

表3-57 IS600P伺服驱动器陷波器相关功能代码

功能码		名称	设定范围	单位	出厂设定	生效方式	设定方式	相关模式
H09	02	自适应陷波器模式选择	0～4 0——自适应陷波器不再更新； 1——一个自适应陷波器有效； （第3组陷波器） 2——两个自适应陷波器有效； （第3组和第4组陷波器） 3——只检测共振频率，不更新陷波器参数，H09-24 显示共振频率； 4——恢复第3组和第4组陷波器的值到出厂状态	1	0	立即生效	运行设定	PST

続表

功能码		名称	设定范围	单位	出厂设定	生效方式	设定方式	相关模式
H09	12	第1组陷波器频率	50～4000	Hz	4000	立即生效	运行设定	PS
H09	13	第1组陷波器宽度等级	0～20	—	2	立即生效	运行设定	PS
H09	14	第1组陷波器深度等级	0～99	—	0	立即生效	运行设定	PS
H09	15	第2组陷波器频率	50～4000	Hz	4000	立即生效	运行设定	PS
H09	16	第2组陷波器宽度等级	0～20	—	2	立即生效	运行设定	PS
H09	17	第2组陷波器深度等级	0～99	—	0	立即生效	运行设定	PS
H09	18	第3组陷波器频率	50～4000	Hz	4000	立即生效	运行设定	PS
H09	19	第3组陷波器宽度等级	0～20	—	2	立即生效	运行设定	PS
H09	20	第3组陷波器衰减等级	0～99	—	0	立即生效	运行设定	PS
H09	21	第4组陷波器频率	50～4000	Hz	4000	立即生效	运行设定	PS
H09	22	第4组陷波器宽度等级	0～20	—	2	立即生效	运行设定	PS
H09	23	第4组陷波器衰减等级	0～99	—	0	立即生效	运行设定	PS
H09	24	共振频率辨识结果	—	Hz	—	—	—	PS

IS600P 伺服驱动器功能参数表参数概要如表 3-58 所示，详细内容由于篇幅请大家参照厂家配置说明书。

表3-58　IS600P伺服驱动器功能参数表参数概要

功能码组	参数组概要
H00 组	伺服电机参数
H01 组	驱动器参数
H02 组	基本控制参数
H03 组	端子输入参数
H04 组	端子输出参数
H05 组	位置控制参数

功能码组	参数组概要
H06 组	速度控制参数
H07 组	转矩控制参数
H08 组	增益类参数
H09 组	自调整参数
H0A 组	故障与保护参数
H0B 组	监控参数
H0C 组	通信参数
H0D 组	辅助功能参数
H0F 组	全闭环功能参数
H11 组	多段位置功能参数
H12 组	多段速度参数
H17 组	虚拟 DIDO 参数
H30 组	通信读取伺服相关变量
H31 组	通信给定伺服相关变量

第五节　伺服驱动器的故障处理

本节以 IS600P 伺服驱动器为例进行典型故障实例介绍，其他品牌思路大体相同。

一、伺服驱动器启动时的警告和处理

1. 位置模式（以 IS600P 伺服驱动器为例）

位置模式 IS600P 伺服驱动器故障检查如表 3-59 所示。

表3-59　位置模式IS600P伺服驱动器故障检查

启动过程	故障现象	原因	确认方法
接通控制电源（L1C、L2C）主电源（L1、L2）（R、S、T）	数码管不亮或不显示"rdy"	控制电源电压故障	◆拔下 CN1、CN2、CN3、CN4 后，故障依然存在。 ◆测量（L1C、L2C）之间的交流电压
		主电源电压故障	◆单相 220V 电源机型测量（L1、L2）之间的交流电压。主电源直流母线电压幅值（P⊕、⊖间电压）低于 200V 数码管显示"nrd"。 ◆三相 220V/380V 电源机型测量（R、S、T）之间的交流电压。主电源直流母线电压幅值（P⊕、⊖间电压）低于 460V 数码管显示"nrd"

启动过程	故障现象	原因	确认方法
接通控制电源（L1C、L2C）主电源（L1、L2）（R、S、T）	数码管不亮或不显示"rdy"	烧录程序端子被短接	◆检查烧录程序的端子，确认是否被短接
		伺服驱动器故障	
	面板显示"Er.xxx"	查驱动器手册，按照手册说明进行故障排除	
	■ 排除上述故障后，面板应显示"rdy"		
伺服使能信号置为有效（S-ON 为 ON）	面板显示"Er.xxx"	查驱动器手册，查找原因，排除故障	
	伺服电机的轴处于自由运行状态	伺服使能信号无效	◆将面板切换到伺服状态显示，查看面板是否显示为"rdy"，而不是"run"。 ◆查看 H03 组和 H17 组，是否设置伺服使能信号（DI 功能 1：S-ON）。若已设置，则查看对应端子逻辑是否有效；若未设置，则进行设置，并使端子逻辑有效。 ◆若 H03 组已设置伺服使能信号，且对应端子逻辑有效，但面板依然显示"rdy"，则检查该 DI 端子接线是否正确
		控制模式选择错误	◆查看 H02-00 是否为 1，若误设为 2（转矩模式），由于默认转矩指令为零，电机轴也处于自由运行状态
	■ 排除上述故障后，面板应显示"run"		
输入位置指令	伺服电机不旋转	输入位置指令计数器（H0B-13）为 0	◆高 / 低速脉冲口接线错误。 H05-00=0 脉冲指令来源时，查看高 / 低速脉冲口接线是否正确，同时查看 H05-01 设置是否匹配。 ◆未输入位置指令。 ①是否使用 DI 功能 13（FunIN.13：Inhibit，位置指令禁止）或 DI 功能 37（FunIN.37：PulseInhibit，脉冲指令禁止）； ②H05-00=0 脉冲指令来源时，上位机或其他脉冲输出装置未输出脉冲，可用示波器查看高 / 低速脉冲口是否有脉冲输入； ③H05-00=1 步进量指令来源时，查看 H05-05 是否为 0，若不为 0，查看是否已设置 DI 功能 20（FunIN.20：PosStep，步进量指令使能）及对应端子逻辑是否有效； ④H05-00=2 多段位置指令来源时，查看 H11 组参数是否设置正确，若正确，查看是否已设置 DI 功能 28（FunIn.28：PosInSen，内部多段位置使能）及对应端子逻辑是否有效； ⑤若使用过中断定长功能，查看 H05-29 是否为 1（中断定长运行完成后，是否可以直接响应其他位置指令），若为 1，确认是否使用 DI 功能 29（FunIN.29：XintFree，中断定长状态解除）解除锁定状态

启动过程	故障现象	原因	确认方法
输入位置指令	伺服电机反转	输入位置指令计数器（H0B-13）为负数	◆ H05-00=0 脉冲指令来源时，查看 H05-15（脉冲指令形态）参数设置与实际输入脉冲是否对应，若不一致，则 H05-15 设置错误或者端子接线错误； ◆ H05-00=1 步进量指令来源时，查看 H05-05 数值的正负； ◆ H05-00=2 多段位置指令来源时，查看 H11 组每段移动位移的正负； ◆ 查看是否已设置 DI 功能 27（FunIN.27: PosDirSel，位置指令方向设置）及对应端子逻辑是否有效； ◆ 查看 H02-02 参数是否设置错误
	■ 排除上述故障后，伺服电机能旋转		
低速旋转不平稳	低速旋转时速度不稳定	增益设置不合理	◆ 进行自动增益调整
	电机轴左右振动	负载转动惯量比（H08-15）太大	◆ 若可安全运行，则重新进行惯量辨识； ◆ 进行自动增益调整
	■ 排除上述故障后，伺服电机能正常旋转		
正常运行	定位不准	产生不符合要求的位置偏差	◆ 确定输入位置指令计数器（H0B-13）、反馈脉冲计数器（H0B-17）及机械停止位置，确认步骤如下

伺服驱动器定位不准故障原因和检查步骤：伺服驱动器定位原理框图如图 3-62 所示。

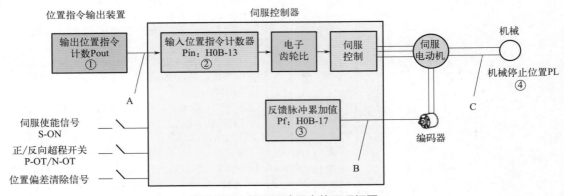

图 3-62　伺服驱动器定位原理框图

对于伺服驱动器定位不准故障，在发生定位不准问题时主要检查图 3-62 中 4 个信号。

❶ 位置指令输出装置（上位机或者驱动器内部参数）中的输出位置指令计数值 Pout；

❷ 伺服控制器接收到的输入位置指令计数器 Pin，对应于参数 H0B-13；

❸ 伺服电机自带编码器的反馈脉冲累加值 Pf，对应于参数 H0B-17；

❹ 机械停止的位置 PL。

导致定位不准的原因有 3 个，对应图中的 A、B、C，其中：

A 表示：位置指令输出装置（专指上位机）和伺服驱动器的接线中，由于噪声的影响而

直流无刷电机与伺服／步进电机驱动控制技术及应用

引起输入位置指令计数错误。

B 表示：电机运行过程中，输入位置指令被中断。原因：伺服使能信号被置为无效（S-ON 为 OFF），正向／反向超程开关信号（P-OT 或 N-OT）有效，位置偏差清除信号（ClrPosErr）有效。

C 表示：机械与伺服电机之间发生了机械位置滑动。

在不发生位置偏差的理想状态下，以下关系成立：

● Pout=Pin，输出位置指令计数值 = 输入位置指令计数器；

● Pin× 电子齿轮比 Pf，输入位置指令计数器 × 电子齿轮比 = 反馈脉冲累加值；

● Pf× ΔL=PL，反馈脉冲累加值 ×1 个位置指令对应负载位移 = 机械停止的位置。

发生定位不准的状态下，检查方法：

（1）Pout ≠ Pin。

故障原因：A。

排除方法与步骤：

❶ 检查脉冲输入端子是否采用双绞屏蔽线。

❷ 如果选用的是低速脉冲输入端子中的集电极开路输入方式，应改成差分输入方式。

❸ 脉冲输入端子的接线务必与主电路（L1C、L2C、R、S、T、U、V、W）分开走线。

❹ 选用的是低速脉冲输入端子，增大低速脉冲输入引脚滤波时间常数（H0A-24）；反之，选用的是高速脉冲输入端子，增大高速脉冲输入引脚滤波时间常数（H0A-30）。

（2）Pin× 电子齿轮比 ≠ Pf。

故障原因：B。

排除与步骤：

❶ 检查是否运行过程中发生了故障，导致指令未全部执行而伺服已经停机；

❷ 若是由于位置偏差清除信号（ClrPosErr）有效，应检查位置偏差清除方式（H05-16）是否合理。

（3）Pf× ΔL ≠ PL。

故障原因：C。

排除方法与步骤：

逐级排查机械的连接情况，找到发生相对滑动的位置。

2. 速度模式

速度模式 IS600P 伺服驱动器故障检查如表 3-60 所示。

表3-60　速度模式IS600P伺服驱动器故障检查

启动过程	故障现象	原因	确认方法
接通控制电源（L1C、L2C）主电源（L1、L2）（R、S、T）	数码管不亮或不显示"rdy"	①控制电源电压故障	◆拔下 CN1、CN2、CN3、CN4 后，故障依然存在。 ◆测量（L1C、L2C）之间的交流电压
		②主电源电压故障	◆单相 220V 电源机型测量（L1、L2）之间的交流电压。主电源直流母线电压幅值（P⊕、⊖间电压）低于 200V 数码管显示"nrd"。 ◆三相 220V/380V 电源机型测量（R、S、T）之间的交流电压。主电源直流母线电压幅值（P⊕、⊖间电压）低于 460V 数码管显示"nrd"

启动过程	故障现象	原因	确认方法
接通控制电源（L1C、L2C）主电源（L1、L2）（R、S、T）	数码管不亮或不显示"rdy"	③烧录程序端子被短接	◆检查烧录程序的端子，确认是否被短接
		④伺服驱动器故障	—
	面板显示"Er.xxx"		参考伺服驱动器相关使用手册查找原因，排除故障
	■排除上述故障后，面板应显示"rdy"		
伺服使能信号置为有效（S-ON为ON）	面板显示"Er.xxx"		参考伺服驱动器相关使用手册查找原因，排除故障
	伺服电机的轴处于自由运行状态	①伺服使能信号无效	◆将面板切换到伺服状态显示，查看面板是否显示为"rdy"，而不是"run"。 ◆查看H03组和H17组，是否设置伺服使能信号（DI功能1：S-ON）。若已设置，则查看对应端子逻辑是否有效；若未设置，则进行设置，并使端子逻辑有效； ◆若H03组已设置伺服使能信号，且对应端子逻辑有效，但面板依然显示"rdy"，则检查该DI端子接线是否正确
		②控制模式选择错误	◆查看H02-00是否为0，若误设为2（转矩模式），由于默认转矩指令为零，电机轴也处于自由运行状态
	■排除上述故障后，面板应显示"run"		
输入速度指令	伺服电机不旋转或转速不正确	速度指令（H0B-01）为0	◆AI接线错误。 选用模拟量输入指令时，首先查看AI模拟量输入通道选择是否正确，然后查看AI端子接线是否正确。 ◆速度指令选择错误。 查看H06-02是否设置正确。 ◆未输入速度指令或速度指令异常。 （1）选用模拟量输入指令时，首先查看H03组AI相关参数设置是否正确；然后检查外部信号源输入电压信号是否正确，可用示波器观测或通过H0B-21或H0B-22读取； （2）数字给定时，查看H06-03是否正确； （3）多段速度指令给定时，查看H12组参数是否设置正确； （4）通信给定时，查看H31-09是否正确； （5）点动速度指令给定时，查看H06-04是否正确，是否已设置DI功能18和19，及对应端子逻辑是否有效； （6）查看加减速时间H06-05和H06-06设置是否正确； （7）零位固定功能是否被误启用，即查看DI功能12是否误配置，以及相应DI端子有效逻辑是否正确
	伺服电机反转	速度指令（H0B-01）为负数	◆选用模拟量输入指令时，查看输入信号正负极性是否反向； ◆数字给定时，查看H06-03是否小于0； ◆多段速度指令给定时，查看H12组每组速度指令的正负； ◆通信给定时，查看H31-09是否小于0； ◆点动速度指令给定时，查看H06-04数值、DI功能18、19的有效逻辑与预计转向是否匹配； ◆查看是否已设置DI功能26（FunIN.26：SpdDirSel，速度指令方向设置）及对应端子逻辑是否有效； ◆查看H02-02参数是否设置错误

直流无刷电机与伺服／步进电机驱动控制技术及应用

启动过程	故障现象	原因	确认方法
输入速度指令	■ 排除上述故障后，伺服电机能旋转		
低速旋转不平稳	低速旋转时速度不稳定	增益设置不合理	◆进行自动增益调整
	电机轴左右振动	负载转动惯量比（H08-15）太大	◆若可安全运行，则重新进行惯量辨识； ◆进行自动增益调整

3. 伺服驱动器转矩模式

转矩模式 IS600P 伺服驱动器故障检查如表 3-61 所示。

表3-61　转矩模式IS600P伺服驱动器故障检查

启动过程	故障现象	原因	确认方法
接通控制电源（L1C、L2C）主电源（L1、L2）（R、S、T）	数码管不亮或不显示"rdy"	①控制电源电压故障	◆拔下 CN1、CN2、CN3、CN4 后，故障依然存在。 ◆测量（L1C、L2C）之间的交流电压
		②主电源电压故障	◆单相 220V 电源机型测量（L1、L2）之间的交流电压。主电源直流母线电压幅值（P⊕、⊖间电压）低于 200V 数码管显示"nrd"。 ◆三相 220V/380V 电源机型测量（R、S、T）之间的交流电压。主电源直流母线电压幅值（P⊕、⊖间电压）低于 460V 数码管显示"nrd"
		③烧录程序端子被短接	◆检查烧录程序的端子，确认是否被短接
		④伺服驱动器故障	—
	面板显示"Er.xxx"	参考伺服驱动器相关使用手册查找原因，排除故障	
	■ 排除上述故障后，面板应显示"rdy"		
伺服使能信号置为有效（S-ON 为 ON）	面板显示"Er.xxx"	参考伺服驱动器相关使用手册查找原因，排除故障	
	伺服电机的轴处于自由运行状态	伺服使能信号无效	◆将面板切换到伺服状态显示，查看面板是否显示为"rdy"，而不是"run"。 ◆查看 H03 组和 H17 组，是否设置伺服使能信号（DI 功能 1：S-ON）。若已设置，则查看对应端子逻辑是否有效；若未设置，则进行设置，并使端子逻辑有效。 ◆若 H03 组已设置伺服使能信号，且对应端子逻辑有效，但面板依然显示"rdy"，则检查该 DI 端子接线是否正确
	■ 排除上述故障后，面板应显示"run"		

启动过程	故障现象	原因	确认方法
输入转矩指令	伺服电机不旋转	内部转矩指令（H0B-02）为0	◆ AI 接线错误。 选用模拟量输入指令时，查看 AI 端子接线是否正确。 ◆转矩指令选择错误。 查看 H07-02 是否设置正确。 ◆未输入转矩指令。 （1）选用模拟量输入指令时，首先查看 H03 组 AI 相关参数设置是否正确；然后查看外部信号源输入电压信号是否正确，可用示波器观测或通过 H0B-21 或 H0B-22 读取； （2）数字给定时，查看 H07-03 是否为 0； （3）通信给定时，查看 H31-11 是否为 0
	伺服电机反转	内部转矩指令（H0B-02）为负数	◆选用模拟量输入指令时，外部信号源输入电压极性是否反向，可用示波器或通过 H0B-21 或 H0B-22 查看； ◆数字给定时，查看 H07-03 是否小于 0； ◆通信给定时，查看 H31-11 是否小于 0； ◆查看是否已设置 DI 功能 25（FunIN.25: TopDirSel，转矩指令方向设置）及对应端子逻辑是否有效； ◆查看 H02-02 参数是否设置错误
	■ 排除上述故障后，伺服电机能旋转		
低速旋转不平稳	低速旋转时速度不稳定	增益设置不合理	◆进行自动增益调整
	电机轴左右振动	负载转动惯量比(H08-15)太大	◆若可安全运行，则重新进行惯量辨识； ◆进行自动增益调整

二、伺服驱动器运行中的故障和警告处理

以 IS600P 伺服驱动器为例，伺服驱动器运行中的故障和警告代码如下。

（1）故障和警告分类　伺服驱动器的故障和警告按严重程度分级，可分为三级：第 1 类、第 2 类、第 3 类。严重等级：第 1 类 > 第 2 类 > 第 3 类。具体分类如下：

第 1 类（简称 NO.1）不可复位故障；

第 1 类（简称 NO.1）可复位故障；

第 2 类（简称 NO.2）可复位故障；

第 3 类（简称 NO.3）可复位故障。

"可复位"是指通过给出"复位信号"使面板停止故障显示状态。

以 IS600P 为例具体操作如下：

设置参数 H0D-01=1（故障复位）或者使用 DI 功能 2（FunIN.2/: ALM-RST，故障和警告复位）且置为逻辑有效，可使面板停止故障显示。

NO.1、NO.2 可复位故障的复位方法：先关闭伺服使能信号（S-ON 置为 OFF），然后置 H0D-01=1 或使用 DI 功能 2。

NO.3 可复位警告的复位方法：置 H0D-01=1 或使用 DI 功能 2。

注：对于一些故障或警告，必须通过更改设置，将产生的原因排除后，才可复位，但复

直流无刷电机与伺服／步进电机驱动控制技术及应用

位不代表更改生效。对于需要重新上控制电（L1C、L2C）才生效的更改，必须重新上控制电；对于需要停机才生效的更改，必须关闭伺服使能，更改生效后，伺服驱动器才能正常运行。

在操作中关联功能代码如表 3-62 所示。

表3-62　在操作中关联功能代码

功能码		名称	设定范围	单位	出厂设定	设定方式	生效时间	相关模式
H0D	01	故障复位	0——无操作 1——故障和警告复位	—	0	停机设定	立即生效	—

编码	名称	功能名	功能
FunIN.2	ALM-RST	故障和警告复位信号	该 DI 功能为边沿有效，电平持续为高 / 低电平时无效。 按照报警类型，有些报警复位后伺服是可以继续工作的。 分配到低速 DI 时，若 DI 逻辑设置为电平有效，将被强制为沿变化有效，有效的电平变化务必保持3ms以上，否则将导致故障复位功能无效。请勿分配故障复位功能到快速 DI，否则功能无效。 无效，不复位故障和警告； 有效，复位故障和警告

（2）伺服驱动器故障和警告记录　伺服驱动器具有故障记录功能，可以记录最近 10 次的故障和警告名称及故障或警告发生时伺服驱动器的状态参数。若最近 5 次发生了重复的故障或警告，则故障或警告代码即驱动器状态仅记录一次。

故障或警告复位后，故障记录依然会保存该故障和警告；使用"系统参数初始化功能" IS600P 使用（H02-31=1 或 2）可清除故障和警告记录。

通过监控参数 H0B-33 可以选择故障或警告距离当前故障的次数 n，H0B-34 可以查看第 $n+1$ 次故障或警告名称，H0B-35 ～ H0B-42 可以查看对应第 $n+1$ 次故障或警告发生时伺服驱动器的状态参数，没有故障发生时面板上 H0B-34 显示"Er.000"。

通过面板查看 H0B-34（第 $n+1$ 次故障或警告名称）时，面板显示"Er.xxx"，"xxx"为故障或警告代码；通过和驱动调试平台软件或者通信读取 H0B-34 时，读取的是代码的十进制数据，需要转化成十六进制数据以反映真实的故障或警告代码。如表 3-63 所示。

表3-63　伺服驱动器故障和警告记录

面板显示故障或警告 "Er.xxx"	H0B-34（十进制）	H0B-34（十六进制）	说明
Er.101	257	0101	0：第 1 类不可复位故障 101：故障代码
Er.130	8496	2130	2：第 1 类可复位故障 130：故障代码
Er.121	24865	6121	6：第 2 类可复位故障 121：故障代码
Er.110	57616	E110	E：第 3 类可复位警告 110：警告代码

(3) 故障和警告编码输出 伺服驱动器能够输出当前最高级别的故障或警告编码。

"故障编码输出"是指将伺服驱动器的 3 个 DO 端子设定成 DO 功能 12、13、14，其中 FunOUT.12：ALMO1（报警代码第 1 位，简称 AL1），FunOUT.13：ALMO2（报警代码第 2 位，简称 AL2），FunOUT.14：ALMO3（报警代码第 3 位，简称 AL3）。不同的故障发生时，3 个 DO 端子的电平将发生变化。

❶ 第 1 类（NO.1）不可复位故障，如表 3-64 所示。

表3-64 第1类（NO.1）不可复位故障

显示	故障名称	故障类型	能否复位	编码输出		
				AL3	AL2	AL1
Er.101	H02 及以上组参数异常	NO.1	否	1	1	1
Er.102	可编程逻辑配置故障	NO.1	否	1	1	1
Er.104	可编程逻辑中断故障	NO.1	否	1	1	1
Er.105	内部程序异常	NO.1	否	1	1	1
Er.108	参数存储故障	NO.1	否	1	1	1
Er.111	内部故障	NO.1	否	1	1	1
Er.120	产品匹配故障	NO.1	否	1	1	1
Er.136	电机 ROM 中数据校验错误或未存入参数	NO.1	否	1	1	1
Er.200	过流 1	NO.1	否	1	1	0
Er.201	过流 2	NO.1	否	1	1	0
Er.208	FPGA 系统采样运算超时	NO.1	否	1	1	0
Er.210	输出对地短路	NO.1	否	1	1	0
Er.220	相序错误	NO.1	否	1	1	0
Er.234	飞车	NO.1	否	1	1	0
Er.430	控制电欠压	NO.1	否	0	1	1
Er.740	编码器干扰	NO.1	否	1	1	1
Er.834	AD 采样过压	NO.1	否	1	1	1
Er.835	高精度 AD 采样故障	NO.1	否	1	1	1
Er.A33	编码器数据异常	NO.1	否	0	1	0
Er.A34	编码器回送校验异常	NO.1	否	0	1	0
Er.A35	Z 信号丢失	NO.1	否	0	1	0

注："1"表示有效，"0"表示无效，它们不代表 DO 端子电平的高低。

❷ 第 1 类（NO.1）可复位故障，如表 3-65 所示。

表3-65　第1类（NO.1）可复位故障

显示	故障名称	故障类型	能否复位	编码输出		
				AL3	AL2	AL1
Er.130	DI 功能重复分配	NO.1	是	1	1	1
Er.131	DO 功能分配超限	NO.1	是	1	1	1
Er.207	D/Q 轴电流溢出故障	NO.1	是	1	1	0
Er.400	主回路电过压	NO.1	是	0	1	1
Er.410	主回路电欠压	NO.1	是	1	1	0
Er.500	过速	NO.1	是	0	1	0
Er.602	角度辨识失败	NO.1	是	0	0	0

❸ 第 2 类（NO.2）可复位故障，如表 3-66 所示。

表3-66　第2类（NO.2）可复位故障

显示	故障名称	故障类型	能否复位	编码输出		
				AL3	AL2	AL1
Er.121	伺服 ON 指令无效故障	NO.2	是	1	1	1
Er.410	主回路电欠压	NO.2	是	1	1	0
Er.420	主回路电缺相	NO.2	是	0	1	1
Er.510	脉冲输出过速	NO.2	是	0	0	0
Er.610	驱动器过载	NO.2	是	0	1	0
Er.620	电机过载	NO.2	是	0	0	0
Er.630	电机堵转	NO.2	是	0	0	0
Er.650	散热器过热	NO.2	是	0	0	0
Er.B00	位置偏差过大	NO.2	是	1	0	0
Er.B01	脉冲输入异常	NO.2	是	1	0	0
Er.B02	全闭环位置偏差过大	NO.2	是	1	0	0
Er.B03	电子齿轮比设定超限	NO.2	是	1	0	0
Er.B04	全闭环功能参数设置错误	NO.2	是	1	0	0
Er.D03	CAN 通信连接中断	NO.2	是	1	0	1

❹ 警告，可复位，如表 3-67 所示。

表3-67　警告，可复位

显示	故障名称	故障类型	能否复位	编码输出		
				AL3	AL2	AL1
Er.110	分频脉冲输出设定故障	NO.3	是	1	1	1
Er.601	回原点超时故障	NO.3	是	0	0	0
Er.831	AI 零漂过大	NO.3	是	1	1	1
Er.900	DI 紧急刹车	NO.3	是	1	1	1
Er.909	电机过载警告	NO.3	是	1	1	0
Er.920	制动电阻过载	NO.3	是	1	0	1
Er.922	外接制动电阻过小	NO.3	是	1	0	1
Er.939	电机动力线断线	NO.3	是	1	0	0
Er.941	变更参数需重新上电生效	NO.3	是	0	1	1
Er.942	参数存储频繁	NO.3	是	0	1	1
Er.950	正向超程警告	NO.3	是	0	0	0
Er.952	反向超程警告	NO.3	是	0	0	0
Er.980	编码器内部故障	NO.3	是	0	0	1
Er.990	输入缺相警告	NO.3	是	0	0	1
Er.994	CAN 地址冲突	NO.3	是	0	0	1
Er.A40	内部故障	NO.3	是	0	1	0

三、伺服驱动器典型故障处理措施

1. Er.101：伺服内部参数出现异常

产生机理：功能码的总个数发生变化，一般在更新软件后出现；功能码的参数值超出上下限，一般在更新软件后出现。处理方法如表 3-68 所示。

表3-68　故障处理

原因	确认方法	处理措施
①控制电源电压瞬时下降	◆确认是否处于切断控制电（L1C、L2C）过程中或者发生瞬间停电	系统参数恢复初始化后，重新写入参数
	◆测量运行过程中控制电线缆的非驱动器侧输入电压是否符合以下规格： 220V 驱动器： 有效值：220 ～ 240V 允许偏差：-10% ～ +10%（198 ～ 264V） 380V 驱动器： 有效值：380 ～ 440V 允许偏差：-10% ～ +10%（342 ～ 484V）	提高电源容量或者更换大容量的电源，系统参数恢复初始化后，重新写入参数

原因	确认方法	处理措施
②参数存储过程中瞬间掉电	◆确认是否参数值存储过程发生瞬间停电	重新上电，系统参数恢复初始化后，重新写入参数
③一定时间内参数的写入次数超过了最大值	◆确认是否上级装置频繁地进行参数变更	改变参数写入方法，并重新写入。或是伺服驱动器故障，更换伺服驱动器
④更新了软件	◆确认是否更新了软件	重新设置驱动器型号和电机型号，系统参数恢复初始化
⑤伺服驱动器故障	◆多次接通电源，并恢复出厂参数后，仍报故障时，伺服驱动器发生了故障	更换伺服驱动器

2. Er.105：内部程序异常

产生机理：EEPROM 读/写功能码时，功能码总个数异常；功能码设定值的范围异常（一般在更新程序后出现）。处理方法如表 3-69 所示。

表3-69　Er.105故障处理

原因	确认方法	处理措施
① EEPROM 故障		系统参数恢复初始化后，重新上电
②伺服驱动器故障	◆多次接通电源后仍报故障	更换伺服驱动器

3. Er.108：参数存储故障

产生机理：无法向 EEPROM 中写入参数值；无法向 EEPROM 中计取参数值。处理方法如表 3-70 所示。

表3-70　Er.108故障处理

原因	确认方法	处理措施
①参数写入出现异常	◆更改某参数后，再次上电，查看该参数值是否保存	未保存，且多次上电仍出现该故障，需要更换驱动器
②参数读取出现异常		

4. Er.201：过流

产生机理：硬件检测到过流。处理方法如表 3-71 所示。

表3-71　Er.201故障处理

原因	确认方法	处理措施
①输入指令与接通伺服同步或输入指令过快	◆检查是否在伺服面板显示"rdy"前已经输入了指令	指令时序：伺服面板显示"rdy"后，先打开伺服使能信号（S-ON），再输入指令。 允许情况下，加入指令滤波时间常数或加大加减速时间

原因	确认方法	处理措施
②制动电阻过小或短路	◆若使用内置制动电阻，确认P⊕、D之间是否用导线可靠连接，若是，则测量C、D间电阻阻值； ◆若使用外接制动电阻，测量P⊕、C之间外接制动电阻阻值。 ◆制动电阻规格符合驱动器厂家要求	若使用内置制动电阻，阻值为"0"，则调整为使用外接制动电阻，并拆除P⊕、D之间导线，电阻阻值与功率可选用与内置制动电阻规格一致； 若使用外接制动电阻，阻值小于"制动电阻规格"，更换新的电阻，重新连接于P⊕、C之间
③电机线缆接触不良	◆检查驱动器动力线缆两端和电机线缆中驱动器UVW侧的连接是否松脱	紧固有松动、脱落的接线
④电机线缆接地	◆确保驱动器动力线缆、电机线缆紧固连接后，分别测量驱动器UVW端与接地线（PE）之间的绝缘电阻是否为兆欧姆（MΩ）级数值	绝缘不良时更换电机
⑤电机UVW线缆短路	◆将电机线缆拔下，检查电机线缆UVW间是否短路，接线是否有毛刺等	正确连接电机线缆
⑥电机烧坏	◆将电机线缆拔下，测量电机线缆UVW间电阻是否平衡	不平衡则更换电机
⑦增益设置不合理，电机振荡	◆检查电机启动和运行过程中，是否振动或有尖锐声音	进行增益调整
⑧编码器接线错误、老化腐蚀，编码器插头松动	◆检查是否选用标配的编码器线缆，线缆有无老化腐蚀、接口松动情况	重新焊接、插紧或更换编码器线缆
⑨驱动器故障	◆将电机线缆拔下，重新上电仍报故障	更换伺服驱动器

5. Er.210：输出对地短路

产生机理：驱动器上电检测，检测到电机相电流或母线电压异常。处理方法如表3-72所示。

表3-72　Er.210故障处理

原因	确认方法	处理措施
①驱动器动力线缆（UVW）对地发生短路	◆拔掉电机线缆，分别测量驱动器动力线缆UVW是否对地（PE）短路	重新接线或更换驱动器动力线缆
②电机对地短路	◆确保驱动器动力线缆、电机线缆紧固连接后，分别测量驱动器UVW端与接地线（PE）之间的绝缘电阻是否为兆欧姆（MΩ）级数值	更换电机
③驱动器故障	◆将驱动器动力线缆从伺服驱动器上卸下，多次接通电源后仍报故障	更换伺服驱动器

6. Er.234：飞车

产生机理：转矩控制模式下，转矩指令方向与速度反馈方向相反；位置或速度控制模式下，速度反馈与速度指令方向相反。处理方法如表3-73所示。

表3-73　Er.234故障处理

原因	确认方法	处理措施
①ＵＶＷ相序接线错误	◆检查驱动器动力线缆两端和电机线缆ＵＶＷ端、驱动器ＵＶＷ端的连接是否一一对应	按照正确ＵＶＷ相序接线
②上电时，干扰信号导致电机转子初始相位检测错误	◆ＵＶＷ相序正确，但使能伺服驱动器即报初始相位检测错误	重新上电
③编码器型号错误或接线错误	◆根据驱动器及电机铭牌，确认（电机编号）设置正确	更换为相互匹配的驱动器及电机
④编码器接线错误、老化腐蚀，编码器插头松动	◆检查是否选用标配的编码器线缆，线缆有无老化腐蚀、接口松动情况	重新焊接、插紧或更换编码器线缆
⑤垂直轴工况下，重力负载过大	◆检查垂直轴负载是否过大，调整抱闸参数，是否可消除故障	减小垂直轴负载，或提高刚性，或在不影响安全和使用的前提下，屏蔽该故障

7. Er.400：上回路电过压

产生机理：Ｐ⊕、⊖之间直流母线电压超过故障值。
220V驱动器：正常值310V，故障值420V；
380V驱动器：正常值540V，故障值760V。
处理方法如表3-74所示。

表3-74　Er.400故障处理

原因	确认方法	处理措施
①主回路输入电压过高	◆查看驱动器输入电源规格，测量主回路线缆驱动器侧（Ｒ、Ｓ、Ｔ）输入电压是否符合以下规格： 220V驱动器： 有效值：220～240V 允许偏差：-10%～+10%（198～264V） 380V驱动器： 有效值：380～440V 允许偏差：-10%～+10%（342～484V）	按照左边规格，更换或调整电源
②电源处于不稳定状态，或受到了雷击影响	◆监测驱动器输入电源是否遭受到雷击影响，测量输入电源是否稳定，满足上述规格要求	接入浪涌抑制器后，再接通控制电和主回路电，若仍然发生故障，则更换伺服驱动器
③制动电阻失效	◆若使用内置制动电阻，确认Ｐ⊕、Ｄ之间是否用导线可靠连接，若是，则测量Ｃ、Ｄ间电阻阻值； ◆若使用外接制动电阻，测量Ｐ⊕、Ｃ之间外接制动电阻阻值	若阻值"∞"（无穷大），则制动电阻内部断线： 若使用内置制动电阻，则调整为使用外接制动电阻，并拆除Ｐ⊕、Ｄ之间导线，电阻阻值与功率可选为与内置制动电阻一致； 若使用外接制动电阻，则更换新的电阻，重新接于Ｐ⊕、Ｃ之间

原因	确认方法	处理措施
④外接制动电阻阻值太大，最大制动能量不能完全被吸收	◆测量 P⊕、C 之间的外接制动电阻阻值，与推荐值相比较	更换外接制动电阻阻值为推荐值，重新接于 P⊕、C 之间
⑤电机在急加减速情况运行时，最大制动能量超过可吸收值	◆确认运行中的加减速时间，测量 P⊕、⊝之间直流母线电压，确认是否处于减速段时，电压超过故障值	首先确保主回路输入电压在规格范围内，其次在允许情况下增大加减速时间
⑥母线电压采样值有较大偏差	测量 P⊕、⊝之间直流母线电压数值是否处于正常值	咨询驱动器厂家正常值进行调整
⑦伺服驱动器故障	◆多次下电后，重新接通主回路电，仍报故障	更换伺服驱动器

8. Er.410：主回路电欠压

产生机理：P⊕、⊝之间直流母线电压低于故障值。

220V 驱动器：正常值 310V，故障值 200V；

380V 驱动器：正常值 540V，故障值 380V。

处理方法如表 3-75 所示。

表3-75　Er.410故障处理

原因	确认方法	处理措施
①主回路电源不稳或者掉电	◆查看驱动器输入电源规格，测量主回路线缆非驱动器侧和驱动器侧（R、S、T）输入电压是否符合以下规格： 220V 驱动器： 有效值：220 ~ 240V 允许偏差：-10% ~ +10%（198 ~ 264V）	提高电源容量
②发生瞬间停电	380V 驱动器： 有效值：380 ~ 440V 允许偏差：-10% ~ +10%（342 ~ 484V） 三相均需要测量	提高电源容量
③运行中电源电压下降	◆监测驱动器输入电源电压，查看同一主回路供电电源是否过多开启了其他设置，造成电源容量不足电压下降	
④缺相，应输入三相电源运行的驱动器实际以单相电源运行	◆检查主回路接线是否正确可靠	更换线缆并正确连接主回路电源线： 三相：R、S、T 单相：L1、L2
⑤伺服驱动器故障	◆观察参数母线电压值是否处于以下范围： 220V 驱动器：< 200V 380V 驱动器：< 380V 多次下电后，重新接通主回路电（R、S、T）仍报故障	更换伺服驱动器

9. Er.420：主回路电缺相

产生机理：三相驱动器缺 1 相或 2 相。处理方法如表 3-76 所示。

表3-76 Er.420故障处理

原因	确认方法	处理措施
①三相输入线接线不良	◆检查非驱动器侧与驱动器主回路输入端子（R、S、T）间线缆是否良好并紧固连接	更换线缆并正确连接主回路电源线
②三相规格的驱动器运行在单相电源下 ③三相电源不平稳或者三相电压均过低	◆查看驱动器输入电源规格，检查实际输入电压规格，测量主回路输入电压是否符合以下规格： 220V 驱动器： 有效值：220 ～ 240V 允许偏差：-10% ～ +10%（198 ～ 264V） 380V 驱动器： 有效值：380 ～ 440V 允许偏差：-10% ～ +10%（342 ～ 484V） 三相均需要测量	若输入电压不符合左边规格，请按照左边规格，更换或调整电源
④伺服驱动器故障	◆多次下电后，重新接通主回路电（R、S、T）仍报故障	更换伺服驱动器

10. Er.430 控制电欠压

产生机理：

220V 驱动器：正常值 310V，故障值 190V。

380V 驱动器：正常值 540V，故障值 350V。

处理方法如表 3-77 所示。

表3-77 Er.430故障处理

原因	确认方法	处理措施
①控制电源不稳或者掉电	◆确认是否处于切断控制电（L1C、L2C）过程中或发生瞬间停电	重新上电。若是异常掉电，需确保电源稳定
	◆测量控制电线缆的输入电压是否符合以下规格： 220V 驱动器： 有效值：220 ～ 240V 允许偏差：-10% ～ +10%（198 ～ 264V） 380V 驱动器： 有效值：380 ～ 440V 允许偏差：-10% ～ +10%（342 ～ 484V）	提高电源容量
②控制电线缆接触不好	◆检测线缆是否连通，并测量控制电线缆驱动器侧（L1C、L2C）的电压是否符合以上要求	重新接线或更换线缆

11. Er.500：过速

产生机理：伺服电机实际转速超过过速故障阈值。

处理方法如表 3-78 所示。

表3-78　Er.500故障处理

原因	确认方法	处理措施
①电机线缆ＵＶＷ相序错误	◆检查驱动器动力线缆两端与电机线缆ＵＶＷ端，驱动器ＵＶＷ端的连接是否一一对应	按照正确ＵＶＷ相序接线
②H0A-08参数设置错误	◆检查过速故障阈值是否小于实际运行需达到的电机最高转速：过速故障阈值=1.2倍电机最高转速	根据机械要求重新设置过速故障阈值
③输入指令超过了过速故障阈值	◆确认输入指令对应的电机转速是否超过了过速故障阈值。位置控制模式，指令来源为脉冲指令时：电机转速（r/min）= $\dfrac{\text{输入脉冲频率（Hz）}}{\text{编码器分辨率}} \times$ 电子齿轮比 ×60	位置控制模式：位置指令来源为脉冲指令时，在确保最终定位准确前提下，降低脉冲指令频率或在运行速度允许情况下，减小电子齿轮比；速度控制模式：查看输入速度指令数值或速度限制值并确认其均在过速故障阈值之内；转矩控制模式：将速度限制阈值设定在过速故障阈值之内
④电机速度超调	◆查看"速度反馈"是否超过了过速故障阈值	进行增益调整或调整机械运行条件
⑤伺服驱动器故障	◆重新上电运行后，仍发生故障	更换伺服驱动器

12.　Er.A33：编码器数据异常

产生机理：编码器内总参数异常。处理方法如表 3-79 所示。

表3-79　Er.A33故障处理

原因	确认方法	处理措施
①串行编码器线缆断线或松动	◆检查接线	确认编码器线缆是否有误连接，或断线、接触不良等情况，如果电机线缆和编码器线缆捆扎在一起，则请分开布线
②串行编码器参数读写异常	◆多次接通电源后，仍报故障时，编码器发生故障	更换伺服电机

13.　Er.A35：编码器 Z 信号丢失

产生机理：2500 线增量式编码器 Z 信号丢失或者 AB 信号沿同时跳变。处理方法如表 3-80 所示。

表3-80　Er.A35故障处理

原因	确认方法	处理措施
①编码器故障导致Z信号丢失	◆使用完好的编码器线缆且正确接线后，用手拧动电机轴，查看是否依然报故障	更换伺服电机
②接线不良或接错导致编码器Z信号失	◆用手拧动电机轴，查看是否依然报故障	检查编码器线是否接触良好，重新接线或更换线缆

第四章

典型控制器接线与应用检修

一、常用电动车控制电路的控制器与电机接线

1. 48V 250W 接线

无刷电动车控制器及接线、出线图如图 4-1 和图 4-2 所示。

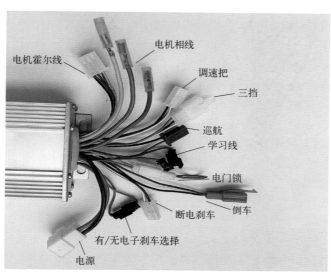

图 4-1 无刷电动车控制器及接线（48V 250W）

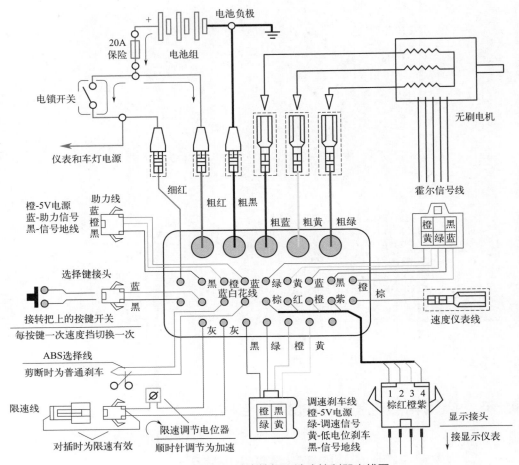

图 4-2　HF36/48 防盗按钮三速度控制器出线图

2. 控制器电流电压调整

（1）无刷电动车控制器接线说明

❶ 电源输入：粗红色线为电源正端，黑色线为电源负端，细橙色线为电门锁。

❷ 电机相位（U、V、W 输出）：粗黄色线为 U，粗绿色线为 V，粗蓝色线为 W。

❸ 转把信号输入：细红色线为 +5V 电源，细绿色为手柄信号输入，细黑色线为接地线。

❹ 电机霍尔（A、B、C 输入）：细红色线为 +5V 电源，细黑色线为接地线，细黄色线为 A，细绿色线为 B，细蓝色线为 C。

❺ 刹车（柔性 EABS+ 机械刹）：细黄色线为柔性 EABS，细蓝色线为机械刹（高电平刹车：+12V），细黑色线为接地线（低电平刹车）。

❻ 传感器：细红色线为 +5V 电源，细黑色线为接地线，细绿色线为传感器信号输入。

❼ 仪表（转速）：细紫色线。

❽ 巡航：细棕色线。

❾ 限速：细灰色线。

❿ 自动识别开关线：细黄色线。

（2）PIC16F72 智能型无刷电动车控制器使用方法和注意事项

❶ 在接线前先切断电源，按接线图所示连接各根导线。

❷ 该控制器应安装在通风、防水、防震部位。

❸ 控制器限速控制插头应放置容易操作的地方。

❹ 控制器接插件应接插到位，禁止将控制器电源正负极反接（即严禁粗红、细橙和粗黑线接反，细红和细黑线接反）。

❺ 电机模式自动识别：正确接好电动车控制器的电源、转把、刹车等线束，将电机识别模式开关线（细黄线）短接，打开电锁，使电机进入自动识别状态，若电机反转则按一下刹车，即可使电机正向转动，在控制器识别电机模式 10s 后将电机识别模式开关线（细黄线）直接断开，即可完成电机模式自动识别。

❻ 1+1 助力方向调整：在通电状态，将调速电阻从最大值调到最小值，再回到原始状态后，可将 1+1 助力的方向从正向模式切换到反向模式，再调整一次可从反向模式切换到正向模式，并将最终的模式存入单片机。如图 4-3 所示。

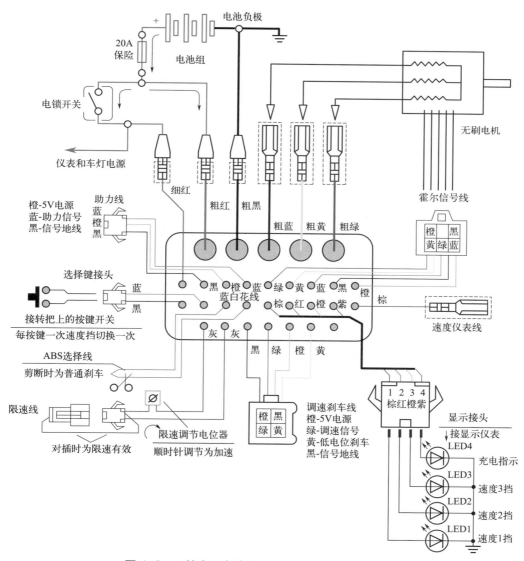

图 4-3　三挡电子变速型无刷电机控制器接线示意图

二、电动车控制器维修

控制器静态电流正常应在 50mA 内，电机空载最高转速时，电流一般在 1.4A 左右，部分电机在 1.8A 左右。

（1）控制板不工作　当控制板不工作时，首先应检查控制板上信号灯是否闪烁，如未加转把信号而信号灯不闪烁，则应检查：

❶ 5V 电压是否正常，不正常时外部接插是否有短路，板上有无搭锡短路等；

❷ 单片机第 2 脚电压是否为 5V；

❸ 石英晶体是否工作；

❹ 信号灯是否损坏。

解决措施：

❶ 电流调整：调节康铜丝长度，新程序可调整 LM358 第 6 脚对地的电阻 R6，取值范围为 2 ～ 3.3kΩ，调到所需电流，500W 老程序在 26 ～ 35A 有较好的运行效果，新程序在 22 ～ 28A 有较好的效果。

❷ 电压调整：欠压取样电路由 48V 或 36V 电源对地的两个分压电阻组成，通常调整电源连接的电阻（R_a）就可以调整欠压点，因与地连接的电阻通常取 1.2kΩ，故欠压值及电阻阻值可按下面公式计算：

$$R_a = (1.2V - 1.2 \times 3)/3$$

电动车控制器维修例：使用 48V 电瓶电压，欠压 V 的取值为 40.5 时：

$$R_a = (1.2 \times 40.5 - 1.2 \times 3)/3 = 15k\Omega$$

式中，1.2 为与地连接的电阻；3 为单片机部处理欠压 AD 值。

欠压值需在 40.5 ～ 42V 间调节，满载 1.2kΩ 电阻上并联 82kΩ、39kΩ、36kΩ、33kΩ、30kΩ 电阻时，欠压值分别对应：41.04V、41.65V、41.75V、41.86V、42V。

（2）单片机不能正常工作　当控制板上单片机能工作（不加转把信号时信号灯应闪烁），但不能正常工作时，应注意信号闪烁状态，下面列出常见闪烁状态：

❶ 弱信号控制部分正常工作，控制板信号闪烁约为每秒 1 次；

❷ 慢闪 2 次／秒：电路处于刹车状态；

❸ 慢闪 3 次／秒：康铜丝到 LM358 有参数不对或有开路情况；

❹ 慢闪 4 次／秒：上桥到驱动到输出 MOS 有故障；

❺ 慢闪 5 次／秒：下桥到驱动到输出 MOS 有故障；

❻ 慢闪 6 次／秒：60°、120° 选择与电机霍尔相序连接不对；

❼ 慢闪 7 次／秒：运行中电流过大保护，康铜丝过长或短路检测的基准电平偏低（正常取值为 20kΩ 对 1.2kΩ 分压）；

❽ 慢闪 8 次／秒：欠压状态；

❾ 快闪 2 次／秒：等待转把归零（上电防飞车功能）；

❿ 快闪 3 次／秒，电机堵转停止；

⓫ 电机转动时信号灯闪烁，霍尔线断线缺相或电机不匹配。

（3）电机不转

❶ 电压不足，测试 MCU 的第 3 脚电压是否大于 3.2V；

❷ 刹车电平接法是否正常，检测 MCU 的第 7 脚，高电平刹车时电压高于 2.5V，低电平刹车时电压低于 2.0V；

❸ 调速电压是否加到 MCU 的第 5 脚；

④ 接插件未安装良好，缺相导致无法输出；

⑤ 上述条件都满足时，则输出及驱动电路有故障，外力强行转动电机，内部有明显的不均匀阻力时，多为 MOS 功率管损坏，但也有部分为前级驱动三极管损坏。

第二节　通用无刷大功率内转子双路控制器接线与软件应用

一、功能特点

JKDBL4850-2E 是泰安晶控电气科技有限公司生产的一款大功率低压智能型双路伺服电机驱动器。该驱动器可同时控制两台伺服电机，内部使用 32 位高性能 MCU，采用高级的运动处理算法实现内部电子差速功能。驱动器使用电机内部的霍尔信号作为转子位置反馈，配合外部的增量式编码器（1000 ～ 2500 线）或者多种转子位置传感器信号控制电机运动，实现速度开环、闭环模式、位置模式、转矩模式。具有两路独立的驱动芯片，两路编码器处理芯片，两路霍尔信号处理芯片。同时具有多种故障报警功能。

工作模式分为两种：独立模式和混合模式。

独立模式：可实现两路电机完全独立控制，控制信号部分为两路输入信号控制，两路伺服电机可分别控制电机的速度及方向。

混合模式：可实现两台电机同步控制（前进、后退、左右旋转）。

控制信号多达八种方式（无线遥控、摇杆、电位器、模拟量、频率、脉宽、RS-232、CAN 总线）。

二、规格及型号

驱动器型号说明：

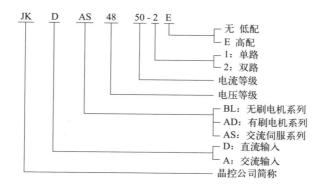

三、产品特性

- 正弦波 FOC 矢量控制，采用高性能 DSP、智能 PID 运动控制算法。
- 宽电压输入，输入电压 18 ～ 65V。
- 智能 PID 控制环。
- 工作方式：速度开环、闭环控制、转矩控制、位置闭环控制。

- 外部电位器（0 ～ 5V）、RC（脉宽）航模控制、RS-232、CAN。
- 四象限操作、支持再生。
- 使能控制。
- 最大电流限制。
- 过流、过热、过压、欠压、短接等异常情况保护。
- LED 灯故障指示功能。
- CAN 总线通信，客户使用时见详细的通信协议。
- RS-232 通信，客户使用时见详细的串口通信协议。

四、接线要求

❶ 不要带电连接导线。

❷ 选择与驱动器电压电流相匹配的绝缘导线、屏蔽线与其连接，驱动器的电源输入线和马达连接线的规格选择遵循表 4-1：

表4-1　驱动器的电源输入线和马达连接线的规格选择

规格	电流 /A	线规格 /mm	最大线长 /m
电源输入线	55	6	15
马达输出线	55	6	15

警告：无论在任何情况下，信号线、逻辑控制线都不得与电源进线、输出线（马达线）及其他动力线捆绑混合在一起布线，否则产生的感应电压会造成对驱动器的干扰，导致驱动器误动作或直接造成驱动器损坏。

❸ 驱动器内部没有电源反接保护功能，必须保证驱动器的电源输入与外部供电电源的正负极相一致，否则会造成驱动器损坏。

❹ 使用合适的工具连接，并必须保证接线正确。

五、驱动器端子接线说明及端子功能说明

驱动器端子接线说明及端子功能示意图如图 4-4 所示。

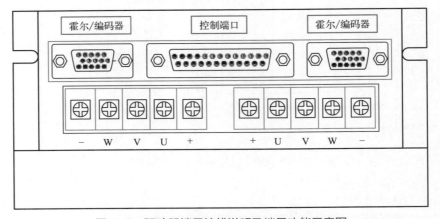

图 4-4　驱动器端子接线说明及端子功能示意图

警告：控制端子的所有连接线不要靠近电源端、输出端的导线。为了减少不必要的电子信号干扰，应尽量缩短控制端子的连线长度，当连线超过 0.5m 时，使用屏蔽线缆。

接线端子说明：

（1）+/− 端子　+/− 端子是直流电压输入端（15 ～ 65V），左右侧共计 2 组 +/− 端子，需要分别接入。

（2）U/V/W 端子　伺服电机驱动器的输出端，外接直流伺服电机。

（3）霍尔 / 编码器　如图 4-5 所示，采用标准的 DB15 母座，具体定义如表格所示。

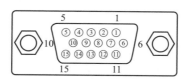

接口定义	功能	备注
1	编码器输出A+	
2	编码器输出B+	
3	编码器输出B−	
4	编码器输出Z−	
5	编码器输出Z+	
6	编码器输出A−	
7	空	
8	GND	
9	空	
10	驱动器输出+5V	
11	电机温度	100K-3950
12	空	
13	编码器输出U相	
14	编码器输出V相	
15	编码器输出W相	

图 4-5　霍尔 / 编码器

（4）控制端口　采用标准的 DB25 母座，具体定义如图 4-6 所示。

（5）端子 12/13/25　是 RS-232 串口，驱动器与 PC 电脑的 RS-232 串口连接。

（6）端子 11/24　是 CAN 总线连线，驱动器默认配置有 120Ω 电阻。

（7）端子 3/4　是使能端，在模拟量控制方式中，独立模式时是 A 路电机与 B 路电机的使能端。混合模式时，只用 A 路使能。对地短接使能，悬空为使能状态。

（8）端子 6/7　是 RC 模式下的脉宽输入，如图 4-7 所示。

复用引脚：A/B 两路电机 RC 控制模式中的脉冲宽度输入，模拟量控制模式中，控制两路电机正反旋转，悬空状态为电机逆时针旋转（观测者面对电机，电机输出轴旋转方向）状态，接地状态顺时针旋转。RC 模式下，驱动器用作 RC 模型遥控的 Radio 接收机并接收来自于 RC Radio 的脉宽信号，脉宽最小对应为 1.0ms 宽，对应于操纵杆的最小位置，2.0ms 的脉宽对应于操纵杆的最大位置。操纵杆处于中心位置时脉宽应是 1.5ms。

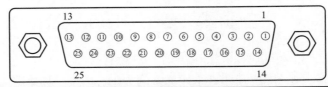

接口	功能	备注
1	控制量输入B	模拟量控制方式下，B路电机模拟量输入
2	空	空引脚
3	B路使能端	模拟量控制方式，B路电机使能，对地使能，悬空失能
4	A路使能端	模拟量控制方式，A路电机使能，对地使能，悬空失能
5	空	空引脚
6	RC-B	RC模式下，B路电机脉宽输入
7	RC-A	RC模式下，A路电机脉宽输入
8	SPI-CLK	外扩SPI接口，用于旋转编码器与磁编码器的位置检测
9	SPI-SET	外扩SPI接口，用于旋转编码器与磁编码器的位置检测
10	GND	0V
11	CAN-H	CAN总线的高，可上位机设置波特率(100～500kbps)
12	GND	0V
13	SCI-TX	串行接口通信，通信波特率115200kbps
14	控制量输入A	模拟量控制方式下，A路电机模拟量输入
15	GND	0V
16	+5V	控制信号参考电压
17	空	空引脚
18	GND	0V
19	+5V	控制信号参考电压
20	SPI-SET2	外扩SPI接口，用于旋转编码器与磁编码器的位置检测
21	SPI-MI	外扩SPI接口，用于旋转编码器与磁编码器的位置检测
22	SPI-MO	外扩SPI接口，用于旋转编码器与磁编码器的位置检测
23	+5V	控制信号参考电压
24	CAN-L	CAN总线的低，波特率250kbps
25	SCI-RX	串行接口通信，通信波特率115200kbps

图 4-6　控制端口采用标准 DB25 母座

RC 模式（混合驱动）需要使能 4 端子（可根据客户要求删除）。

（9）端子 8/9/20/21/22　对外扩展 SPI，其功能用于外扩 SPI。若电机位置采用旋转编码器或者磁编码器形式，SPI-CLK、SPI-SET、SPI-SET2、SPI-MO、 SP1-MI 构成针对 A 路旋转编码器和磁编码器位置检测（该功能暂时屏蔽，可通过技术员申请该功能）。

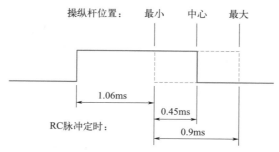

图 4-7　端子 6/7 是 RC 模式下脉宽

六、伺服电机的接线及说明

伺服电机的接线如图 4-8 所示。

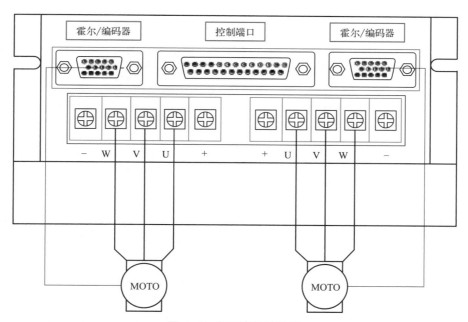

图 4-8　伺服电机的接线

（1）伺服电机相线连接　驱动器输出线 U/V/W 用来连接电机的相线。

　　提示：连接直流伺服电机功率线时需要注意，三根功率线 U/V/W 相必须与驱动器输出的连接相匹配，驱动器两路输出独立，每路有三相，分别接电机的 U 相（黄色）、V 相（绿色）、W 相（蓝色）。

如果连线接反，将导致电机来回颤抖不受控制。

（2）霍尔 / 编码器线的连接　DB15 端子中，8/10 为编码器提供工作电源（+5V），13/14/15 接霍尔 U/V/W，1 ～ 6 接增量编码器的反馈信号 A+/A-/B+/B-/Z+/Z-。

提示：① 如果驱动的电机为无刷电机，则只需 13/14/15 接霍尔 U/V/W，编码器只接 A+/B+ 即可。

② 控制端子的所有外出连接线不要靠近电源端、输出端的导线。

③ 为了减少不必要的电子信号干扰，应尽量缩短控制端子的连线长度，当连线超过 0.5m 时，应使用屏蔽线缆。

七、驱动器工作模式说明

提示：禁止在电机运行时通过 RS-232 串口保存参数，否则严重影响电机的运行。

（1）速度模式　包括速度开环、速度闭环。

❶ 使用速度开环时，驱动器根据控制量的大小实现线性输出，驱动器不去控制电机转速。优点：当供电电压超过电机额定电压时，电机可以短时间运行在额定转速以上。

❷ 使用速度闭环时必须使用外部的编码器作为反馈，来检测电机转子的速度，也可以使用测速电机的模拟信号作为反馈（精度差，不推荐）。该模式下驱动器可以使用模拟信号、脉冲信号、数字信号（使用 RS-232 串口、CAN 总线通信）作为电机转速的控制信号，电机运行状态相同。

提示：驱动器使用速度闭环模式时，出厂设置必须和客户编码器分辨率以及电机负载等匹配，从而调整电机的动态响应的衰减比、最大动态偏差、稳态误差、调节时间、超调量等参数。

（2）位置闭环模式　包括相对位置闭环、绝对位置闭环两种模式。位置闭环模式必须使用外部的增量式编码器来检测转子的位置，从而精确地实现位置控制。

当使用相对位置闭环模式时，可以使用模拟信号和脉冲信号作为控制变量，电机的目标位置与控制变量（电压值、频率、脉宽）的大小呈线性变化，例如模拟信号输入为 5V 时，电机目标位置为最大位置（需出厂设置，与编码器分辨率有关）。控制使能信号，电机可以迅速地在初始位置和目标位置之间往返。电机与外部电位器实现随动控制。

当使用绝对位置闭环模式时，不可以使用模拟信号或脉冲信号作为控制变量，只能使用数字信号。通过 RS-232 串口或 CAN 总线通信的协议，直接把目标位置以及转速等控制变量发送给驱动器。

提示：① 绝对位置闭环模式下，用户可以通过 RS-232 或 CAN 总线控制电机转速。
② 相对位置闭环模式下，最大位置需要出厂设置（参数与编码器有关）。
③ 驱动器使用位置计数闭环模式时，电机最低转速为 1r/min。

八、CAN 总线协议说明

1. 通用配置

❶ 默认波特率：250kbps（可上位机设置 100 ～ 500kbps）。

② 帧格式：扩展帧十六进制。

③ 看门口狗检测周期 1000ms（控制命令间隔不超过 1000ms）。

④ 依据 CANopen 格式，数据采用查询模式。

⑤ 依据 CANopen 格式，有固定心跳，发送相关数据。

⑥ 发送 ID：0x0600000+ 驱动器地址（ID 可通过上位机 18 号设置，出厂默认 1）。

⑦ 反馈 ID：0x0580000+ 驱动器地址。

⑧ 心跳 ID：0x0700000+ 驱动器地址。

⑨ 查询数据返回均为十六进制数，需按顺序转换为十进制数。

⑩ CAN 总线连接后，驱动器会一直发送心跳数据。驱动器接收到指令后会回复。

2. 控制指令说明

● 使能：23　0D 20 01 00 00 00 00（A 路）

23 0D 20 02 00 00 00 00（B 路）

● 返回地址：0x580000+ 驱动器设置地址（返回 ID）

● 数据：60 0D 20 00 00 00 00 00

● 使能：23 0C 20 01 00 00 00 00（A 路）

23 0C 20 02 00 00 00 00（B 路）

● 返回地址：0x580000+ 驱动器设置地址

● 数据：60 0C 20 00 00 00 00 00

● 速度设定：23 00 20 01 DATA_H DATA_H DATA_L DATA_L（A 路）

● 速度设定：23 00 20 02 DATA_H DATA_H DATA_L DATA_L（B 路）

● 返回地址：0x580000+ 驱动器设置地址

● 数据：60 00 20 00 00 00 00 00

● 面对电机轴，逆时针转动（正转），顺时针转动（反转）。

● 速度数值：−10000 −10000（十进制）对应电机负额定转速—正额定转速。

● 速度数值：FF　FF　D8 F0− −00　00　27 10（十六进制）对应电机负额定转速—正额定转速。

● 转矩设定：23　01 20 01 DATA_H DATA_H DATA_L DATA_L（A 路）

● 转矩设定：23 01 20 02 DATA_H DATA_H DATA_L DATA_L（B 路）

● 返回地址：0x580000+ 驱动器设置地址

● 数据：60 01 20 00 00 00 00 00

● 位置设定：23　02　20　01　DATA_H　DATA_H　DATA_L　DATA_L（A 路）

● 位置设定：23　02　20　02　DATA_H　DATA_H　DATA_L　DATA_L（B 路）

● 地址：0x580000+ 驱动器设置地址

● 数据：60　02　20　00　00　00　00 00

● 位置数值：−10000 −10000（十进制）对应电机反转 360°—正转 360°。

● 位置数值：FF FF D8 F0− −00 00 27 10（十六进制）对应电机反转 360°—正转 360°。

3. 查询指令说明

● 电机电流查询：40 00 21 01 00 00 00 00

● 返回地址：0x580000+ 驱动器设置地址

● 数据：60 00 21 01 DATA_H DATA_L DATB_H DATB_L

● DATA_H DATA_L：A 路电流值，返回十六进制，转换十进制即为实际电流值。

- DATB_H DATB_L：B 路电流值，返回十六进制，转换十进制即为实际电流值。
- 故障查询：40 12 21 01 00 00 00 00
- 返回地址：0x580000+ 驱动器设置地址
- 数据：60 12 21 01 DATA_H DATA_L DATB_H DATB_L

DATA_H DATA_L：A 路故障码

DATB_H DATB_L：B 路故障码

 提示：反馈回来的故障码为十六进制数，需转换为二进制数读取。

错误故障码解析：

转换为二进制数，再从右往左数 1 在数据的第几位，则对应故障指示灯所对应的故障。

- 示例：60 12 21 01 00 11 08 11
- A 路故障码：00 11 转换为二进制数：0000 0000 0001 0001
- 对应故障码：15（使能欠压）
- B 路故障码：08 11
- 转换为二进制数：0000 1000 0001 0001
- 对应故障码：15 12（使能欠压电机位置传感器故障）
- 转速查询：40 03 21 01 00 00 00 00
- 返回地址：0x580000+ 驱动器设置地址
- 数据：60 03 21 01 DATA_H_DATA_L_DATB_H DATB_L

DATA_H DATA_L：A 路转速值。

DATB_H DATB_L：B 路转速值。

 提示：返回值为十六进制，转换换位十进制即为实际转速。

- 母线电压查询：40 0D 21 02 00 00 00 00
- 返回地址：0x580000+ 驱动器设置地址
- 数据：60 0D 21 02 00 00 00 DATD（无符号的 16 位数据）

DATD：母线电压值

 提示：返回值为十六进制，转换为十进制即为实际电压值。

- 温度查询：40 0F 21 01 00 00 00 00
- 返回地址：0x580000+ 驱动器设置地址（驱动器温度 A 路电机温度 B 路电机温度）
- 数据：60 0F 21 01 00 DATD DATA DATB

DATD：驱动器温度

DATA：A 路电机温度

DATB：B 路电机温度

 提示：返回值为十六进制，转换为十进制即为实际温度值。

- 转子角度位置查询：40 04 21 01 00 00 00 00（仅位置控制有效，转子位置）

- 返回地址：0x580000+ 驱动器设置地址
- 数据：DATA_A DATA_B

无论编码器线数是多少，在此处查询时都按照 1 圈 10000 脉冲输出。

- 电机转子机械位置：40 04 21 02 00 00 00 00（仅位置控制有效，电机的机械位置）
- 返回地址：0x580000+ 驱动器设置地址
- 数据：DATA_A DATA_B

DATA_A：A 路电机机械角度正负 429496 圈（±429496 圈 ×10000=2^{31}）

DATA_B：B 路电机机械角度正负 429496 圈（±429496 圈 ×10000=2^{31}）

绝对位置模式，可记录电机运转的圈数，此处记录最大 2^{31} 的数据。

- 系统状态查询：40 01 21 01 00 00 00 00
- 返回地址 0x580000+ 驱动器设置地址
- 数据 60 01 21 01 00 00 DATA（无符号的 16 位数据）
- 查询软件版本号：40 01 11 11 00 00 00 00
- 返回地址 0x580000+ 驱动器设置地址
- 数据 60 01 11 11 DATD DATD DATD DATD

DATD DATD DATD DATD：软件版本号

 提示：返回值为十六进制，转换为十进制即为实际版本号。

4. 自动上传心跳数据

- 返回地址：0x00000+ 驱动器设置地址
- 返回指令：8 位十六进制数心跳协议，心跳大概 1s 发送一次数据

A 路电机转速 B 路电机转速 A 路电机电角度 B 路电机电角度

5. CAN 总线控制示例

- 系统默认标幺值为 -10000 -10000，对应负额定转速—正额定转速。
- 对应的十六进制数（0xFFFF D8EF）—（0x0000 2710）
- 控制命令 ID：0x06000001（扩展 ID）

（速度控制命令值 %100）×（设置的最大转速）= 实际转速

示例 1：给定正转转速 300r/min（额定转速设定为 3000r/min）

- 使能：23 0D 20 01 00 00 00 00
- 转速设定：23 00 20 01 00 00 03 E8（0x03E8=1000）

示例 2：给定负转转速 300r/min（额定转速设定为 3000r/min）

- 使能：23 0D 20 01 00 00 00 00
- 转速设定：23 00 20 01 FF FF FC 18（0xFC18=64536）

九、RS-232 串口控制协议说明

1. 串口通用设置

❶ 波特率 115200bps。

❷ 12 位数据。

❸ 一个起始位。

④ 一个停止位。

⑤ 无奇偶校验。

⑥ HEX 收发。

⑦ 看门狗掉线时间检测 1000ms。

2. 控制格式

E0 00 00 00 00 00 00 00 00 00 00 00

数据位定义如下（由高到低）

① E0：数据控制标识符。

② 00：控制字。

控制字	×	×	×	×	×	×	Enable-B	Enable-A

00 为双路使能， 01 为 A 路使能，02 为 B 路使能，03 为双路使能。

③ 00 00　未启用。

④ 00 00 00 00 表示 A 路电机转速输入。

⑤ 00 00 00 00 表示 B 路电机转速输入。

面对电机轴，逆时针转动（正转），顺时针转动（反转）。

速度数值：−10000 −10000（十进制）对应电机负额定转速—正额定转速 。

速度数值：FF FF D8F0− −00 00 27 10（十六进制）对应电机负额定转速—正额定转速。

示例 1：使能 A 路电机，给定正转转速 300r/min（额定转速设定为 3000r/min）

E0 01 00 00 00 00 03 E8 00 00 00 00

示例 2：使能 B 路电机，给定反转转速 300r/min（额定转速设定为 3000r/min）

E0 02 00 00 00 00 00 00 FF FF FC 17

示例 3：使能 A/B 路电机，A 路给定正转转速 300r/min，B 路给定反转转速 300r/min（额定转速设定为 3000r/min）。

E0 03 00 00 00 00 03 E8 FF FF FC 17

3. 查询格式

查询数据为 12 字节，典型数据格式如下：

ED Data1 00 00 00 00 00 00 00 00 00 00

数据位定义如下（由高到低）

① ED：数据查询标识符。

② Data1：查询数据标识。

查询数据标识说明：Datal

0x00——系统控制状态

0x01——A、B 路电机转子位置电角度（0 ～ 1000）

0x02——A、 B 路电机转速（带符号 r/min）

0x03——A、B 路电机绕组电流（正数）

0x04——A、 B 路电机转子机械角度（010000）

0x05——系统控制器电源电压

0x06——控制器电机温度

0x07——A、B 路电机故障状态字

0x08——A、B 路电机转子机械位置（位置控制模式）

0x10——系统软件版本号

4. 查询系统控制状态

- 数据发送：ED 00 00 00 00 00 00 00 00 00 00 00 00
- 驱动反馈：ED 00 3C 10 00 00 00 00 00 00 00 00 00

控制方式	反馈方式	控制方式
1- 模拟量	1- 伺服专用增量编码器	1- 速度模式
2-CAN 总线	2- 霍尔	2- 转矩模式
3-RS-232	3- 磁编码器（未开放）	3- 绝对位置
4-RC 航模	4-SSI 绝对位置编码器（未开放）	4- 相对位置
5-CANopen	5- 旋转变压器	
6- 脉冲控制	7- 霍尔 + 编码器	
7-50Hz 占空比	8- 霍尔闭环	
8-25V 零位控制	9- 霍尔 + 编码器闭环	
9- 四象限 RC 航模	10- 霍尔 + 编码器闭环（U）	
10-CAN 与 RC 自动切换	11- 绝对值编码器（RS-485）	
11-CAN 与 RS-232 自动切换	12- 自适应磁编码器	

当前模式：RS-232 自适应磁编码器　速度模式

5. 查询电机转速（额定转速 3000r/min）

- 数据发送：ED 02 00 00 00 00 00 00 00 00 00 00 00
- 驱动器反馈：ED 02 03 E8 FC 17 00 00 00 00 00 00 00

03 E8：A 路电机正转 300r/min（03E8 转换为十进制数为 1000，对应 10% 的额定转速）

FC 17：B 路电机反转 300r/min（FC17 转换为十进制数为 64535，对应 10% 的额定转速）

6. 电机绕组电流查询

- 数据发送：ED 03 00 00 00 00 00 00 00 00 00 00 00
- 驱动器反馈：ED 03 00 0E 00 08 00 00 00 00 00 00 00

00 0E：A 路电机电流 14A

00 08：B 路电机电流 8A

7. 电机机械角度查询（只针对增量式编码器）

- 数据发送：ED 04 00 00 00 00 00 00 00 00 00 00 00
- 驱动器反馈：ED 04 00 00 4E 20 FF FF 8A CF 00 00

00 00 4E 20：A 路电机当前位置 20000（编码器线数 ×4 倍频 =1 圈）

FF FF 8A CF：B 路电机当前位置 30000（编码器线数 ×4 倍频 =1 圈）

8. 母线电压查询

- 数据发送：ED 05 00 00 00 00 00 00 00 00 00 00 00
- 驱动器反馈：ED 05 32 00 00 00 00 00 00 00 00 00 00
- 当前母线电压：50V

9. 温度查询

- 数据发送：ED 06 00 00 00 00 00 00 00 00 00 00 00
- 驱动器反馈：ED 06 1A 00 00 00 00 00 00 00 00 00 00

1A：驱动器温度 26℃

00：A 路电机温度

00：B 路电机温度

10. 当前故障查询

- 数据发送：ED 07 00 00 00 00 00 00 00 00 00 00 00
- 驱动器反馈：ED 07 00 00 00 00 00 00 00 00 00 00 00

提示：反馈回来的故障码为十六进制数，需转换为二进制数读取。

错误故障码解析：转换为二进制数，再从右往左数 1 在数据的第几位，则对应故障指示灯所对应的故障。

11. 电机转子机械位置查询

- 数据发送：ED 08 00 00 00 00 00 00 00 00 00 00 00
- 驱动器反馈：ED 08 00 00 00 00 00 00 00 00 00 00 00

00 00 00 00：A 路电机转子位置 ±429496 圈（±429496 圈 ×10000=2^{31}）

00 00 00 00：B 路电机转子位置 ±429496 圈（±429496 圈 ×10000=2^{31}）

12. 驱动器软件版本号查询

- 数据发送：ED 10 00 00 00 00 00 00 00 00 00 00 00
- 驱动器反馈：ED 10 01 34 64 E3 00 00 00 00 00 00 00

01 34 64 E3：20210915（当前软件版本号）

- 串口心跳数据（表 4-2）

表4-2　串口心跳数据

EE	00	00	00	00	3C	10	80	01	88	01	1A
起始位	A 路电机转速高位	A 路电机转速低位	B 路电机转速高位	B 路电机转速低位	系统状态高位	系统状态低位	A 路故障字高位	A 路故障字低位	B 路故障字高位	B 路故障字低位	驱动器温度

十、LED 指示灯说明

- LED 长亮：停机或使能状态；
- LED 闪烁 2 次：驱动器过压故障；
- LED 闪烁 3 次：电机硬件过流；

- LED 闪烁 4 次：驱动器正在进行 EEPROM 的烧写或通信过程；
- LED 闪烁 5 次：驱动器欠压故障；
- LED 闪烁 6 次：驱动器主动制动状态；
- LED 闪烁 7 次：软件电流故障；
- LED 闪烁 8 次：参数设置不合理，模式设置错误；
- LED 闪烁 9 次：控制模式错误；
- LED 闪烁 10 次：混合驱动时联动故障；
- LED 闪烁 11 次：驱动器温度故障；
- LED 闪烁 12 次：电机转子位置传感器故障；
- LED 闪烁 13 次：电流传感器硬件故障；
- LED 闪烁 14 次：电机温度保护；
- LED 闪烁 15 次：CAN 总线掉线；
- LED 闪烁 16 次：串口 RS-232 总线掉线。

十一、故障保护及复位

1. 驱动器温度报警

当驱动器温度超过 85℃时，产生驱动器过温报警（指示灯闪烁 11 次），恢复至 75℃后，RC 模式给定速度值为零后自动复位，总线模式需重新使能复位。

当的电机温度超过 120℃时，产生电机过温报警（驱动器闪烁 14 次），恢复至 60℃后 RC 模式给定速度值为零后自动复位，总线模式需重新使能复位。

2. 电流故障报警

软件电流故障（故障灯闪烁 7 次）：当电机绕组电流超过 55A 且时间大于上位机设置的过流时间时，驱动器停止输出并报警，两路电机转速归零后即可复位。

硬件电流故障（故障灯闪烁 3 次）：当电机出现缺相短路等异常情况时，驱动器会报硬件电流故障，此时需要排查设备故障，重新上电即可复位。

3. 过压、欠压故障

当电源电压高于系统设置的过压保护值时，会产生过压报警（故障灯闪烁 2 次），重新使能即可复位。

当电源电压低于系统设置的欠压保护值时，会产生欠压报警（故障灯闪烁 5 次），重新使能即可复位。

十二、PID 调试

为使系统获得理想的控制效果，用户需要根据自己的实际情况调整 PID 参数，如图 4-9 所示，从而改善系统的动态特性。

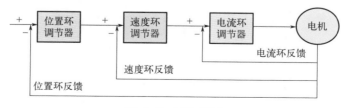

图 4-9 PID 调试

如果是多环调试，应该先调试内环，再调试外环。

1. 速度环 PID 调节

通过与之匹配的上位机调试软件设置相关参数。

示例：

❶ 现象：启动时间长，加负载波动大，停止时间长。

原因及调节方法：PI 参数过小；同时增大 PI 参数数值。

❷ 现象：快速启动，加载后快速调整，快速停止。

原因及调节方法：刚性较好的 PID；无须调节。

❸ 电机振动，速度不稳，速度信号为 0 后，电机振动，无法停止。

原因及调节方法：PI 参数过大；同时减小 PI 参数数值。

2. 转矩环 PID 调节

通过与之匹配的上位机调试软件设置相关参数，调试原理同上。

 提示：当额定转速发生变化时，必须重新调整 PID 参数。

十三、双驱伺服电机驱动器上位机调试软件使用

1. 软件安装

打开上位机如果出现图 4-10 提示，应安装本司插件。

图 4-10　软件安装

具体安装步骤如下：

❶ 双击"双驱伺服上位机插件"，如图 4-11（a）所示。

❷ 单击"下一步"，如图 4-11（b）所示。

单击"完成"即可，如图 4-11（c）所示。

(a)

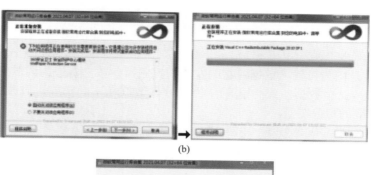

(b)

(c)

图 4-11　双驱伺服上位机插件

十四、参数设置

1. 软件使用主要步骤

打开软件 + 连接串口→修改参数（写数）→参数烧写→断开串口→系统退出→驱动器 1 新上电。如图 4-12 所示。

双驱伺服电机控制器参数调试软件											
序号	参数	RAM	ROM	内存写入	名称	序号	参数	RAM	ROM	内存写入	名称
电机参数						**系统控制参数**					
0001	4	4	4	写数	电机极数	0017	1	1	1	写数	混合/独立
0002	3000	3000	3000	写数	额定转速	0018	1	1	1	写数	系统地址
0003	35	35	35	写数	最大电流	0019	4	4	4	写数	控制方式
0004	2500	2500	2500	写数	编码器线	0020	1	1	1	写数	控制模式
电机控制参数						0021	2	2	2	写数	波特率
0005	.5	.5	.5	写数	电流Kp	0022	12	12	12	写数	位置反馈
0006	.01	.01	.01	写数	电流Ki	0026	0	0	0	写数	双驱方向
0007	1	1	1	写数	速度Kp	0029	0	0	0	写数	霍尔方向
0008	.015	.015	.015	写数	速度Ki	0031	5555	5555	5555	写数	备用
位置伺服控制参数						**保护参数**					
0009	.2	.2	.2	写数	位置Kp	0023	75	75	75	写数	过压
0010	.02	.02	.02	写数	误差系数	0024	25	25	25	写数	欠压
0011	0	0	0	写数	饱和系数	0025	140	140	140	写数	电机温度
0012	.2	.2	.2	写数	系统系数	0027	10	10	10	写数	刹车带后
0014	50	50	50	写数	减速参数	0028	3	3	3	写数	过流时间
速度响应参数						**补偿参数**					
0013	10	10	10	写数	加速时间	0015	0	0	0	写数	位置补偿
0030	10	10	10	写数	减速时间	0016	0	0	0	写数	位置补偿
备用						0000	64000	64000	64000	写数	系统标识
0032	5555	5555	5555	写数	备用	串口	Com4		Combo1		
0041	0	0	0	写数	备用						
0063	64	1000	1	写数	备用	○	断开串口		参数烧写		系统退出

图 4-12　软件使用主要步骤

打开软件，点击"连接串口"按钮，如果通信正常，界面将会读取控制参数和 EEPROM 参数，同时，左上方 LED 灯绿色闪烁，表示参数通信正常。如果控制器在故障状态，应该是 EEPROM 故障，闪 LED 灯 4 下。

图 4-12 的蓝框内为可输入数据，它的左边为控制器参数，右边为读取 EEPROM 里的数据，正确情况时，三个数据一致（相等）。由于软件数据在不断扫描，修改数据时，应快速修改，并点击对应的写数按钮。

例如，需要修改编码器线数，EEPROM 中存的是 2500，需要修改为 1024 线，修改序号 0004 的参数为 1024，同时快速点击对应的"写数"按钮，数据就写入了 RAM 中。确认 1024 不再变化。

可以把 RAM 的数据，烧写到 EEPROM 中，点击右下方"参数烧写"按钮。注意：烧写的过程时间较长，大概 5～8s。

上方 LED 灯变红，下方的"参数烧写"按钮变红，表示正在烧写数据，请等待，观察需要修改的数据，等"参数烧写"按钮恢复，蓝色框内的三个数据一致，且上方 LED 灯变绿色，表示 ROM 的数据重新读到控制中。

至此，控制参数修改结束，点击"断开串口"按钮，点击"系统退出"按钮，重新对控制器上电即可。

2. 其他参数设置步骤相同，同时可以修改多个参数

（1）电机参数（图 4-13）

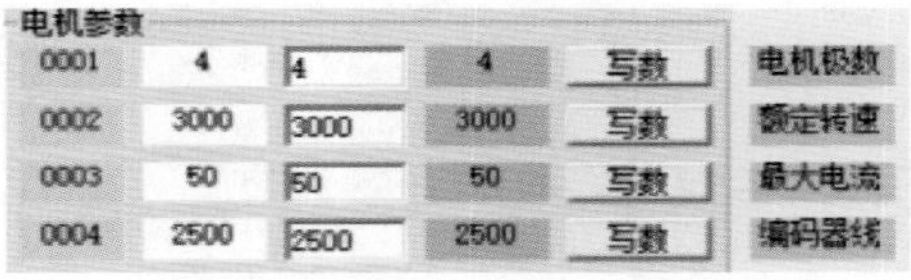

图 4-13　电机参数

0001 电机极数：对应电机极对数，8 代表 4 对极。

0002 额定转速：对应电机的额定转速。

0003 最大电流：驱动器最大连续工作电流。

0004 编码器线：电机所用编码器线数，本司电机默认 2500。

（2）电机控制参数（图 4-14）

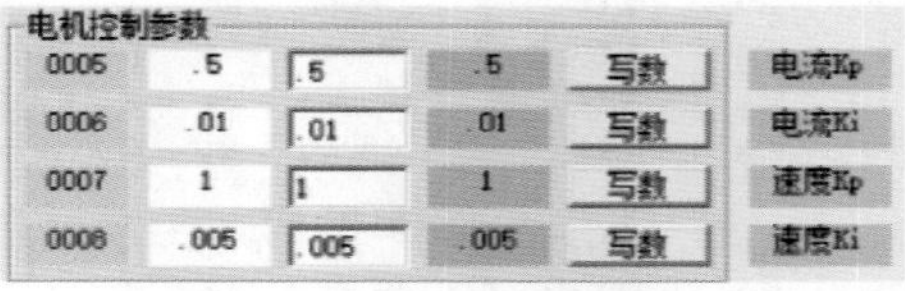

图 4-14　电机控制参数

0005 电流 Kp：控制器电流环 PI 控制的 Kp 参数（典型值 0.5），可以适当修改。

0006 电流 Ki：控制器电流环 PI 控制的 Ki 参数（典型值 0.01），可以适当修改。

0007 速度 Kp：控制器速度环 PI 控制的 Kp 参数（典型值 0.5），可以适当修改（范围一般为 1～3）。

0008 速度 Kp：控制器速度环 PI 控制的 Ki 参数（典型值 0.05），可以适当修改（范围一般是 0.01～0.03）。

（3）位置伺服控制参数（图 4-15）

位置伺服控制参数

0009	.2	.2	.2	写数	位置Kp
0010	.02	.02	.02	写数	误差系数
0011	0	0	0	写数	饱和系数
0012	.2	.2	.2	写数	系统系数
0014	50	50	50	写数	减速参数

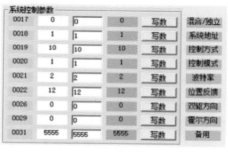

图 4-15　位置伺服控制参数

上述 5 个参数是位置环 PID 控制参数。

（4）速度响应参数（图 4-16）

速度响应参数

0013	30	30	30	写数	加速时间
0030	30	30	30	写数	减速时间

图 4-16　速度响应参数

0013 加速时间：转速控制时加速时间，“30”表示电机由 0 到额定转速的加速时间为 3s。

0030 减速时间：转速控制时减速时间，“30”表示电机由额定转速到 0 转速的减速时间为 3s。

（5）系统控制参数（图 4-17）

系统控制参数

0017	0	0	0	写数	混合/独立
0018	1	1	1	写数	系统地址
0019	10	10	10	写数	控制方式
0020	1	1	1	写数	控制模式
0021	2	2	2	写数	波特率
0022	12	12	12	写数	位置反馈
0026	0	0	0	写数	双驱方向
0029	0	0	0	写数	霍尔方向
0031	5555	5555	5555	写数	备用

图 4-17　系统控制参数

0017 混合 / 独立：双驱控制模式选定，独立控制 =0 和混合联动模式 =1。

0018 系统地址：驱动器 1D 号，该参数在 CAN、CANOpen、EtherCAT 总线中从站用到。

例如：CAN 总线中的 ID：0x580+ 控制器设置地址。

0019 控制方式：

1—模拟量控制

2—CAN 总线控制（可手动切换至 RC 模式，接线板的短路帽拔下为 CAN 总线控制，插上后转换为 RC 模式）

3—串口 RS-232 控制

4—遥控器 RC 控制

5—CANopen 控制

6—频率控制

7—50Hz 占空比控制

8—2.5V 零位控制

9—RC（混控）与 CAN 总线模式（独立）自动切换

提示：选择此选项后 17 号参数设置无效。
（与 26 号参数配合可实现四象限 RC 控制）

10—RC（混控）与 CAN 总线（混控）模式切换

11—CAN 与 RS-232 模式切换

0020 控制模式：

1—速度模式

2—转矩模式

3—绝对位置计数模式

4—相对位置控制模式

0021 波特率：CAN 总线波特率设置。

0—100kbps

1—125kbps

2—250kbps

3—500kbps

0022 位反馈：电机转子位置传感器方式。

1—伺服专用增量式编码器

2—单霍尔传感器开环

7—霍尔和增量编码器开环

8—霍尔闭环

9—霍尔和编码器闭环

10—霍尔和编码器线性闭环

11—绝对位置编码器

12—自适应磁编码器

0026 双驱方向：

0—电机逆时针

1—A 路电机反向

2—B 路电机反向

3—A/B 路电机同时反向

4—四象限控制

5—四象限 +A 路电机反向

6—四象限 +B 路电机反向

7—四象限 +AB 路电机反向

0029 霍尔方向：

0—霍尔正向；

1—霍尔反向

（6）保护参数（图 4-18）

0023/0024 过压设置、欠压设置：电源电压检测，过压与欠压阈值。

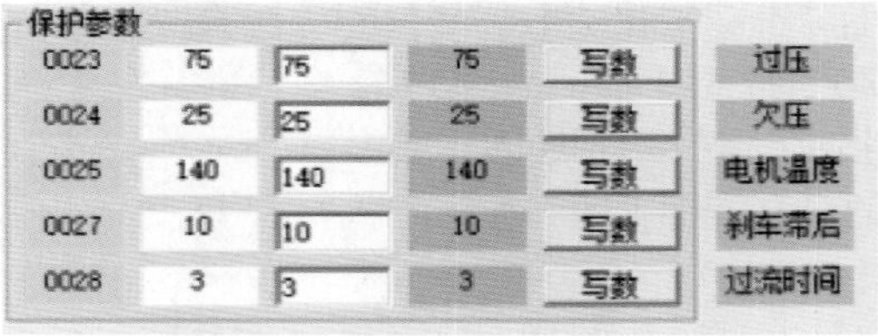

图 4-18　保护参数

RC 模式下，其发生过压、欠压故障时，无须使能，系统电压正常且控制信号归零后，系统自动复位过压、欠压故障。

CAN 总线控制模式下，当发生过压、欠压故障时，需要系统使能方可对驱动器进行控制。对于双驱系统，需要 AB 路同时使能，方可复位过压、欠压故障。

0025 电机温度：电机温度保护设定，最大温度设置为 150℃，缺省设置为 120℃，其故障后，可以通过使能复位。对于双驱系统，需要 AB 路同时使能，方可复位，同时满足电机温度低于 100℃。

0027 刹车滞后：控制器输出，提供了一个制动器的驱动控制，在电机停止后的一段时间，该电路提供通路或者短路，制动器需要外部接电源，该参数为设定电机停止后，停机需要多长时间，制动器电路工作设定 1 ～ 30，对应 0.1 ～ 3s。

0028 过流时间：电流过载时间设置，该参数结合 0003 号参数，当电流超过 0003 号参数设置的电流时，其允许该电流的时间长度设置为 1 ～ 20s。

（7）补偿参数（4-19）

针对位置伺服的一些补偿设置。

图 4-19　补偿参数

第三节 轮毂电机带编码器双路控制器接线与软件应用

一、驱动器功能与接线

1. 驱动器功能

MDR800 是欧拉智造科技有限公司专门针对双驱无刷伺服电机的驱动系统,产品规格如表 4-3 所示,广泛应用于服务机器人、智能小车、AGV、工业机器人等行业。通过给驱动器发送指令,可实现对电机的线速度控制、角速度控制、位置控制、锁轮等。同时驱动器会反馈当前速度、里程、电流、功率等数据到上位机。

❶ 一拖二控制,一个驱动器驱动两台电机。

❷ 支持专门针对 ROS 机器人的线速度 + 角速度控制方式。

❸ 支持传统普通两个电机线速度单独控制。

❹ 支持力矩控制模式、支持内转子与外转子(轮毂)电机。

❺ 支持 RS-232/CAN/TTL/RS-485(全双工)多种通信方式。

❻ 支持编码器接口控制,4096 线情况下组合精度可达 16384。

应用领域:可配送机器人、服务机器人、工业 AGV、伺服控制。

表4-3 MDR800产品规格

名称	规格	备注
产品型号	MDR800	
额定功率	360W*2@25V、540W*2@36V、700W*2@48V	
电压	DC15 ~ 60V	
限制电流	单边 20A	
通信接口	1 路 RS-232 接口	波特率 115200
	1 路 CAN 接口	
	1 路全双工 485 接口	半双工 RS-485 需外接模块
	2 路 PWM 速度输入与 2 路 IO 方向输入	需外加模块
电机控制方式 位置反馈接口	FOC	
	三相霍尔	
	编码器接口	默认增量式编码器
开关	驱动器设有软开关接口,可接急停开关	通电以后必须按一次急停开关并松开,驱动器才能正常工作
LED 指示灯产品尺寸	通电后一个绿色灯常亮,另一个绿色灯闪烁,急停时红色灯亮 长 151mm 宽 97mm 高 52mm	

二、驱动器与电机接线

1. 驱动器接口功能（如图 4-20 所示）

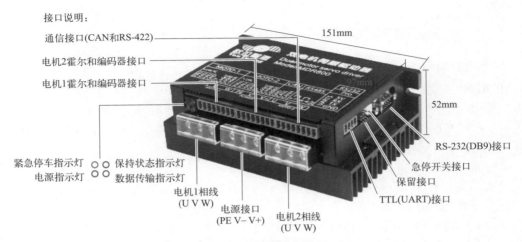

图 4-20　驱动器接口功能

2. 与上位机接线

本机系统 RS-232、RART、RS-422、CAN 这四种接口不能同时使用，出厂前请确认上位机软件 EulerMoto。

上位机软件指的是通过串口（UART 或 RS-232）连接电脑，然后在电脑上查看驱动器的状态并设置驱动器的参数，如图 4-21 所示。

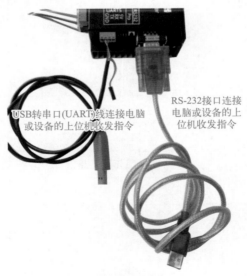

图 4-21　与上位机的连接

可设置的参数包括：驱动器地址、电机转动线速度、机器人行走线速度、机器人行走角速度、刹车、锁轴、线速度 PI、角速度 PI、两轮中心距离、轮子直径、读取参数、保存参数、恢复出厂设置等。

上位机参数页面如图 4-22 所示。

图 4-22 参数设置页面

3. 驱动器与电机接线

驱动器与电机接线如图 4-23 所示。

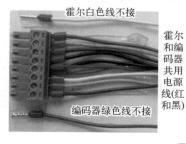

霍尔白色线不接

编码器绿色线不接

霍尔和编码器共用电源线(红和黑)

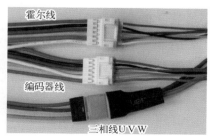

霍尔线

编码器线

三相线UVW

图 4-23

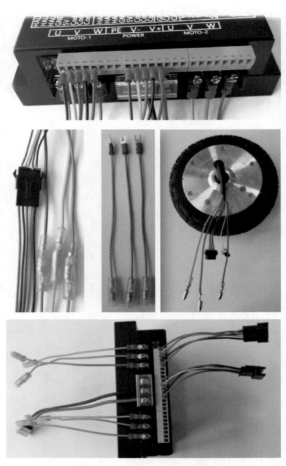

图 4-23　驱动器与电机接线

三、 RS-232、RS-485、CAN、TTL（UART）软件通信应用

通信协议：本驱动器有 RS-232、RS-485、CAN、TTL（UART）共 4 个通信接口，且四个接口都可以控制电机运动，使用中请勿多个通信口同时发送电机运动控制指令，也不要多个口同时发送其他相同的指令到驱动器。控制器的指令分为控制指令和设置指令，控制指令用来驱动电机转动，设置指令用来设置机器参数，一般只要在上电的时候设置一次即可。注意：为安全考虑，以下通信协议里的所有参数设置，本驱动器均不会主动存储，如需要存储参数则要下发存储指令（0x14），如需要取消已经储存的参数则要下发取消存储指令（0x15），下发取消指令后参数自动恢复出厂设置。

1. RS-232 & RS-485 控制

（1）RS-232 & RS-485 & TTL 心跳包（驱动器上传）（50Hz）如表 4-4 所示。

表4-4　RS-232 & RS-485 & TTL心跳包

字节顺序	名称	内容	备注
data[16]	L	电机 2 电流数据低 8 位	

字节顺序	名称	内容	备注
data[17]	H	电机 1 温度数据高 8 位	数据类型：int16（s16） 温度单位：摄氏度
data[18]	L	电机 1 温度数据低 8 位	
data[19]	H	电机 2 温度数据高 8 位	
data[20]	L	电机 2 温度数据低 8 位	
data[21]	H	CPU 温度高 8 位	数据类型：int16（s16） 温度单位：摄氏度
data[22]	L	CPU 温度低 8 位	
data[23]	H	电机时间戳高 8 位	数据类型：uint16（u16） 时间单位：ms
data[24]	L	电机时间戳低 8 位	
data[25]	H	电压数据高 8 位	数据类型：int16（s16） 电压单位：0.1V
data[26]	L	电压数据低 8 位	
data[27]		电机 1 霍尔数据	数据类型：uint8（u8）
data[28]		电机 2 霍尔数据	数据类型：uint8（u8）
data[29]		开关按键数据（按下为 1，松开为 0）	数据类型：uint8（u8）
data[30]		电机 1 状态	数据类型：uint8（u8）//0x01 刹车，0x02 空闲 0x03 运行，0x04 锁轴，0x05 错误
data[31]		电机 2 状态	
data[32]		电机错误类型	数据类型：uint8（u8）// 电机 1 错误类型 　Bit0:1// 霍尔错误 　Bit1:1// 编码器错误 　Bit2:1// 电流过载错误 电机 2 错误类型 　Bit3:1// 霍尔错误 　Bit4:1// 编码器错误 　Bit5:1// 电流过载错误
data[33]		版本号	数据类型：uint8（u8）
data[34]	0xCRC	0xCRC 从包头开 data[0]-data[33] 和校验	数据类型：u8 ubusCK_CRC
data[35]		0xCC	数据类型：u8// 包尾

（2）RS-232&RS-485&TTL 驱动器控制指令（上位机下发）如表 4-5 所示。

表4-5　RS-232 & RS-485 & TTL驱动器控制指令

字节顺序	名称	内容	备注
data[0]		0xAA	u8 udusCK_HEAD1; // 包头 1

字节顺序	名称	内容	备注
data[1]		0x55	u8 udusCK_HEAD2；// 包头 2
data[2]		驱动器的地址 ADDR	u8 地址，默认：0x01
data[3]	CMD	机器人电机运动控制方式选择 0x02：机器整体线速度加旋转角速度方式。 0x03：两个轮子线速度分别单独控制方式	u8 udusCK_CMD；// 命令 CMD
data[4]	LEN	0x04	u8 busCK_DLEN；// 数据长度
data[5]	H	if CMD=0x02：机器人线速度高 8 位 if CMD=0x03：电机 1 线速度高 8 位	数据类型：int16（s16） 线速度单位：mm/s 线速度范围：（-1800mm/s）-（1800mm/s） 角速度单位：0.001rad/s 角速度范围：（-9000rad/s）-（9000rad/s）
data[6]	L	if CMD=0x02：机器人线速度低 8 位 if CMD=0x03：电机 1 线速度低 8 位	
data[7]	H	if CMD=0x02：机器人旋转角速度高 8 位 if CMD=0x03：电机 2 线速度高 8 位	
data[8]	L	if CMD=0x02：机器人旋转角速度低 8 位 if CMD=0x03：电机 2 线速度低 8 位	
data[9]		功能配置位	数据类型：u8 Bit0： 　1：里程计清零； 　0：/ Bit2&Bit1： 　00：进入自由滑行状态（电机停止工作） 　01：进入运行状态 　11：进入刹车状态 　10：锁轴 ……
data[10]	保留		数据类型：u8
data[11]	CRC1	CRC（包头开始到 CRC 前一位）和校验	数据类型：u8 ubusCK_CRC
data[12]		0xCC	数据类型：u8// 包尾

（3）RS-232&RS-485&TTL 驱动器参数设置指令（上位机下发）如表 4-6 所示。

表4-6　RS-232 & RS-485 & TTL驱动器参数设置指令

字节顺序	名称	内容	备注
data[0]		0xAA　// 包头 1	u8 ubusCK_HEAD1
data[1]		0x55　// 包头 2	u8 ubusCK_HEAD2
data[2]	ADDR	驱动器的地址 ADDR	u8 地址，默认：0x01

字节顺序	名称	内容	备注
data[3]	CMD	指令识别，机器人电机运动控制方式选择 0x10：轮直径，轮轴距设置（无反馈数据） 0x11：线速度环 P1 参数设置（无反馈数据） 0x12：角速度环 P1 参数设置（无反馈数据） 0x13：驱动器地址设置（无反馈数据） 0x14：存储参数（无反馈数据） 0x15：取消参数存储，恢复出厂设置（无反馈数据） 0x16：读取电机设置参数（有反馈数据）	数据类型：u8
data[4]	CMD=0x10	数据长度	4
data[5]		轮径高 8 位	数据类型：int16（u16） 轮子直径单位：mm
data[6]		轮径低 8 位	
data[7]		轴径高 8 位	数据类型：int16（u16） 轮子轴距单位：mm
data[8]		轴径低 8 位	
data[9]		0xCRC 从包头开始 data[0]-data[8] 和校验	数据类型：u8
data[10]		0xCC	数据类型：u8// 包尾
data[4]	CMD=0x11	数据长度	4
data[5]		速度环 P 参数高 8 位	数据类型：int16（s16） 无单位
data[6]		速度环 P 参数低 8 位	
data[7]		速度环 i 参数高 8 位	数据类型：int16（s16） 无单位
data[8]		速度环 i 参数低 8 位	
data[9]		0xCRC 从包头开始 data[0]-data[8] 和校验	数据类型：u8
data[10]		0xCC	数据类型：u8// 包尾
data[4]	CMD=0x12	数据长度	4
data[5]		角速度环 P 参数高 8 位	数据类型：int16（s16） 无单位
data[6]		角速度环 P 参数低 8 位	
data[7]		角速度环 i 参数高 8 位	数据类型：int16（s16） 无单位
data[8]		角速度环 i 参数低 8 位	
data[9]		0xCRC 从包头开始 data[0]-data[8] 和校验	数据类型：u8
data[10]		0xCC	数据类型：u8// 包尾

字节顺序	名称	内容	备注
data[4]	CMD=0x13	数据长度	4
data[5]		驱动器新地址	数据类型：u8
data[6]		空闲	数据类型：u8
data[7]		空闲	数据类型：u8
data[8]		空闲	数据类型：u8
data[9]		0xCRC 从包头开始 data[0]-data[8] 和校验	数据类型：u8
data[10]		0xCC	数据类型：u8// 包尾
data[4]	CMD=0x14	数据长度	4
data[5]		空闲	数据类型：u8
data[6]		空闲	数据类型：u8
data[7]		空闲	数据类型：u8
data[8]		空闲	数据类型：u8
data[9]		0xCRC 从包头开始 data[0]-data[8] 和校验	数据类型：u8
data[10]		0xCC	数据类型：u8// 包尾
data[4]	CMD=0x15	数据长度	4
data[5]		空闲	数据类型：u8
data[6]		空闲	数据类型：u8
data[7]		空闲	数据类型：u8
data[8]		空闲	数据类型：u8
data[9]		0xCRC 从包头开始 data[0]-data[8] 和校验	数据类型：u8
data[10]		0xCC	数据类型：u8// 包尾
data[4]	CMD=0x16	数据长度	4
data[5]		空闲	数据类型：u8
data[6]		空闲	数据类型：u8
data[7]		空闲	数据类型：u8
data[8]		空闲	数据类型：u8
data[9]		0xCRC 从包头开始 data[0]-data[8] 和校验	数据类型：u8
data[10]		0xCC	数据类型：u8// 包尾

（4）RS-232&RS-485&TTL 反馈数据（驱动器上传）（CMD=0x16）如表 4-7 所示。

表4-7　RS-232&RS-485&TTL反馈数据

字节顺序	名称	内容	备注
data[0]	Head1	0xB8　// 包头 1	u8 ubusCK_HEAD1
data[1]	Head2	0xB8　// 包头 2	u8 ubusCK_HEAD2
data[2]	ADDR	驱动器的地址 ADDR	u8 地址，默认：0x01
data[3]	CMD	0x16	数据类型：u8
data[4]	len	14	长度
data[5]	H	轮径高 8 位	数据类型：u8// 轮子直径单位：mm
data[6]	L	轮径低 8 位	数据类型：u8
data[7]	H	轴距高 8 位	数据类型：u8// 两轮之间轴距单位：mm
data[8]	L	轴距低 8 位	数据类型：u8
data[9]	H	速度环 P 参数高 8 位	数据类型：int16（s16）
data[10]	L	速度环 P 参数低 8 位	数据类型：int16（u16）
data[11]	H	速度环 i 参数高 8 位	
data[12]	L	速度环 i 参数低 8 位	
data[13]	H	角速度环 P 参数高 8 位	数据类型：int16（s16）
data[14]	L	角速度环 P 参数低 8 位	
data[15]	H	角速度环 i 参数高 8 位	数据类型：int16（s16）
data[16]	L	角速度环 i 参数低 8 位	
data[17]	U8	空闲	数据类型：u8
data[18]	U8	空闲	
data[19]	CRC1	0xCRC 从 包头开 data[0]-data[18] 和校验	u8 ubusCK_CRC；// 包尾 2
data[20]		0xCC	

2. 驱动器 CAN 应用设置

本驱动器使用的是 500kbps 的通信速率，使用的是 IS011898 标准，通信速率为 125kbps，1Mbps 的高速通信标准。

（1）CAN 通信协议参数设置如表 4-8 所示。

表4-8　CAN通信协议参数设置

字节顺序	名称	内容	备注
data[0]	CAN 使用标准	ISO11898 标准	

字节顺序	名称	内容	备注
data[1]	CAN 通信速率	波特率为：500kbps	32M/((7+8+1)*4)=500kbps
data[2]	CAN 的速率相关设置	tsjw：重新同步跳跃时间单元：1	CAN_SJW_1tq
data[3]		tbs2：时间段 2 的时间单元	CAN_BS2_7tq
data[4]		tbs1：时间段 1 的时间单元	CAN_BS1_8tq
data[5]		brp：波特率分频器	4
data[6]	CAN 模式设置	普通模式	CAN_Mode_Normal
data[7]	CAN 单元设置	设置为：非时间触发通信模式	CAN_TTCM=DISABLE
data[8]		设置为：软件自动离线管理	CAN_ABOM=DISABLE
data[9]		设置为：睡眠模式通过软件唤醒	CAN_AWJM=DISABLE
data[10]		设置为：禁止撰文自动传送	CAN_NART=ENABLE
data[11]		设置为：撰文不锁定，新的覆盖旧的	CAN_RFLM=DISABLE
data[12]		设置为：优先级由报文标识符决定	CAN_TXFP=DISABLE
data[13]		设置为：模式设置 mode：0，普通模式	CAN_Mode=CAN_Mode_Normal
data[14]	CAN 数据发送设置（发送一个数据包：8字节）	设置为：标准标识符：0x12	TxMessage.StdId=0x12
data[15]		设置扩展标识符：0x12	TxMessage.ExtId=0x12
data[16]		设置为：标准帧	TxMessage.IDE=CAN_Id_Standard
data[17]		设置为：数据帧	TxMessage.RTR=CAN_RTR_Data
data[18]		设置要发送的数据长度：8	TxMessage.DLC=8
data[19]		要发送的数据内容 can_data[8]	TxMessage.Data[i]=can_data[i]
data[20]	CAN 数据接收	帧 ID	帧 ID= 驱动器的地址 ADDR

CAN 数据发送包内容：因为 CAN 数据包每包只能发送 8 字节数据，所以发送时需要分成多包数据发送。

（2）CAN 心跳包（驱动器上传）（50Hz）（需要发送 6 包 CAN 数据）如表 4-9 所示。

表4-9　CAN心跳包

字节顺序	名称	内容	备注
data[0]		0xB1	u8// 表示第一包数据

字节顺序	名称	内容	备注
data[1]		0xAA	u8 ubusCK_HEAD1; // 包头 1
data[2]		0x55	u8 ubusCK_HEAD2; // 包头 2
data[3]	ADDR	驱动器地址 ADDR	u8，地址，默认：0x01
data[4]	CMD	0xB1	u8 ubusCK_CMD; // 命令 CMD 表示心跳包
data[5]	LEN	0x29	u8 ubusCK_DLEN; // 数据长度
data[6]	H	电机 1 编码器数据高 8 位	数据类型：uint16（u16）
data[7]	L	电机 1 编码器数据低 8 位	编码器单位：累计计数值
data[0]		0xB2	u8// 表示第二包数据
data[1]	H	电机 2 编码器数据高 8 位	数据类型：uint16（u16）
data[2]	L	电机 2 编码器数据低 8 位	编码器单位：累计计数值
data[3]	H	电机 1 速度数据高 8 位	
data[4]	L	电机 1 速度数据低 8 位	数据类型：int16（s16）
data[5]	H	电机 2 速度数据高 8 位	速度单位：mm/s
data[6]	L	电机 2 速度数据低 8 位	
data[7]	H	电机 1 电流数据高 8 位	数据类型：int16（s16）电流单位：0.1A
data[0]		0xB3	u8// 表示第三包数据
data[1]	L	电机 1 电流数据低 8 位	数据类型：int16（s16）
data[2]	H	电机 2 电流数据高 8 位	电流单位：0.1A
data[3]	L	电机 2 电流数据低 8 位	
data[4]	H	电机 1 温度数据高 8 位	
data[5]	L	电机 1 温度数据低 8 位	数据类型：int16（s16）
data[6]	H	电机 2 温度数据高 8 位	温度单位：摄氏度
data[7]	L	电机 2 温度数据低 8 位	
data[0]		0xB4	u8// 表示第四包数据
data[1]	H	CPU 温度高 8 位	数据类型：int16（s16）
data[2]	L	CPU 温度低 8 位	温度单位：摄氏度
data[3]	H	电机时间数据高 8 位	数据类型：uint16（u16）
data[4]	L	电机时间数据低 8 位	时间单位：ms
data[5]	H	电压数据高 8 位	数据类型：int16（s16）
data[6]	L	电压数据低 8 位	电压单位：0.1V

第四章 典型控制器接线与应用检修

字节顺序	名称	内容	备注
data[7]		电机 1 霍尔数据	数据类型：uint8（u8）
data[0]		0xB5	u8// 表示第五包数据
data[1]		电机 2 霍尔数据	数据类型：uint8（u8）
data[2]		开关按键数据（按下为 1，松开为 0）	数据类型：uint8（u8）
data[3]		电机 1 状态	数据类型：uint8（u8）//0x01 刹车，0x02 空闲
data[4]		电机 2 状态	0x03 运行，0x04 锁轴，0x05 错误
data[5]		电机错误类型	数据类型：uint8（u8）// 电机 1 错误类型 　Bit0:1// 霍尔错误 　Bit1:1// 编码器错误 　Bit2:1// 电流过载错误 电机 2 错误类型 　Bit3:1// 霍尔错误 　Bit4:1// 编码器错误 　Bit5:1// 电流过载错误
data[6]		版本号	数据类型：uint8（u8）
data[7]	0xCRC	0xCRC 去除 0xB1，0xB2，0xB3，0xB4，0xB5，0xB6 和校验（和 RS-232 校验一样）	数据类型：u8 ubusCK_CRC
data[0]		0xB6	u8// 表示第六包数据
data[1]		0xCC	数据类型：u8// 包尾
data[2]		空闲	数据类型：u8
data[3]		空闲	数据类型：u8
data[4]		空闲	数据类型：u8
data[5]		空闲	数据类型：u8
data[6]		空闲	数据类型：u8
data[7]		空闲	数据类型：u8

（3）CAN 驱动器控制指令（上位机下）（需要发送 2 包 CAN 数据）如表 4-10、表 4-11 所示。

第一包：

表4-10　CAN驱动器控制指令（一）

字节顺序	名称	内容	备注
data[0]		0xA1	u8// 表示 can 发送第一包数据

字节顺序	名称	内容	备注
data[1]		0xAA	u8 ubusCK_HEAD1; // 包头 1
data[2]		0x55	u8 ubusCK_HEAD2; // 包头 2
data[3]		驱动器的地址 ADDR	
data[4]	CMD	机器人电机运动控制方式选择 0x02：机器整体线速度加旋转角速度方式 0x03：两个轮子线速度分别单独控制方式	u8 地址，默认：0x01 u8 ubusCK_CMD; // 命令 CMD
data[5]	LEN	0x04	u8 ubusCK_DLEN; // 数据长度
data[6]	H	if CMD=0x02：机器人线速度高 8 位 if CMD=0x03：电机 1 线速度高 8 位	数据类型：int16（s16） 线速度单位：mm/s
data[7]	L	if CMD=0x02：机器人线速度低 8 位 if CMD=0x03：电机 1 线速度低 8 位	线速度范围：（-1800mm/s）-（1800mm/s） 角速度单位：0.001rad/s 角速度范围：（-9000rad/s）-（9000rad/s）

第二包：

表4-11　CAN驱动器控制指令（二）

字节顺序	名称	内容	备注
data[0]		0xA2	u8// 表示 can 发送第二包数据
data[1]	H	if CMD=0x02：机器人旋转角速度高 8 位 if CMD=0x03：电机 2 线速度高 8 位	数据类型：int16（s16） 线速度单位：mm/s
data[2]	L	if CMD=0x02：机器人旋转角速度低 8 位 if CMD=0x03：电机 2 线速度低 8 位	线速度范围：（-1800mm/s）-（1800mm/s） 角速度单位：0.001rad/s 角速度范围：（-9000rad/s）-（9000rad/s）
data[3]		功能配置位	数据类型：u8 Bit0: 　1：里程计清零； 　0：/ Bit2&Bit1: 　00：进入自由滑行状态（电机停止工作） 　01：进入运行状态 　11：进入刹车状态 　10：锁轴
data[4]	保留		…… 数据类型：u8
data[5]		ORC 去除 0xA1 和 0xA2 校验（和前面 RS-232 校验方式一样）	数据类型：u8 ubusCK_CRC

字节顺序	名称	内容	备注
data[6]		0xCC	数据类型：u8// 包尾
data[7]		空闲	数据类型：u8

（4）CAN 驱动器参数设置指令（上位机下）（需要发送 2 包 CAN 数据）如表 4-12、表 4-13 所示。

第一包：

表4-12　CAN驱动器参数设置指令（一）

字节顺序	名称	内容	备注
data[0]		0xA1	u8// 表示 can 发送第一包数据
data[1]		0xAA　// 包头 1	u8 ubusCK_HEAD1
data[2]		0x55　// 包头 2	u8 ubusCK_HEAD2
data[3]	ADDR	驱动器的地址 ADDR	u8 地址，默认：0x01
data[4]	CMD	指令识别，机器人电机运动控制方式选择 0x10：轮直径，轮轴距设置（无反馈数据） 0x11：线速度环 P1 参数设置（无反馈数据） 0x12：角速度环 P1 参数设置（无反馈数据） 0x13：驱动器地址设置（无反馈数据） 0x14：存储参数（无反馈数据） 0x15：取消参数存储，恢复出厂设置（无反馈数据） 0x16：读取电机设置参数（有反馈数据）	数据类型：u8
data[5]		数据长度	4
data[6]	cmd=0x10	轮径高 8 位	数据类型：int16（u16） 轮子直径单位：mm
data[7]		轮径低 8 位	
data[5]		数据长度	4
data[6]	cmd=0x11	速度环 P 参数高 8 位	数据类型：int16（s16） 无单位
data[7]		速度环 P 参数低 8 位	
data[5]		数据长度	4
data[6]	cmd=0x12	角速度环 P 参数高 8 位	数据类型：int16（s16） 无单位
data[7]		角速度环 P 参数低 8 位	
data[5]		数据长度	4
data[6]	cmd=0x13	驱动器新地址	数据类型：u8
data[7]		空闲	数据类型：u8

字节顺序	名称	内容	备注
data[5]		数据长度	4
data[6]	cmd=0x14	空闲	数据类型：u8
data[7]		空闲	数据类型：u8
data[5]		数据长度	4
data[6]	cmd=0x15	空闲	数据类型：u8
data[7]		空闲	数据类型：u8
data[5]		数据长度	4
data[6]	cmd=0x16	空闲	数据类型：u8
data[7]		空闲	数据类型：u8

第二包：

表4-13　CAN驱动器参数设置指令（二）

字节顺序	名称	内容	备注
data[0]		0xA2	u8// 表示 can 发送第二包数据
data[1]	cmd=0x10	轴距高 8 位	数据类型：int16（u16）轮子轴距单位：mm
data[2]		轴距低 8 位	
data[1]	cmd=0x11	速度环 i 参数高 8 位	数据类型：int16（s16）无单位
data[2]		速度环 i 参数低 8 位	
data[1]	cmd=0x12	角速度环 i 参数高 8 位	数据类型：int16（s16）无单位
data[2]		角速度环 i 参数低 8 位	
data[1]	cmd=0x13	空闲	数据类型：u8
data[2]		空闲	数据类型：u8
data[1]	cmd=0x14	空闲	数据类型：u8
data[2]		空闲	数据类型：u8
data[1]	cmd=0x15	空闲	数据类型：u8
data[2]		空闲	数据类型：u8
data[1]	cmd=0x16	空闲	数据类型：u8
data[2]		空闲	数据类型：u8
data[3]		0xCRC　去除 0xA1，0xA2 和校验（和 RS-232 校验一样）	数据类型：u8
data[4]		0xCC	数据类型：u8// 包尾

字节顺序	名称	内容	备注
data[5]		空闲	
data[6]		空闲	
data[7]		空闲	

（5）CAN 反馈数据（驱动器上传）（需要发送 3 包 CAN 数据）如表 4-14 所示。

表4-14　CAN反馈数据

字节顺序	名称	内容	备注
data[0]		0xB1	u8// 表示第一包数据
data[1]	Head1	0xBB　//包头 1	u8 ubusCK_HEAD1
data[2]	Head2	0xBB　//包头 2	u8 ubusCK_HEAD2
data[3]	ADDR	驱动器的地址 ADDR	u8 地址，默认：0x01
data[4]	CMD	0x16	数据类型：u8
data[5]	len	14	长度
data[6]	H	轮径高 8 位	数据类型：u8// 轮子直径单位：mm
data[7]	L	轮径低 8 位	数据类型：u8
data[0]		0xB2	u8// 表示第二包数据
data[1]	H	轴距高 8 位	数据类型：u8// 两轮之间轴距单位：mm
data[2]	L	轴距低 8 位	数据类型：u8
data[3]	H	速度环 P 参数高 8 位	数据类型：int16（s16）
data[4]	L	速度环 P 参数低 8 位	
data[5]	H	速度环 i 参数高 8 位	数据类型：int16（u16）
data[6]	L	速度环 i 参数低 8 位	
data[7]	H	角速度环 P 参数高 8 位	数据类型：int16（s16）
data[0]		0xB3	u8// 表示第三包数据
data[1]	L	角速度环 P 参数低 8 位	数据类型：int16（s16）
data[2]	H	角速度环 i 参数高 8 位	数据类型：int16（s16）
data[3]	L	角速度环 i 参数低 8 位	
data[4]	U8	空闲	数据类型：u8

字节顺序	名称	内容	备注
data[5]	U8	空闲	
data[6]	CRC1	0xCRC 去除 0xB1，0xB2，0xB3 和校验（和 RS-232 校验一样）	u8 ubusCK_CRC；// 包尾 2
data[7]		0xCC	

 第四节　多种输入控制带编码器双路无刷电机控制器接线与软件应用

　　SVD48 系列驱动器是深圳弦动科技公司设计的一种多路控制、可配用多种带霍尔和不带霍尔电机的驱动器，是应用比较广泛的驱动器之一，根据功率不同有 48V30A/48V50A 驱动器。SVD48 系列适用于各种中小型自动化设备及机器人运输车等。

一、功能与接线

1. 硬件参数指标与功能接口

（1）硬件参数指标　　如表 4-15 所示。

表4-15　SVD48硬件参数指标

型号	SVD48V30A	SVD48V50A
工作电压	24 ～ 48VDC	24 ～ 48VDC
最大输入持续电流	20A	30A
输出最高 Iq 电流	30A	50A
适配电机功率	100~400W	400 ～ 800W
最低转速支持	1.0r/min	
最小工作电压	18V	
最大工作电压	60V	
过压保护阈值	软件设定	
控制模式	转速模式、位置模式、力矩模式	
控制接口	RS-485、RS-232、CAN、PWM、模拟输入	
上位机支持	SV-Config 上位机，RS-232 接口	
编码器输入	HALL 类型、A/B+HALL 类型、支持弦动科技自定义 RS-485 接口磁编码器	
工作环境温度	-20 ～ +55℃	
外形尺寸	143mm × 80mm × 33mm	

（2）接口功能　　如图 4-24 所示。

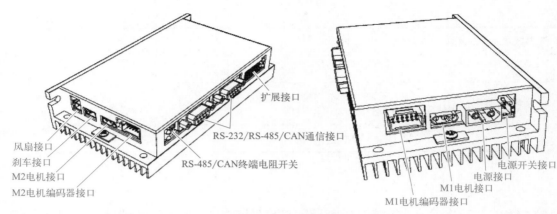

风扇接口
刹车接口
M2电机接口
M2电机编码器接口

扩展接口
RS-232/RS-485/CAN通信接口
RS-485/CAN终端电阻开关

电源开关接口
电源接口
M1电机接口
M1电机编码器接口

图 4-24　接口功能

❶ 电源接口如图 4-25 所示。

电源接口为 AMASS XT60，注意电源极性。

❷ 电机线接口如图 4-26 所示。

序号	标示	名称	备注
1	GND	输入电源负极	电源输入18～60V
2	VCC	输入电源正极	

序号	标示	名称	备注
1	U	电机动力线U	电机线接口接线顺序必须正确，否则启动会出现过载保护或者飞车现象
2	V	电机动力线V	
3	W	电机动力线W	

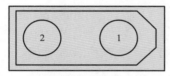

图 4-25　电源接口

图 4-26　电机线接口

电机线接口为 AMASS XT30，注意电机线序。

❸ 编码器接口如图 4-27 所示。

编码器接口为 HPB-2X6 连接器，支持 HALL 类型输入；支持 AB+HALL 类型的绝对光编码器输入；支持软件更改为弦动科技自定义的 RS-485 接口编码器输入。

序号	标示	名称	备注
1	A	编码器A相输入	AB编码器输入
2	NC		
3	B	编码器B相输入	
4	GND		
5	Z+(RS-485A)	光编码器Z相正输入	可以单独软件选择RS-485输入的磁编码器
6	Z-(RS-485B)	光编码器Z相负输入	
7	HU	霍尔U相输入	三相霍尔信号输入
8	HV	霍尔V相输入	
9	HW	霍尔W相输入	
10	TEMP	电机温度线	
11	5V	输出电源+5V	所有对外5V电源总限流1A
12	GND	输出电源地	

图 4-27　编码器接口

❹ 扩展接口如图 4-28 所示。

序号	标示	名称	备注
1	D1	下载口	
2	D2	下载口	
3	GND	输出电源地	输入电压范围：0～5V
4	TXD	TTL接口发送端	高电平3.3V，低电平0V
5	RXD	TTL接口接收端	高电平3.3V，低电平0V
6	GND	输出电源地	输入电压范围：0～5V
7	AN2	模拟输入端口2	输入电压范围：0～5V
8	5V	输出电源+5V	输入电压范围：0～5V
9	GND	输出电源地	
10	AN1	模拟输入端口1	输入电压范围：0～5V
11	5V	输出电源+5V	输入电压范围：0～5V
12	GND	输出电源地	
13	P4	PPM输入4通道	内部下拉
14	EMS	紧急停止	内部上拉，接地有效
15	GND	输出电源地	输入电压范围：0～5V
16	P3	PPM输入3通道	内部下拉
17	5V	输出电源+5V	输入电压范围：0～5V
18	GND	输出电源地	
19	P2	PPM输入2通道	内部下拉
20	5V	输出电源+5V	输入电压范围：0～5V
21	GND	输出电源地	
22	P1	PPM输入1通道	内部下拉
23	5V	输出电源+5V	输入电压范围：0～5V
24	GND	输出电源地	

图 4-28　扩展接口

注：所有对外 5V 电源总限流 1A，扩展接口为 PHB-2x8 连接器

❺ 通信接口如图 4-29 所示。

通信接口为两个 DB9 连接器母头。兼容不带流控的 RS-232 DB9 引脚，使用标准的不带流控的 RS-232 串口线即可直接连接 RS-232 接口进行通信。两个 DB9 信号完全一致，用户可以使用一个 DB9 连接控制主机，另一个可以采用菊花链方式扩展多个驱动器使用。

❻ 风扇预留接口如图 4-30 所示。

序号	标示	名称	备注
1	RS-485B	RS-485通信B信号	RS-485通信接口
2	RS-232_TXD	RS-232发送	RS-232通信接口，支持RS-232 DB9公头头直插。注意：如果使用了带流控的RS-232接头，RS-485将不能使用
3	RS-232_RXD	RS-232接收	
4	NC	NC	NC
5	DGND	输出电源地	所有对外5V电源总限流1A
6	5V	输出电源+5V	
7	RS-485A	RS-485通信A信号	RS-485通信接口
8	CANH	CANH信号	CAN通信接口
9	CANL	CANL信号	

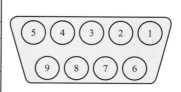

图 4-29　通信接口

❼ 刹车控制预留接口如图 4-31 所示。

刹车接口为 AMASS XT30，注意电源极性。

序号	标示	名称	备注
1	VOUT	风扇5V输出	如果有散热需求，可以外接5V风扇，增加大负载驱动能力
2	GND	电源地	

序号	标示	名称	备注
1	GND	输出负极	电压可调
2	VCC	输出正极	

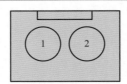

图 4-30　风扇接口

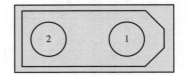

图 4-31　电源接口

❽ 拨码开关如图 4-32 所示。

2. 系统接线与功能改制

（1）系统接线　如图 4-33 所示。

（2）开环功能改制　控制器在不使用启动开关时可以用如下改制方法：V3 版本硬件不使用开关来上电时，可以将绿色方框里的两个焊盘焊在一起，电源接口有电压驱动器即上电不需要开关，如图 4-34 所示。

序号	标示	名称	备注
1	ON	连接RS-485终端电阻	往上拨开关则断开终端电阻；往下拨开关则连接终端电阻
	OFF	断开RS-485终端电阻	
2	ON	连接CAN终端电阻	
	OFF	断开CAN终端电阻	

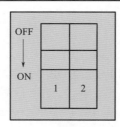

图 4-32　拨码开关

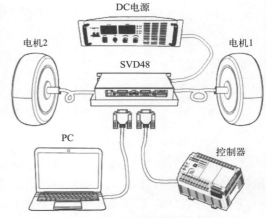

图 4-33　系统接线示意图

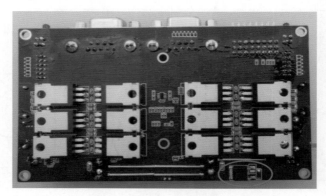

图 4-34　电源接口有电压驱动器上电不需要开关

不需要开关则驱动器出厂就会将这两个焊盘焊在一起，如图 4-35 所示。

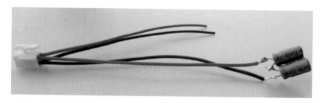

图 4-35　不需要开关驱动器将两个焊盘焊在一起

把开关用一个耐压值为 63V 以上、容值为 10μF 的电容来替代，或者用两个耐压值为 63V 以上、容值为 22μF 的电容串联起来来替代，也可以做到电源接口有电压驱动器即上电、电源接口无电压即断电的效果。

该方法为通用方法，不区分硬件版本号。图 4-35 为手工制作，联系相关商家定制则相对美观小巧。

二、软件的配置与安装

1. 配置要求

（1）硬件环境　运行的硬件环境：CPU：奔腾双核 2.0GHz 以上，内存：4GB 以上，硬盘空间：40GB 以上。

（2）软件环境　运行软件环境：Windows7 以上。

2. 软件安装

解压软件包如图 4-36 所示。

config	2021/11/8 15:38	文件夹
iconengines	2021/9/15 12:51	文件夹
imageformats	2021/9/15 12:51	文件夹
Log	2024/3/18 9:12	文件夹
platforms	2021/9/15 14:26	文件夹
printsupport	2022/3/15 10:28	文件夹
styles	2021/9/15 12:51	文件夹
concrt140.dll	2021/5/6 9:28	应用程序扩展	310 KB
D3Dcompiler_47.dll	2014/3/11 18:54	应用程序扩展	4,077 KB
libEGL.dll	2021/5/18 20:48	应用程序扩展	28 KB
libGLESV2.dll	2021/5/18 20:48	应用程序扩展	3,495 KB
msvcp140.dll	2021/5/6 9:28	应用程序扩展	577 KB
msvcp140_1.dll	2021/5/6 9:28	应用程序扩展	31 KB
msvcp140_2.dll	2021/5/6 9:28	应用程序扩展	189 KB
msvcp140_codecvt_ids.dll	2021/5/6 9:28	应用程序扩展	27 KB
opengl32sw.dll	2016/6/14 20:00	应用程序扩展	20,433 KB
Qt5Core.dll	2022/3/15 10:28	应用程序扩展	5,840 KB
Qt5Gui.dll	2021/5/18 20:47	应用程序扩展	6,351 KB
Qt5Network.dll	2021/5/18 20:47	应用程序扩展	1,309 KB
Qt5OpenGL.dll	2021/5/18 20:47	应用程序扩展	326 KB
Qt5PrintSupport.dll	2021/5/18 20:47	应用程序扩展	321 KB
Qt5SerialBus.dll	2021/5/19 12:46	应用程序扩展	212 KB
Qt5SerialPort.dll	2021/5/19 12:42	应用程序扩展	88 KB
Qt5Svg.dll	2021/5/19 12:43	应用程序扩展	337 KB
Qt5Widgets.dll	2021/5/18 20:47	应用程序扩展	5,446 KB
SV-Config	2022/7/18 11:29	应用程序	5,566 KB
vccorlib140.dll	2021/5/6 9:28	应用程序扩展	330 KB
vcruntime140.dll	2021/5/6 9:28	应用程序扩展	99 KB
vcruntime140_1.dll	2021/5/6 9:28	应用程序扩展	44 KB

图 4-36　解压软件包

3. 软件运行

直接双击运行解压包中 SV-Config.exe 即可运行程序。

4. 软件界面

软件的界面由菜单栏、工具栏、功能区、功能显示区、控制区、驱动器状态区和状态栏组成，如图 4-37 所示。

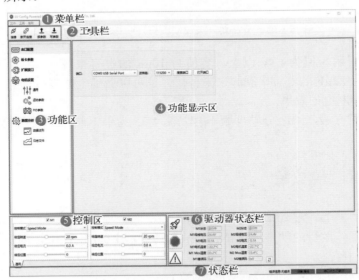

图 4-37　软件界面

5. 软件使用说明

使用之前应确保控制器和电机连接正确，确保供电电压在规定范围之内。安全起见，初次上电调试时应将轮毂电机脱离地面，保持电机悬空状态。使用 RS-232 串口线将驱动器连接 PC（计算机），然后给驱动器上电（根据匹配电机情况选择 24V 或 48V）。

（1）菜单栏

❶ 加载参数配置，导入驱动器的参数配置文件。

❷ 保存参数配置，导出当前驱动器的参数到文件。

❸ 语言，支持中文、英文切换，切换语言后需要重启程序才能生效。

❹ 退出，正常退出程序。

（2）工具栏

❶ 串口连接，在打开过一次串口后，可以通过该按钮快速打开串口。

❷ 断开连接，关闭串口。

❸ 读参数，从驱动器中读取所有参数。

❹ 写参数，将上位机 SV-Config 的所有参数写入到驱动器。注意：参数必须停止电机后再写入。

（3）状态栏　状态栏包括驱动器错误状态、设备连接状态、串口连接状态三部分。

三、连接设备与参数设置

1. 串口连接

PC 端打开 SV-Config，选择对应的串口号，波特率选择 115200bps，然后打开串口。如

图 4-38 所示。

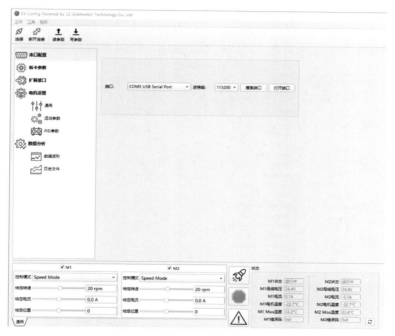

图 4-38　串口连接

点打开端口按钮，设备连接上后，状态栏的状态信息会实时刷新。

错误信息：无错误设备；在线串口状态：已连接。

2. 导入配置参数

我们提供的出厂参数配置文件，也可以导入用户之前导出的配置文件。导入配置文件的参数会更新到设置值列表，但是并没有下发保存到驱动器，修改好设置值后，可以直接通过"写参数"按钮保存参数到驱动器，如图 4-39 所示。

图 4-39　保存参数到驱动器

3. 板卡参数

功能区选择板卡参数，配置 CAN/RS-485 通信地址 Slaveid，分别配置 RS-485 和 CAN 波特率。设置过压保护电压、欠压保护电压，以及控制接口类型。驱动器上电时如果供电电压不在过压保护电压和欠压保护电压范围内则会报错。如图 4-40 所示。

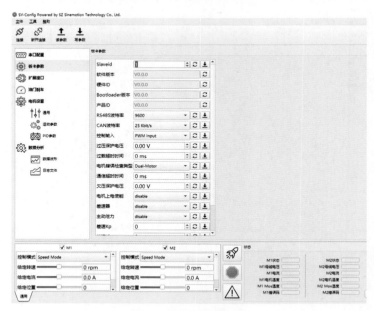

图 4-40　板卡参数

4. 电机参数在软件中的设置

（1）通用参数　检查电机和编码器各项信息是否正确。

电机最大转速：根据所选电机的最高转速以及用户所需的最高转速修改，给定速度不允许大于电机最高转速。

电机最大电流：这里指的是驱动器可以驱动电机的最大电流，一般对应电机的最大峰值电流，电流越大，电机峰值转矩就越大。可以设置的最大电流不能超过驱动器型号规定的最大电流。

电机方向：电机运动方向。

传感器类型：支持编码器、霍尔、弦动编码器。

从动和主动齿轮数：支持配置减速比，给电机设置的速度为经过减速比后的速度，如图 4-41 所示。

（2）电机编码器参数　如图 4-42 所示。

编码器线数/位数：光编码器是线数，磁编码器是位数。

（3）电机霍尔参数　如图 4-43 所示。

在下方有电机勾选项，勾选后才会进行校准。

霍尔校准流程：

a. 参数全都设置完成后才可以进行校准。

b. 选择霍尔安装类型。

c. 设置校准电流的大小，以电机是否均匀转动为准。

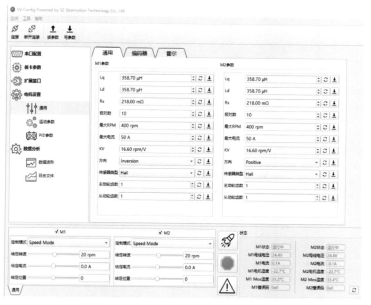

图 4-41　从动和主动齿轮数

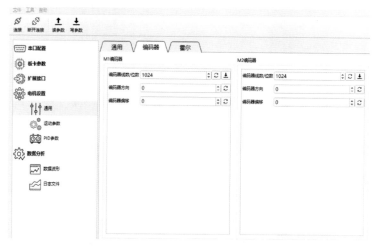

图 4-42　电机编码器参数

d. 点击启动按钮，等待校准成功。

以下情况霍尔传感器需要重新校准：

a. 改变电机三相线的线序。

b. 更换新电机。

c. 电机转动方向相反时，修改通用参数里的方向，并写入到驱动器，然后重新校准。

（4）运动参数　如图 4-44 所示。

首先确认控制模式，分速度模式、位置模式、力矩模式三种，其中位置模式还需要在电机的运动参数中设置是绝对位置还是相对位置控制。

加速加速度：电机加速的最大加速度。

减速加速度：电机减速的最大加速度。

图 4-43　电机霍尔参数

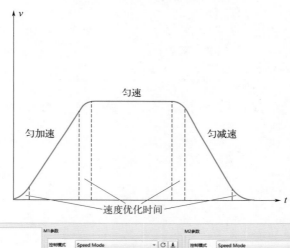

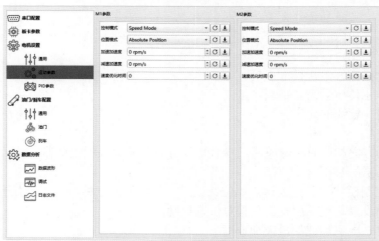

图 4-44　运动参数

速度优化时间：指的是转速加速度从 0 过渡到最大加速度的时间。

适当增加速度平滑时间，同时适当减小加减速斜坡时间，可以一定程度保证速度控制的响应实时性，同时保证平稳性。

（5）PID 参数　如图 4-45 所示。

PID 参数可以先按照默认值进行测试，效果不满意可以实时修改，写入参数后实时生效。但是当所有电机停止之后，参数才会写入 Flash 保存。

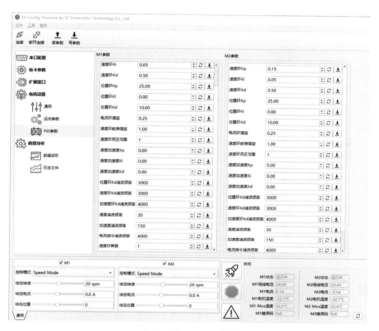

图 4-45　PID 参数

（6）数据分析　数据分析主要是方便调试过程中给用户观察电机状态。
数据波形如图 4-46 所示。

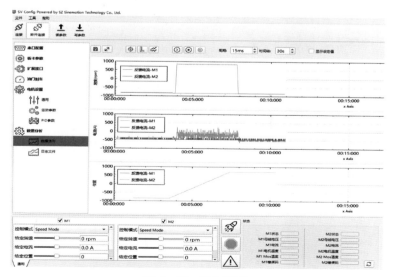

图 4-46　数据波形

❶ 波形缩放

按住鼠标右键框选要放大的区域，松开鼠标后，波形被放大，如图 4-47 所示。

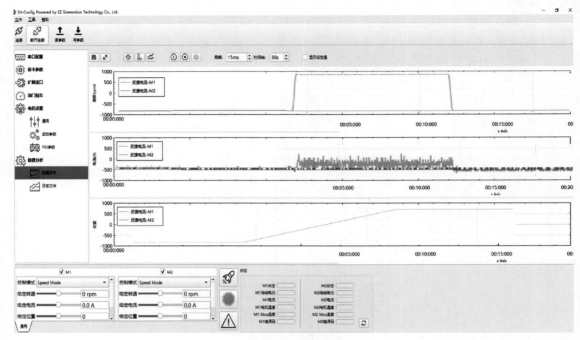

图 4-47　波形缩放

鼠标放在波形处，滚动鼠标可进行波形整体放大缩小，如图 4-48 所示。

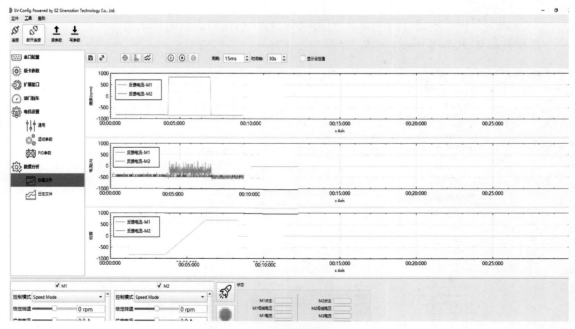

图 4-48　鼠标整体放大缩小

点击缩放按钮可以将波形恢复原始大小，如图 4-49 所示。

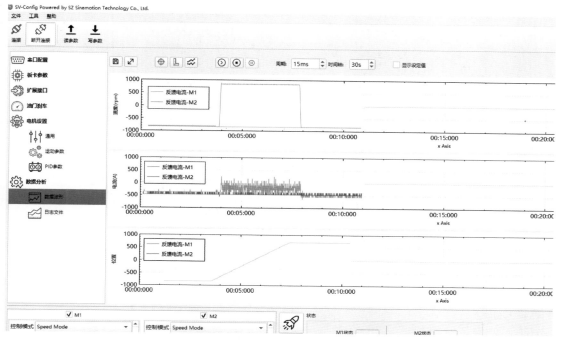

图 4-49　缩放恢复原始大小

鼠标点击 X 轴时间刻度，刻度条变为蓝色后，滚动鼠标滚轮可以对波形 X 轴进行缩放，再次选择可取消，如图 4-50 所示。

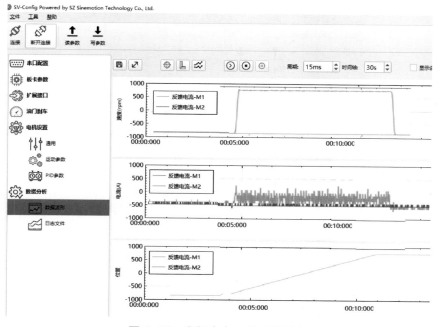

图 4-50　鼠标点击 X 轴时间刻度

鼠标点击 Y 轴时间刻度，刻度条变为蓝色后，滚动鼠标滚轮可以对波形 Y 轴进行缩放，再次选择可取消，如图 4-51 所示。

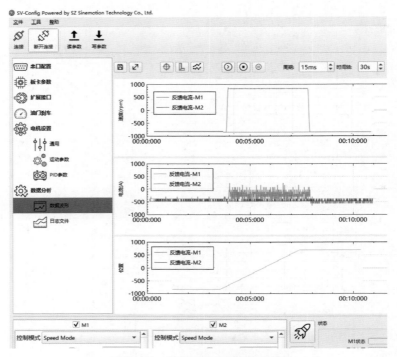

图 4-51　鼠标点击 Y 轴时间刻度

❷ 波形分析

点击追踪 XY 按钮，可以显示当前鼠标点的 XY 坐标值，如图 4-52 所示。

图 4-52　波形分析

点击"测量"按钮，可以实现示波器功能，如图 4-53 所示。

点击"显示"按钮来显示波形点，如图 4-54 所示。

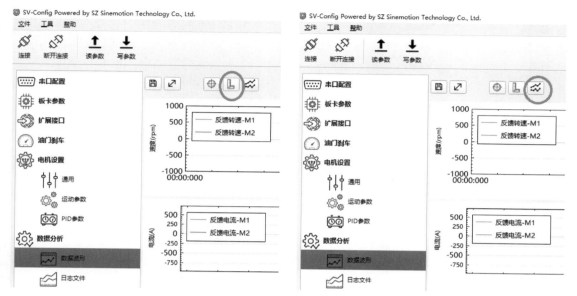

图 4-53　点击测量按钮　　　　　　　　图 4-54　显示按钮

下方三个按钮为：播放、停止、暂停/恢复按钮，周期为波形新周期，周期越小，波形点数越多，如图 4-55 所示。

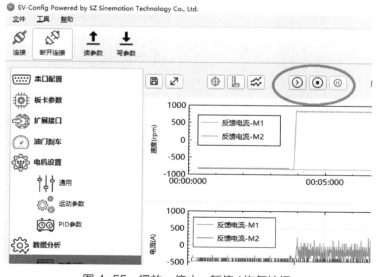

图 4-55　播放、停止、暂停/恢复按钮

（7）日志文件　点击"保存"按钮，把当前波形数据保存为 csv 文件，如图 4-56 所示。

图 4-56 日志文件

日志文件功能是可以打开软件保存的波形文件，方便波形回放分析使用。

（8）控制台　控制台主要是针对电极的启停进行控制。

🚀 启动按钮

⬤ 停止按钮

⚠ 清除错误按钮，驱动器出现错误时，按这个按钮可以清除错误。

（9）速度模式　速度模式使用流程：

（10）位置模式　位置模式分绝对位置模式和相对位置模式，位置模式结合转速环一起运行，给定位置运行之前，先设定转速模式相关参数。

给定转速：位置模式下的最高运行转速。

给定位置：位置模式的给定值，按照绝对位置和相对位置给定相应的位置信息。

相对位置：给定值为位置的增量，例如 1024 线编码器，给定 4096，电机则转一圈。

绝对位置：给定值为位置的绝对值，位置绝对值从上电时刻初始化为 0，往后一直递增，超出 int32 范围之后回。

位置模式使用流程：

（11）力矩模式

力矩模式理论上只有电流环，但是为了限制轻载时候造成转速过高引起安全性问题，我们提供了最高转速限制，即设置给定转速作为最高限制转速。所以在设置给定电流之前，先设置期望的最高限制转速。这样即使设置了较大的给定电流，空载情况下电机也不会超过给定转速。

力矩模式使用流程：

5. 固件升级

在菜单栏的工具栏中，选中固件升级功能，如图 4-57 所示。

选择升级固件后，点击"开始升级"按钮即可开始固件升级。

6. 电机参数辨识

在菜单栏的工具栏中，选中电机识别功能，如图 4-58 所示。

❶ 查看驱动器是否有除了编码器错误以外的错误，编码器错误不会影响电机参数辨识。有错误先解决错误并清除错误。

❷ 选中 M1 点击"启动"按钮，等待电机识别完成，当识别状态为成功时，表明电机参数辨识成功，此时上位机会显示辨识好的电机的相电阻和相电感。

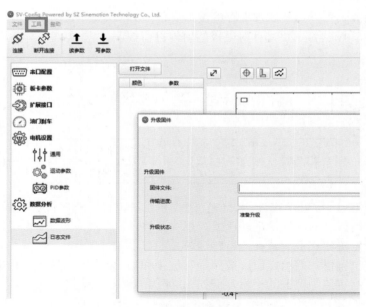

图 4-57　固件升级

图 4-58　电机参数辨识

❸ 点击"应用"按钮，上位机会把当前电机的参数加载到上位机的通用参数处的电阻电感参数栏里面，用户需要手动点击"保存"按钮来保存识别好的参数。

❹ 辨识 M2 重复步骤 ❶ ～ ❸，如图 4-59 所示。

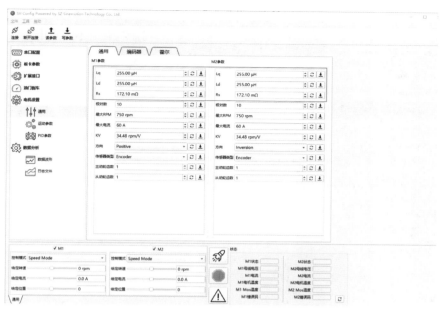

图 4-59　辨识 M2

四、使用遥控器与模拟量控制电机

1. 遥控器

遥控器如图 4-60 所示。所有通道的映射功能不能有重复，没有用到的通道确保映射功能为 Off。

图 4-60　遥控器

（1）校准　驱动器支持四路 PWM 输入，使用 PWM 控制前需要先进行校准。将遥控器通道 1、4、5、6 对应的接收机通道接到驱动器扩展接口的 PWM 接口。

本节中遥控器 1、4、5、6 通道分别接到 PPM1、PPM2、PPM3、PPM4，用户使用时可以根据实际使用情况随意接。校准前先将 PPM 映射功能选择为 Off，并写入驱动器，如图 4-61 所示。

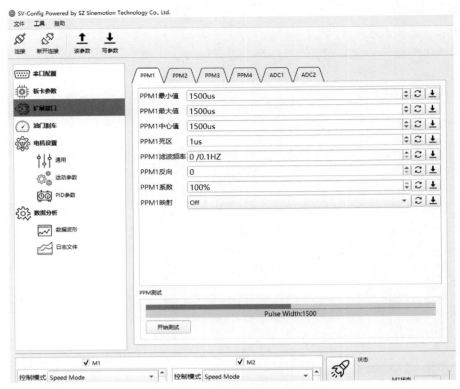

图 4-61　写入驱动器

　　点击每个 PPM 界面下的"开始测试"按钮，此时蓝色的条纹显示的为当前遥控器通道数值。摇动摇杆，将摇杆通道 1、4 的最大值、最小值和中间值记录到上位机 PPM 界面对应位置。死区为通道数据的波动范围，将数据的波动范围记录到上位机 PPM 界面对应位置。通道 5 两段开关记录最大值和最小值，中间值取最大值最小值的平均值。通道 6 三段开关三个位置对应最大值最小值和中间值。点击"开始测试"按钮可以看到按键是否按下。

　　滤波频率，最大 1000 表示 100Hz 的截止频率，设置为 0 表示不滤波，数值越小滤波效果越明显，但是越滞后，表现为不跟手。滤波频率建议值 100 ～ 200，也可以不滤波。

　　反向，就是把数值变为负数。

　　百分比系数，默认 100%，表示不对数值缩小，50% 表示对数值缩小一半。设置完后记得将参数写入驱动器保存。

　　(2) 设置映射功能　通道都校准完后，开始设置每个通道的映射功能。所有通道的映射功能不能有重复，没有用到的通道确保映射功能为 Off。

　　只想控制电机正转就只选择带有 FORWARD 的选项，只想控制电机反转就选择只带有 REVERSES 的选项，想控制电机正反转就只选择带有 FORWARD_AND_REVERSES 的选项。

　　PPM1 映射为 TWO_MOTOR_SPEED_FORWARD_AND_REVERSES，即遥控器通道 1 摇杆控制两个电机速度正反转。

　　PPM2 映射为 MOTOR SPEED_DIFFERENCE，即遥控器通道 4 摇杆控制两个电机的差速度，实现转弯效果。改变 PPM2 系数可以改变转弯灵敏度。

PPM3 映射为 MOTOR_RUN_ENABLE，即遥控器通道 5 两段开关控制电机的启动和停止。

PPM4 映射为 MOTOR_SPEED_LEVEL，即遥控器通道 6 三段开关控制电机速度挡位。高挡位对应 100% 电机最大转速，中挡位对应 65% 电机最大转速，低挡位对应 30% 电机最大转速。如图 4-62 所示。

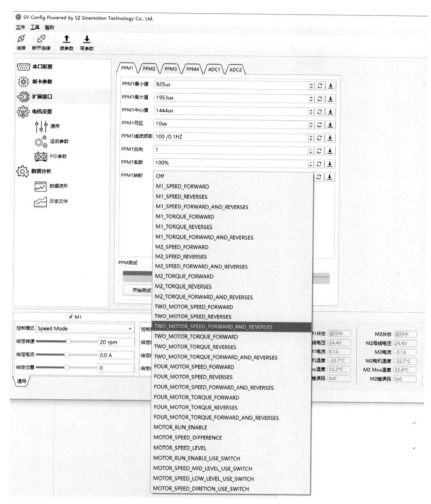

图 4-62　遥控器通道

（3）控制四个电机速度　控制四个电机需要两个驱动器，驱动器 1 和驱动器 2 中间使用 CAN 协议进行通信。将驱动器 1 和驱动器 2 的 DB9 接口上的 CANH 和 CANL 对应连接好，并确保其中一个驱动器 CAN 的终端电阻的拨动开关被按下（查看硬件手册）。

驱动器 1 配置保持上文所述配置，只是将 PPM1 映射功能改为 FOUR_MOTOR_SPEED_FORWARD_AND_REVERSES。

驱动器 2 配置好电机参数，经过校准能控制电机正常工作后才可以使用。然后驱动器 2 需要在板卡参数中将 Slaveid 设置为 2，切换控制输入接口为 CAN，通信超时改为 1000ms，CAN 波特率两个驱动器要保持一致。设置完后记得将参数写入驱动器保存。

按上述设置完后，遥控器即可驱动两个驱动器来控制四台电机的转速，如图 4-63 所示。

图 4-63　控制四台电机速度

　　设置映射功能后，需要在板卡参数中切换控制输入接口为 PWM Input 才可以控制电机速度，控制电机力矩将同理。

　　板卡参数中的通信超时时间改为 1000ms，即接收机接在驱动器的信号线因意外被扯掉，驱动器 1000ms 后将会主动停止电机。设置完后记得将参数写入驱动器保存。

　　注意，修改参数时先停止电机，关闭遥控器前一定要先停止电机，开启遥控器前先将遥控器控制电机启停的通道拨到停止挡位，如图 4-64 所示。

图 4-64 开启遥控器前先将遥控器控制电机启停的通道拨到停止挡位

2. 使用模拟量输入设备和开关控制电机（如图 4-65 所示）

（1）只用两路 ADC 控制电机 驱动器支持两路模拟数据输入，为 ADC1 和 ADC2。把输入设备接到驱动器 ADC 接口上，校准及相关配置和遥控器控制电机操作一样。设置完后记得将参数写入驱动器保存。

❶ ADC1 映射为 M1_SPEED_FORWARD，ADC1 控制电机 M1 正转。把 ADC1 反向参数设置为 1 可以实现反转。

❷ ADC2 映射为 MOTOR_RUN_ENABLE，ADC2 达到最大值使能电机，达到最小值启动电机。

❸ 在板卡参数中切换控制输入接口为 Analog 才可以控制电机速度。

图 4-65 使用模拟量输入设备和开关控制电机

❹ ADC 接口不支持通信超时。

❺ ADC 控制四台电机的操作和遥控器控制四台电机的操作一样，如图 4-66 所示。

（2）用两路 ADC 和开关控制电机 驱动器支持两路模拟数据输入，为 ADC1 和 ADC2，把输入设备接到驱动器 ADC 接口上校准及相关配置和遥控器控制电机操作一样。设置完后记得将参数写入驱动器保存。

❶ ADC1 映射为 TWO_MOTOR_SPEED_FORWARD_AND_REVERSES，ADC1 控制两个电机正反转。

图 4-66 ADC 控制四台电机

❷ ADC2 映射为 MOTOR_SPEED_DIFFERENCE，ADC2 控制两台电机差速。改变 ADC2 系数可以改变转弯灵敏度。

❸ 开关使用常开常闭类型的开关。开关有一端要接 5V，开关高电平有效。

❹ 一个两段开关接到驱动器 PPM1 接口，PPM1 功能映射为 MOTOR_RUN_ENABLE_USE_SWITCH，控制电机的开启和停止。

❺ 一个两段开关接到驱动器 PPM2 接口，PPM2 功能映射为 MOTOR SPEED_DIRETION_USE_SWITCH，控制电机转动方向。

❻ 一个三段开关接到驱动器 PPM3 和 PPM4 接口，PPM3 功能映射为 MOTOR_SPEED_MID_LEVEL_USE_SWITCH，PPM4 功能映射为 MOTOR_SPEED_LOW_LEVEL_USE_SWITCH，控制速度挡位，当 PPM3 和 PPM4 接口无开关信号时，默认高速挡位。高挡位对应 100% 电机最大转速，中挡位对应 65% 电机最大转速，低挡位对应 30% 电机最大转速。点击"开始测试"按钮可以看到按键是否按下。

❼ 在板卡参数中切换控制输入接口为 PWM And Analog 才可以控制电机。

（3）卡丁车模式配置 通过扩展口的配置来使用卡丁车模式。油门刹车的输入可以为油门转把或者油门踏板。

❶ ADC1 映射为 CAR_BRAKE，作为刹车。

❷ ADC2 映射为 CAR_THROTTL，作为油门。

❸ PPM1 映射为 MOTOR_SPEED_DIRETION_USE_SWITCH，开关作为前进后退的切换功能。

❹ PPM2 映射为 MOTOR_SPEED_LOW_LEVEL_USE_SWITCH，三段开关的低速挡位。

❺ PPM3 映射为 MOTOR_SPEED_HIGH_LEVEL_USE_SWITCH，三段开关的高速挡位。

❻ PPM4 映射为 CAR_STANDSTILL HOLD_USE_SWITCH，开关作为驻车功能。

❼ 电机使能可以启用板卡参数中的电机上电使能功能。

⑧ M1、M2 电机模式改为卡丁车模式。

⑨ 控制输入改为 PWM And Analog。

⑩ 配置油门刹车参数。

点击"开始测试"按钮可以看到按键是否按下，如图 4-67 所示。

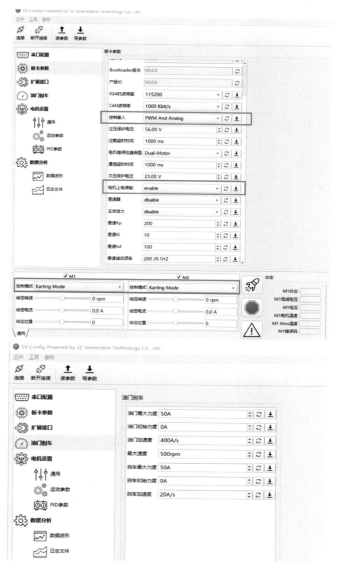

图 4-67　配置油门刹车参数

配置好上述几点后重启驱动器，驱动器使能电机并且工作在卡丁车模式。调整最大速度来限制最大车速，调整最大力度来限制输出电流，初始力度和加速度越大，起步越有力，刹车也更快。用户根据使用场合来调整。

3. 使能 TTL 通信

RS-485 和 TTL 通信共用一个 UART，所以同一时间只能有一个生效。通过在板卡参数中切换控制输入接口为 RS-485 或 TTL 来进行切换。

五、通信寄存器的定义

1. 板卡基本参数

寄存器地址都是十六进制数据，板卡基本参数如表 4-16 所示。

表4-16　板卡基本参数

寄存器地址	定义	描述	属性	类型	默认值
3001	Slave ID	RS-485 和 CAN 的用户 ID 地址 范围：0 ~ 255	RO	uint16	1
3002	软件版本	例如 0x0112 表示 V1.1.2	RO	uint16	0x0100
3003	硬件版本	例如 0x0122 表示 V1.2.2	RO	uint16	0x0100
3004	Bootloader 版本	例如 0x0112 表示 V1.1.2	RO	uint16	0x0100
3005	产品 ID	例如 0x0011 表示 V1.1.2	RO	uint16	0x0100
3006	RS-485 波特率	0：9600bps 1：19200bps 2：38400bps 3：57600bps 4：115200bps 5：128000bps 6：256000bps 7：460800bps 8：500000bps	RW	uint16	4
3007	CAN 波特率	0：25kbps 1：50kbps 2：100kbps 3：125kbps 4：250kbps 5：500kbps 6：1000kbps	RW	uint16	6
3008	控制输入	0：PWM 输入 1：RS-485 2：CAN 3：TTL 4：Analog 5：RS-232 6：PWM and Analog	RW	uint16	0
3009	最大母线电压	驱动器的过压保护电压。启动电机前如果母线电压大于该电压值，驱动器则报错。 运行过程中，回馈制动导致电压升高，当升高到保护电压之后，驱动器会限制回馈电流，使得母线电压一般不高于该电压 8V；当电压高于该电压 15V 时，驱动器关断输出，并且报错。建议 6S 锂电池供电设置为 28V；10S 锂电池供电设置为 42V；14S 锂电池供电设置为 54V	RW	uint16	28

寄存器地址	定义	描述	属性	类型	默认值
300A	过载超时时间	单位：ms；发生过载后的超时时间，超时后触发保护	RW	uint16	100
300B	电机错误检查类型	监测单电机或者双电机的错误，为单电机错误时可以驱动单个电机，另一个电机接口报错不影响无错误电机接口的电机运行。为双电机错误时，两电机接口无错误才可以运行	RW	uint16	0
300C	通信超时时间	单位：ms；通信中断后，驱动器在超时时间到后会停止电机，设置为0ms表示不启用此功能	RW	uint16	100
300D	最小母线电压	驱动器的欠压保护电压。启动电机前如果母线电压小于该电压值，驱动器则报错。运行过程中如果母线电压小于该电压值，驱动器则报错	RW	uint16	18
300E	电机上电使能	电机无错误时，上电自动使能电机，务必先校准编码器才开启此功能	RW	uint16	0
300F	差速器	在速度模式下，在需要差速转弯的应用场景中，转弯时用户给两个电机一样的速度时，可以开启此功能，用于辅助转弯。此功能只起辅助作用，转弯时最好用户主动给两个电机差速	RW	uint16	0
3010	主动泄力	主动泄力，在电机静止时主动降低当前维持的电流	RW	uint16	0
3011	差速器KP	调节差速器输出的大小	RW	uint16	200
3012	差速器KI	调节差速器输出的大小	RW	uint16	10
3013	差速器KD	调节差速器输出的大小	RW	uint16	100
3014	差速滤波频率	对差速器的输出进行滤波的截止频率	RW	uint16	200

2. 板卡控制参数
（1）基本参数功能（表4-17）

表4-17 基本参数功能

寄存器地址	定义	描述	属性	类型	默认值
3100	保存参数	0：不保存参数到FLASH 1：保存参数到FLASH	WO	uint16	
3180	驱动器在位标志位	固定为1 上位机作为心跳包使用	RO	uint16	

（2）CAN主动上传包参数（表4-18）

表4-18　CAN主动上传包参数

寄存器地址	定义	描述	属性	类型	默认值
3200	CAN 主动发包配置 0	31 ～ 16bit 位：寄存器地址 15 ～ 0 位：主动发包周期 发包周期为 0 则关闭该配置 发包周期值范围为 5 ～ 65535	RW	uint32	0
3202	CAN 主动发包配置 1	31 ～ 16bit 位：寄存器地址 15 ～ 0 位：主动发包周期 发包周期为 0 则关闭该配置 发包周期值范围为 5 ～ 65535	RW	uint32	0
3204	CAN 主动发包配置 2	31 ～ 16bit 位：寄存器地址 15 ～ 0 位：主动发包周期 发包周期为 0 则关闭该配置 发包周期值范围为 5 ～ 65535	RW	uint32	0
3206	CAN 主动发包配置 3	31 ～ 16bit 位：寄存器地址 15 ～ 0 位：主动发包周期 发包周期为 0 则关闭该配置 发包周期值范围为 5 ～ 65535	RW	uint32	0
3208	CAN 主动发包配置 4	31 ～ 16bit 位：寄存器地址 15 ～ 0 位：主动发包周期 发包周期为 0 则关闭该配置 发包周期值范围为 5 ～ 65535	RW	uint32	0
320A	CAN 主动发包配置 5	31 ～ 16bit 位：寄存器地址 15 ～ 0 位：主动发包周期 发包周期为 0 则关闭该配置 发包周期值范围为 5 ～ 65535	RW	uint32	0
320C	CAN 主动发包配置 6	31 ～ 16bit 位：寄存器地址 15 ～ 0 位：主动发包周期 发包周期为 0 则关闭该配置 发包周期值范围为 5 ～ 65535	RW	uint32	0
320E	CAN 主动发包配置 7	31 ～ 16bit 位：寄存器地址 15 ～ 0 位：主动发包周期 发包周期为 0 则关闭该配置 发包周期值范围为 5 ～ 65535	RW	uint32	0
3210	CAN 主动发包配置 8	31 ～ 16bit 位：寄存器地址 15 ～ 0 位：主动发包周期 发包周期为 0 则关闭该配置 发包周期值范围为 5 ～ 65535	RW	uint32	0
3212	CAN 主动发包配置 9	31 ～ 16bit 位：寄存器地址 15 ～ 0 位：主动发包周期 发包周期为 0 则关闭该配置 发包周期值范围为 5 ～ 65535	RW	uint32	0

寄存器地址	定义	描述	属性	类型	默认值
3214	CAN 主动发包配置 10	31 ~ 16bit 位：寄存器地址 15 ~ 0 位：主动发包周期 发包周期为 0 则关闭该配置 发包周期值范围为 5 ~ 65535	RW	uint32	0
3216	CAN 主动发包配置 11	31 ~ 16bit 位：寄存器地址 15 ~ 0 位：主动发包周期 发包周期为 0 则关闭该配置 发包周期值范围为 5 ~ 65535	RW	uint32	0

（3）RS-232 主动上传参数（表 4-19）

表4-19　RS-232主动上传参数

寄存器地址	定义	描述	属性	类型	默认值
3300	上传波形个数	值范围：0 ~ 12 0 则关闭主动上传功能	RW	uint16	
3301	上传发包周期	发包周期为 0 则关闭该配置 发包周期值范围为 5 ~ 65535	RW	uint16	0
3302	参数寄存器地址 0	参数寄存器地址	RW	uint16	0
3303	参数寄存器地址 1	参数寄存器地址	RW	uint16	0
3304	参数寄存器地址 2	参数寄存器地址	RW	uint16	0
3305	参数寄存器地址 3	参数寄存器地址	RW	uint16	0
3306	参数寄存器地址 4	参数寄存器地址	RW	uint16	0
3307	参数寄存器地址 5	参数寄存器地址	RW	uint16	0
3308	参数寄存器地址 6	参数寄存器地址	RW	uint16	0
3309	参数寄存器地址 7	参数寄存器地址	RW	uint16	0
330A	参数寄存器地址 8	参数寄存器地址	RW	uint16	0
330B	参数寄存器地址 9	参数寄存器地址	RW	uint16	0
330D	参数寄存器地址 10	参数寄存器地址	RW	uint16	0
330E	参数寄存器地址 11	参数寄存器地址	RW	uint16	0

3. 扩展口配置参数

扩展口配置参数如表 4-20 所示。

表4-20　扩展口配置参数

寄存器地址	定义	描述	属性	类型	默认值
4000	PPM1 最小值	单位：μs 范围：800 ~ 2200	RW	uint16	1000
4001	PPM1 最大值	单位：μs 范围：800 ~ 2200	RW	uint16	2000
4002	PPM1 中心值	单位：μs 范围：800 ~ 2200	RW	uint16	1500
4003	PPM1 死区	单位：μs 范围：0 ~ 1000	RW	uint16	0
4004	PPM1 滤波频率	单位：0.1Hz 范围：0 ~ 1000，0表示不滤波	RW	uint16	0
4005	PPM1 是否反向	0：数值不反向 1：数值反向	RW	uint16	0
4006	PPM1 系数	单位：% 范围：0 ~ 100	RW	uint16	100
4007	PPM1 映射功能	范围：0 ~ 255	RW	uint16	0
4010	PPM2 最小值	单位：μs 范围：800 ~ 2200	RW	uint16	1000
4011	PPM2 最大值	单位：μs 范围：800 ~ 2200	RW	uint16	2000
4012	PPM2 中心值	单位：μs 范围：800 ~ 2200	RW	uint16	1500
4013	PPM2 死区	单位：μs 范围：0 ~ 1000	RW	uint16	0
4014	PPM2 滤波频率	单位：0.1Hz 范围：0 ~ 1000，0表示不滤波	RW	uint16	0
4015	PPM2 是否反向	0：数值不反向 1：数值反向	RW	uint16	0
4016	PPM2 系数	单位：% 范围：0 ~ 100	RW	uint16	100
4017	PPM2 映射功能	范围：0 ~ 255	RW	uint16	0
4020	PPM3 最小值	单位：μs 范围：800 ~ 2200	RW	uint16	1000
4021	PPM3 最大值	单位：μs 范围：800 ~ 2200	RW	uint16	2000
4022	PPM3 中心值	单位：μs 范围：800 ~ 2200	RW	uint16	1500

寄存器地址	定义	描述	属性	类型	默认值
4023	PPM3 死区	单位：μs 范围：0 ~ 1000	RW	uint16	0
4024	PPM3 滤波频率	单位：0.1Hz 范围：0 ~ 1000，0 表示不滤波	RW	uint16	0
4025	PPM3 是否反向	0：数值不反向 1：数值反向	RW	uint16	0
4026	PPM3 系数	单位：% 范围：0 ~ 100	RW	uint16	100
4027	PPM3 映射功能	范围：0 ~ 255	RW	uint16	0
4030	PPM4 最小值	单位：μs 范围：800 ~ 2200	RW	uint16	1000
4031	PPM4 最大值	单位：μs 范围：800 ~ 2200	RW	uint16	2000
4032	PPM4 中心值	单位：μs 范围：800 ~ 2200	RW	uint16	1500
4033	PPM4 死区	单位：μs 范围：0 ~ 1000	RW	uint16	0
4034	PPM4 滤波频率	单位：0.1Hz 范围：0 ~ 1000，0 表示不滤波	RW	uint16	0
4035	PPM4 是否反向	0：数值不反向 1：数值反向	RW	uint16	0
4036	PPM4 系数	单位：% 范围：0 ~ 100	RW	uint16	100
4037	PPM4 映射功能	范围：0 ~ 255	RW	uint16	0
4040	ADC1 最小值	范围：0 ~ 4095	RW	uint16	0
4041	ADC1 最大值	范围：0 ~ 4095	RW	uint16	4095
4042	ADC1 中心值	范围：0 ~ 4095	RW	uint16	2048
4043	ADC1 死区	范围：0 ~ 1000	RW	uint16	0
4044	ADC1 滤波频率	单位：0.1Hz 范围：0 ~ 1000，0 表示不滤波	RW	uint16	0
4045	ADC1 是否反向	0：数值不反向 1：数值反向	RW	uint16	0
4046	ADC1 系数	单位：% 范围：0 ~ 100	RW	uint16	100
4047	ADC1 映射功能	范围：0 ~ 255	RW	uint16	0

寄存器地址	定义	描述	属性	类型	默认值
4040	ADC2 最小值	范围：0 ~ 4095	RW	uint16	0
4041	ADC2 最大值	范围：0 ~ 4095	RW	uint16	4095
4042	ADC2 中心值	范围：0 ~ 4095	RW	uint16	2048
4043	ADC2 死区	范围：0 ~ 1000	RW	uint16	0
4044	ADC2 滤波频率	单位：0.1Hz 范围：0 ~ 1000，0表示不滤波	RW	uint16	0
4045	ADC1 是否反向	0：数值不反向 1：数值反向	RW	uint16	0
4046	ADC1 系数	单位：% 范围：0 ~ 100	RW	uint16	100
4047	ADC1 映射功能	范围：0 ~ 255	RW	uint16	0

4. 电机基本参数

（1）M1 电机基本参数（表 4-21）

表4-21　M1电机基本参数

寄存器地址	定义	描述	属性	类型	默认值
5000	电机电感 Lq	范围：0 ~ 0.1H	RW	float	
5008	电机电感 Ld	范围：0 ~ 0.1H	RW	float	
5010	电机内阻 Rs	范围：0 ~ 127.99Ω	RW	float	
5018	电机极对数	范围：1 ~ 128	RW	uint16	
501C	最大转速	单位：r/min 范围：0 ~ 65535	RW	uint16	
5020	最大电流	单位：A 范围：0 ~ 512A	RW	uint16	
5024	电机 kV	单位：0.1(r/min)/V 范围：0 ~ 65535	RW	uint16	
5028	转动方向	0：正 1：反	RW	uint16	
502C	传感器类型	0：编码器 1：HALL 2：弦动编码器	RW	uint16	
5030	主动轮齿数	范围：1 ~ 300	RW	uint16	
5034	从动轮齿数	范围：1 ~ 300	RW	uint16	

（2）M2 电机基本参数（表 4-22）

表4-22　M2电机基本参数

寄存器地址	定义	描述	属性	类型	默认值
5002	电机电感 Lq	范围：0 ～ 0.1H	RW	float	
500A	电机电感 Ld	范围：0 ～ 0.1H	RW	float	
5012	电机内阻 Rs	范围：0 ～ 127.99Ω	RW	float	
5019	电机极对数	范围：1 ～ 128	RW	uint16	
501D	最大转速	单位：r/min 范围：0 ～ 32767	RW	uint16	
5021	最大 Iq 电流	单位：A 范围：0 ～ 512A	RW	uint16	
5025	电机 KV	单位：0.1（r/min）/V 范围：0 ～ 32768	RW	uint16	
5029	转动方向	0：正 1：反	RW	uint16	
502D	传感器接口	0：编码器 1：HALL 2：弦动磁编码器	RW	uint16	
5031	主动轮齿数	范围：1 ～ 300	RW	uint16	
5035	从动轮齿数	范围：1 ～ 300	RW	uint16	

5. 电机运动参数

（1）M1 电机运动参数（表 4-23）

表4-23　M1电机运动参数

寄存器地址	定义	描述	属性	类型	默认值
5100	控制模式	0：速度模式 1：位置模式 2：力矩模式 3：卡丁车模式	RW	uint16	0
5104	位置模式	0：绝对位置 1：相对位置	RW	uint16	0
5108	加速最大加速度	单位（r/min）/s	RW	uint16	
510C	减速最大减速度	单位（r/min）/s	RW	uint16	
5110	速度平滑时间	S 型加速时间	RW	uint16	

（2）M2 电机运动参数（表 4-24）

表4-24　M2电机运动参数

寄存器地址	定义	描述	属性	类型	默认值
5101	控制模式	0：速度模式 1：位置模式 2：力矩模式 3：卡丁车模式	RW	uint16	0
5105	位置模式	0：绝对位置 1：相对位置	RW	uint16	0
5109	加速最大加速度	单位（r/min）/s	RW	uint16	
510D	减速最大减速度	单位（r/min）/s	RW	uint16	
5111	速度平滑时间	S 型加速时间	RW	uint16	

6. 电机 PID 参数

（1）M1 电机 PID 参数（表 4-25）

表4-25　M1电机PID参数

寄存器地址	定义	描述	属性	类型	默认值
5200	转速 Kp	范围：0 ~ 127.999	RW	float	
5208	转速 Ki	范围：0 ~ 127.999	RW	float	
5210	转速 Kd	范围：0 ~ 127.999	RW	float	
5218	位置 Kp	范围：0 ~ 127.999	RW	float	
5220	位置 Ki	范围：0 ~ 127.999	RW	float	
5228	位置 Kd	范围：0 ~ 127.999	RW	float	
5230	电流环增益	范围：0 ~ 1.0	RW	float	
5238	速度前馈增益	范围：0 ~ 1.0	RW	float	
5240	速度环死区	范围：0 ~ 100	RW	uint16	
5248	速度加速度 Kp	范围：0 ~ 127.999	RW	float	
5250	速度加速度 Ki	范围：0 ~ 127.999	RW	float	
5258	速度加速度 Kd	范围：0 ~ 127.999	RW	float	
5260	位置环 Kd 滤波频率	范围：0 ~ 5000，0 表示不滤波	RW	uint16	
5264	速度环 Kd 滤波频率	范围：0 ~ 5000，0 表示不滤波	RW	uint16	
5268	加速度环 Kd 滤波频率	范围：0 ~ 5000，0 表示不滤波	RW	uint16	

寄存器地址	定义	描述	属性	类型	默认值
526C	速度滤波频率	范围：0 ~ 5000，0 表示不滤波	RW	uint16	
5270	加速度滤波频率	范围：0 ~ 5000，0 表示不滤波	RW	uint16	
5274	电流指令滤波频率	范围：0 ~ 5000，0 表示不滤波	RW	uint16	
5278	速度环旁路	0：禁止速度环旁路 1：启用速度环旁路	RW	uint16	

（2）M2 电机 PID 参数（表 4-26）

表4-26　M2电机PID参数

寄存器地址	定义	描述	属性	类型	默认值
5202	转速 Kp	范围：0 ~ 127.999	RW	float	
520A	转速 Ki	范围：0 ~ 127.999	RW	float	
5212	转速 Kd	范围：0 ~ 127.999	RW	float	
521A	位置 Kp	范围：0 ~ 127.999	RW	float	
5222	位置 Ki	范围：0 ~ 127.999	RW	float	
522A	位置 Kd	范围：0 ~ 127.999	RW	float	
5232	电流环增益	范围：0 ~ 1.0	RW	float	
523A	速度前馈增益	范围：0 ~ 1.0	RW	float	
5241	速度环死区	范围：0 ~ 100	RW	uint16	
524A	速度加速度 Kp	范围：0 ~ 127.999	RW	float	
5252	速度加速度 Ki	范围：0 ~ 127.999	RW	float	
525A	速度加速度 Kd	范围：0 ~ 127.999	RW	float	
5262	位置环 Kd 滤波频率	范围：0 ~ 5000，0 表示不滤波	RW	uint16	
5266	速度环 Kd 滤波频率	范围：0 ~ 5000，0 表示不滤波	RW	uint16	
526A	加速度环 Kd 滤波频率	范围：0 ~ 5000，0 表示不滤波	RW	uint16	
526E	速度滤波频率	范围：0 ~ 5000，0 表示不滤波	RW	uint16	
5272	加速度滤波频率	范围：0 ~ 5000，0 表示不滤波	RW	uint16	
5276	电流指令滤波频率	范围：0 ~ 5000，0 表示不滤波	RW	uint16	
527A	速度环旁路	0：禁止速度环旁路 1：启用速度环旁路	RW	uint16	

7. 电机控制参数

（1）M1 电机控制参数（表 4-27）

表4-27　M1电机控制参数

寄存器地址	定义	描述	属性	类型	默认值
5300	控制命令	0：停止 1：启动 2：清除报警	RW	uint16	0
5304	给定转速	单位：r/min； 范围：−32768 ~ 32767	RW	int16	0
5308	给定电流	单位：x0.1A 范围：−32768 ~ 32767	RW	int16	0
530C	给定位置	编码器一圈位置：线数 *4LSB 磁编码器一圈位置：分辨率 *1LSB 范围：−2147483648 ~ 2147483647	RW	int32	0
5314	清除位置	1：清除	RW	uint16	0

（2）M2 电机控制参数（表 4-28）

表4-28　M2电机控制参数

寄存器地址	定义	描述	属性	类型	默认值
5301	控制命令	0：停止 1：启动 2：清除报警	RW	uint16	0
5305	给定转速	单位：r/min； 范围：−32768 ~ 32767	RW	int16	0
5309	给定电流	单位：x0.1A 范围：−32768 ~ 32767	RW	int16	0
530E	给定位置	编码器一圈位置：线数 *4LSB 磁编码器一圈位置：分辨率 *1LSB 范围：−2147483648 ~ 2147483647	RW	int32	0
5315	清除位置	1：清除	RW	uint16	0

8. 电机状态参数

（1）M1 电机状态参数（表 4-29）

表4-29 M1电机状态参数

寄存器地址	定义	描述	属性	类型	默认值
5400	电机运行状态	0: 停止 1: 运行中	RO	int16	0
5404	电机温度	单位: 0.1℃ 范围: -2000 ~ 2000	RO	int16	0
5408	MOS 管温度	单位: 0.1℃; 范围: -2000 ~ 2000	RO	int16	0
540C	母线电压	单位: 0.1V 范围: 0 ~ 2000	RO	uint16	0
5410	电机转速	单位: r/min 范围: -32768 ~ 32767	RO	int16	0
5414	电机电流	单位: 0.1A 范围: -5000 ~ 5000	RO	int16	0
5418	电机绝对位置	霍尔一圈位置: 极对数 *6 编码器一圈位置: 线数 *4LSB 磁编码器一圈位置: 分辨率 *1LSB 范围: -2147483648 ~ 2147483647	RO	int32	0
5420	错误码	见故障快速处理; 只读	RO	uint32_t	0

(2) M2 电机状态参数 (表 4-30)

表4-30 M2电机状态参数

寄存器地址	定义	描述	属性	类型	默认值
5401	电机运行状态	0: 停止 1: 运行中	RO	int16	0
5405	电机温度	单位: 0.1℃ 范围: -2000 ~ 2000	RO	int16	0
5409	MOS 管温度	单位: 0.1℃; 范围: -2000 ~ 2000	RO	int16	0
540D	母线电压	单位: 0.1V 范围: 0 ~ 2000	RO	uint16	0
5411	电机转速	单位: r/min 范围: -32768 ~ 32767	RO	int16	0
5415	电机电流	单位: 0.1A 范围: -5000 ~ 5000	RO	int16	0

寄存器地址	定义	描述	属性	类型	默认值
541A	电机绝对位置	霍尔一圈位置：极对数 *6 编码器一圈位置：线数 *4LSB 磁编码器一圈位置：分辨率 *1LSB 范围：−2147483648 ～ 2147483647	RO	int32	0
5422	错误码	见故障快速处理；只读	RO	uint32_t	0

9. 电机传感器参数

(1) M1 编码器参数（表4-31）

表4-31　M1编码器参数

寄存器地址	定义	描述	属性	类型	默认值
5500	校准	0：不进行校准 1：进行校准	RW	uint16	
5504	编码器线数 / 位数	范围：0 ～ 32767	RW	uint16	
5508	编码器安装方向	0：正 1：反	RO	uint16	
550C	编码器偏置	单位：° 范围：−360° ～ 360°	RO	int16	
5580	编码器温度	单位：x0.1℃ 范围：−2000 ～ 2000	RO	int16	
5584	校准状态	0：校准成功 1：校准中 2：校准失败	RO	uint16	

(2) M2 编码器参数（表 4-32）

表4-32　M2编码器参数

寄存器地址	定义	描述	属性	类型	默认值
5501	校准	0：不进行校准 1：进行校准	RW	uint16	
5504	编码器线数 / 位数	范围：0 ～ 32767	RW	uint16	
5509	编码器安装方向	0：正 1：反	RO	uint16	
550D	编码器偏置	单位：° 范围：−360° ～ 360°	RO	uint16	

寄存器地址	定义	描述	属性	类型	默认值
5581	编码器温度	单位：x0.1℃ 范围：-2000 ~ 2000	RO	int16	
5585	校准状态	0：校准成功 1：校准中 2：校准失败	RO	uint16	

10. HALL 传感器参数

（1）M1 HALL 传感器校准参数（表4-33）

表4-33　M1 HALL传感器校准参数

寄存器地址	定义	描述	属性	类型	默认值
5600	校准	0：不进行校准 1：进行校准	RW	uint16	
5620	霍尔安装方式	0：120° 1：60°	RW	uint16	
5624	校准电流	范围：0 ~ 50A	RW	uint16	
5640	角度表	包含8个角度数据 单位：° 范围：-360° ~ 360°	RW	int16	0
5680	编码器温度	单位：x0.1℃ 范围：-2000 ~ 2000	RO	int16	0
5684	校准状态	0：校准成功 1：校准中 2：校准失败	RO	uint16	0
5688	HALL 状态	范围：0 ~ 7	RO	uint16	0
568C	HALL 当前角度	单位：° 范围：-360° ~ 360°	RO	int16	0

（2）M2 HALL 传感器校准参数（表4-34）

表4-34　M2 HALL传感器校准参数

寄存器地址	定义	描述	属性	类型	默认值
5601	校准	0：不进行校准 1：进行校准	RW	uint16	
5605	校准电流	范围：0 ~ 50A	RW	uint16	

寄存器地址	定义	描述	属性	类型	默认值
5621	霍尔安装方式	0：120° 1：60°	RW	uint16	
5650	角度表	包含 8 个 int16 角度数据 单位：° 范围：−360°～360°	RW	int16	0
5681	编码器温度	单位：x0.1℃ 范围：−2000～2000	RO	int16	0
5685	校准状态	0：校准成功 1：校准中 2：校准失败	RO	uint16	0
5689	HALL 状态	范围：0～7	RO	uint16	0
568D	HALL 当前角度	单位：° 范围：−360°～360°	RO	int16	0

11. 油门刹车参数

油门刹车参数（表4-35）配合卡丁车模式使用。

表4-35　油门刹车参数

寄存器地址	定义	描述	属性	类型	默认值
2302	油门最大力度	单位：A 0- 最大 Iq 电流	RW	uint16	50
2303	油门初始力度	单位：A 0- 油门最大力度	RW	uint16	0
2304	油门加速度	单位：A/S 0-1000A/S，调节加速电流上升速度	RW	uint16	400
2305	最大速度	单位：r/min 0- 最大转速	RW	uint16	300
2307	刹车最大力度	单位：A 0- 最大 Iq 电流	RO	uint16	50
2308	刹车初始力度	单位：A 0- 刹车最大力度	RO	uint16	0
2309	刹车加速度	单位：A/S 0-1000A/S，调节减速电流上升速度	RO	uint16	400

六、驱动器串口通信

1. 串口通信协议

RS-232 和 RS-485 通信协议基本相同，区别在于 RS-232 的 Slave ID 固定为 0xee。通信格式兼容 Modbus 协议。

写寄存器和读寄存器，可以同时访问 M1 和 M2 电机的寄存器数据，写寄存器数据和返回寄存器数据按照寄存器字节宽度排列。写寄存器会返回写完寄存器之后当前寄存器的值，读寄存器则会返回指定寄存器的值。多个字节的数据采用高位在前，高低位在后的排列方式。CRC 校验从 Slave ID 开始，到最后一个数据。校验方式采用 ModbusCRC16。

2. 读寄存器

（1）请求数据包（表 4-36）

表4-36　读寄存器请求数据包					
驱动器地址	功能码	寄存器地址	寄存器个数	CRC 高 8 位	CRC 低 8 位
0x01-0xFF	0x03	见寄存器定义 2 个字节	寄存器个数	XX	XX

（2）应答数据包（表 4-37）

表4-37　读寄存器应答数据包					
驱动器地址	功能码	字节个数	数据	CRC 高 8 位	CRC 低 8 位
0x01-0xFF	0x03	字节个数	高位在前，低位在后	XX	XX

（3）错误应答包（表 4-38）

表4-38　读寄存器错误应答包					
驱动器地址	功能码	异常码		CRC 高 8 位	CRC 低 8 位
0x01-0xFF	0x83	01 或 02 或 03，见异常应答定义		XX	XX

3. 写寄存器

（1）请求数据包（表 4-39）

表4-39　写寄存器请求数据包					
驱动器地址	功能码	寄存器地址	数据（2 个字节）	CRC 高 8 位	CRC 低 8 位
0x01-0xFF	0x06	见寄存器定义 2 个字节	高位在前，低位在后	XX	XX

（2）应答数据包（表4-40）

包头	功能码	寄存器地址	数据（2个字节）	CRC 高 8 位	CRC 低 8 位
0xEE	0x06	见寄存器定义，2个字节	高位在前，低位在后	xx	xx

表4-40　写寄存器应答数据包

（3）错误应答包（表4-41）

驱动器地址	功能码	异常码	CRC 高 8 位	CRC 低 8 位
0xEE	0x86	01 或 02 或 03. 见异常应答定义	xx	xx

表4-41　写寄存器错误应答包

4. 写多个寄存器

（1）请求数据包（表4-42）

驱动器地址	功能码	寄存器起始地址	寄存器个数	字节个数	数据	CRC 高 8 位	CRC 低 8 位
0xEE	0x10	见寄存器定义 2个字节	2 个字节	1 个字节	高位在前，低位在后	xx	xx

表4-42　写多个寄存器请求数据包

（2）应答数据包（表4-43）

驱动器地址	功能码	寄存器起始地址	寄存器个数	CRC 高 8 位	CRC 低 8 位
0xEE	0x10	见寄存器定义，2个字节	寄存器个数，2个字节	xx	xx

表4-43　写多个寄存器应答数据包

（3）错误应答包（表4-44）

驱动器地址	功能码	异常码	CRC 高 8 位	CRC 低 8 位
0xEE	0x90	01 或 02 或 03. 见异常应答定义	xx	xx

表4-44　写多个寄存器错误应答包

5. 异常应答

异常应答如表 4-45 所示。

表4-45　异常应答

异常码	定义	描述
01	无效功能码	功能码错误，即功能码不是 0x03 或者 0x06 或者 0x10
02	无效寄存器地址	寄存器地址错误，即寄存器地址是无法识别的寄存器
03	无效数据值	数据值错误，设定的数值大小异常（超出设定范围），或者数据长度大小异常

6. 通信样例

通信样例如表 4-46 所示。

表4-46　通信样例

功能	描述
读单个寄存器	读取电机 M1 电流（5410） 发送：EE 03 54 10 00 01 60 83 指令详解： EE 驱动器地址 03 功能码 54 10 寄存器起始地址 00 01 寄存器个数 60 83 CRC16 的校验和 返回：EE 03 02 00 03 92 2D 指令详解： EE 驱动器地址 03 功能码 02 字节个数 00 03 电机 M1 电流 92 2D CRC16 的校验和
读多个寄存器	读取电机 M1 电流（5410）、M2 电流（5411） 发送：EE 03 54 10 00 02 61 C3 指令详解： EE 驱动器地址 03 功能码 54 10 寄存器起始地址 00 02 寄存器个数 61 C3 CRC16 的校验和 返回：EE 03 04 00 07 00 02 FD D4 指令详解： EE 驱动器地址 03 功能码 02 字节个数 00 07 电机 M1 电流 00 02 电机 M1 电流 FD D4 CRC16 的校验和

功能	描述
写单个寄存器（06 功能码）	设置电机 M1 控制模式（0x5100）为力矩模式 发送：EE 06 51 00 00 02 68 0E 指令详解： EE 驱动器地址 03 功能码 51 00 寄存器起始地址 00 02 控制模式为力矩模式 68 0E CRC16 的校验和 返回：EE 06 51 00 00 02 68 0E 指令详解： EE 驱动器地址 03 功能码 51 00 寄存器起始地址 00 02 控制模式为力矩模式 68 0E CRC16 的校验和
写单个寄存器（10 功能码）	设置电机 M1 控制模式（0x5100）为力矩模式 发送：EE 10 51 00 00 01 02 00 02 60 EF 指令详解： EE 驱动器地址 03 功能码 51 00 寄存器起始地址 00 01 寄存器个数 02 字节个数 00 02 控制模式为力矩模式 60 EF CRC16 的校验和 返回：EE 10 51 00 00 01 AA 07 指令详解： EE 驱动器地址 03 功能码 21 00 寄存器起始地址 00 01 寄存器个数 AA 07 CRC16 的校验和
写多个寄存器（10 功能码）	设置电机 M1 控制模式（0x5100）、电机 M2 控制模式（0x5101）为力矩模式 发送：EE 10 51 00 00 02 04 00 02 00 02 EA 45 指令详解： EE 驱动器地址 03 功能码 51 00 寄存器起始地址 00 02 寄存器个数 04 字节个数 00 02 电机 M1 控制模式为力矩模式 00 02 电机 M2 控制模式为力矩模式 EA 45 CRC16 的校验和 返回：EE 10 51 00 00 02 AB 47 指令详解： EE 驱动器地址 03 功能码 51 00 寄存器起始地址 00 02 寄存器个数 AB 47 CRC16 的校验和

7. 快速测试电机通信样例

如图 4-68 所示。

测试样例流程

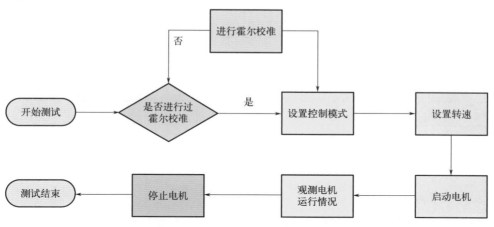

图 4-68　快速测试电机通信样例

（1）设置编码器为霍尔传感器（表 4-47）

表4-47　设置编码器为霍尔传感器							
指令：ee 10 50 2c 00 02 04 00 01 00 01 36 fa							
驱动器地址	功能码	寄存器起始地址	寄存器个数	字节数	M1 数据	M2 数据	CRC 校验
ee	10	50 2c	00 02	04	00 01	00 01	36 fa

（2）启动霍尔校准（表 4-48）

表4-48　启动霍尔校准							
指令：ee 10 56 00 00 02 04 00 01 00 01 db d3							
驱动器地址	功能码	寄存器起始地址	寄存器个数	字节数	M1 数据	M2 数据	CRC 校验
ee	10	56 00	00 02	04	00 01	00 01	db d3

（3）设置控制模式为速度模式（表 4-49）

表4-49　设置控制模式为速度模式							
指令：ee 10 51 00 00 02 04 00 00 00 00 eb 65							
驱动器地址	功能码	寄存器起始地址	寄存器个数	字节数	M1 数据	M2 数据	CRC 校验
ee	10	51 00	00 02	04	00 00	00 00	eb 65

（4）设置转速为 100r/min（表 4-50）

表4-50 设置转速 为100r/min

指令：ee 10 53 04 00 02 04 00 64 00 64 4c 3d

驱动器地址	功能码	寄存器起始地址	寄存器个数	字节数	M1 数据	M2 数据	CRC 校验
ee	10	53 04	00 02	04	00 64	00 64	4c 3d

（5）启动电机 M1、M2（表 4-51）

表4-51 启动电机M1、M2

指令：ee 10 53 00 00 02 04 00 01 00 01 8b ec

驱动器地址	功能码	寄存器起始地址	寄存器个数	字节数	M1 数据	M2 数据	CRC 校验
ee	10	53 00	00 02	04	00 01	00 01	8b ec

（6）停止电机 M1、M2（表 4-52）

表4-52 停止电机M1、M2

指令：ee 10 53 00 00 02 04 00 00 00 00 8b 7c

驱动器地址	功能码	寄存器起始地址	寄存器个数	字节数	M1 数据	M2 数据	CRC 校验
ee	10	53 00	00 02	04	00 00	00 00	8b 7c

（7）参数保存指令 在进行参数的修改之后，可以写一次参数保存指令，如表 4-53 所示，将参数写入到驱动器 Flash 中。

表4-53 参数保存指令

指令：ee 10 31 00 00 01 02 00 01 67 cf

驱动器地址	功能码	寄存器起始地址	寄存器个数	字节数	数据	CRC 校验
ee	10	31 00	00 01	02	00 01	67 cf

8. 读取解析故障错误代码

（1）示例解析（表 4-54 ～表 4-57）

表4-54 电机M2错误代码（一）

请求电机 M1 错误代码指令：ee 03 54 20 00 02 6e c3

驱动器地址	功能码	寄存器地址	寄存器个数	CRC 校验
ee	03	54 20	00 02	6e c3

表4-55 电机M1错误代码（二）

驱动器应答电机 M1 错误代码数据：ee 03 04 00 00 00 00 fd e4

驱动器地址	功能码	字节数	数据	CRC 校验
ee	03	04	00 00 00 00	fd e4

解析电机 M1 错误代码，数据段为零，无错误。

表4-56 电机M2错误代码（一）

请求电机 M2 错误代码指令：ee 03 54 22 00 02 ae 62

驱动器地址	功能码	寄存器地址	寄存器个数	CRC 校验
ee	03	54 22	00 02	ae 62

表4-57 电机M2错误代码（二）

驱动器应答电机 M2 错误代码数据：ee 03 04 00 00 40 80 9d d4

驱动器地址	功能码	字节数	数据	CRC 校验
ee	03	04	00 00 40 80	9d d4

解析电机 M2 错误代码，数据段为 0x00004080，第 7 位为 1，代表电机线开路，第 14 位为 1，代表编码器错误。

（2）清除错误 清除错误可以让驱动器重新上电，或者发送清除错误指令，如表 4-58 所示。

表4-58 清除错误指令

清除电机 M1 和 M2 错误指令：ee 10 53 00 00 02 04 00 02 00 02 8a 5c

驱动器地址	功能码	寄存器起始地址	寄存器个数	字节数	M1 数据	M2 数据	CRC 校验
ee	10	53 00	00 02	04	00 02	00 02	8a 5c

发生过流错误时只能给驱动器重新上电来清除错误，重新上电前检查硬件是否有问题。

9. CRC 校验计算例程

```
/***
函数名：Calc_Crc(uint8_t *pack_buff,uint8_t pack_len)
说明：Modbus 协议 CRC 校验
传入值：pack_buff指数据包数据;pack_len 指需要校验数据的长度
传出值：返回两个字节的 CRC 校验码
***/
uint16 Calc_Crc(uint8_t *pack_buff,uint8_t pack_len)
{
    uint8_t len = pack_len;
    uint16 crc_result = 0xffff;
    int crc_num = 0;
    int xor_flag = 0;
    for (int i = 0; i < len; i++)
    {
```

```
        crc_result = pack_buff[i];
        crc_num = (crc_result & 0x0001);
        for (int m = 0; m < 8; m++)
        {
            if (crc_num == 1)
                xor_flag = 1;
            else
                xor_flag = 0;
            crc_result >>= 1;
            if (xor_flag)
                crc_result = 0xa001;
            crc_num = (crc_result & 0x0001);
        }
    }
}
```

七、CAN 通信驱动控制

CAN 通信格式兼容 Modbus 协议。读写寄存器可以同时访问 M1 和 M2 电机的寄存器数据，写寄存器数据按照寄存器字节宽度排列。多个字节的数据采用高位在前、低位在后的排列方式。

驱动器出厂通信默认：波特率 1000kbps。

1. 通信协议

（1）CAN 通信协议　CAN 只支持扩展帧，数据帧为写寄存器，远程帧为读寄存器。CAN 数据位为写入寄存器数据，每一帧数据对应一种寄存器，读写数据可以同时访问 M1 和 M2 电机的寄存器数据，写数据和回包数据按照寄存器字节宽度排列。多个字节的数据采用高位在前、低位在后的排列方式。CAN 数据长度 DLC 应该为有效数据的总长度。

（2）CAN 扩展帧 ID 格式（表 4-59）

表4-59　CAN扩展帧ID格式

位区域	28bit	27～20bit	19～16bit	15～0bit
位数	1	8	4	16
定义	数据标识	Slave ID	寄存器个数	寄存器地址
范围	主机发送：0x0；驱动器返回：0x1	0-255	1-2	0-255

（3）CAN 数据位（表 4-60）

表4-60　CAN数据位

data0	data1	data2	data3	data4	data5	data6	data7
数据 0	数据 1	数据 2	数据 3	数据 4	数据 5	数据 6	数据 7

（4）CAN 写寄存器　如图 4-69 所示。

设置 Slave ID 为 1 的驱动器的 5300、5301 寄存器的值为 1（启动 M1、M2 电机）；帧格式为扩展帧 FF=1；扩展帧 ID=0x00125300；帧类型为数据帧 RTR=0；数据长度 DLC=4。

数据位：

data0	data1	data2	data3	data4	data5	data6	data7
0x00	0x01	0x00	0x01				

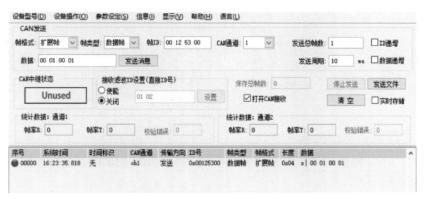

图 4-69　CAN 写寄存器

（5）CAN 读寄存器　如图 4-70 所示。

读取 Slave ID 为 1 的驱动器的 5400 寄存器的值为 1（M1 电机运行状态）；帧格式为扩展帧 FF=1；扩展帧 ID=0x00115400；帧类型为远程帧 RTR=1；数据长度 DLC=0。

数据位：无。

返回：帧格式为扩展帧 FF=1；扩展帧 ID=0x10115400；帧类型为数据帧 RTR=0；数据长度 DLC=2。

数据位：

data0	data1	data2	data3	data4	data5	data6	data7
0x00	0x01						

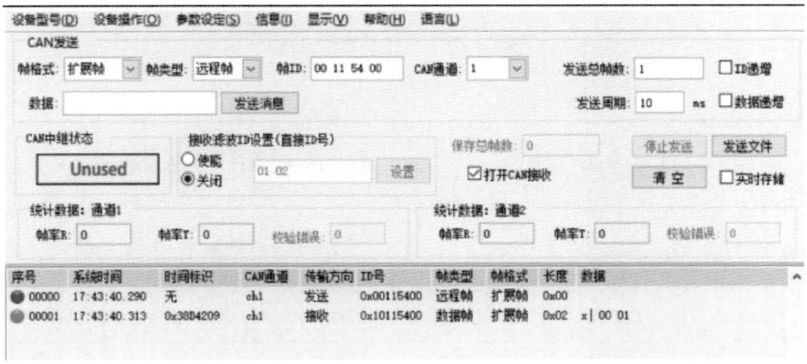

图 4-70　CAN 读寄存器

（6）快速测试电机通信样例　如图 4-71 所示。

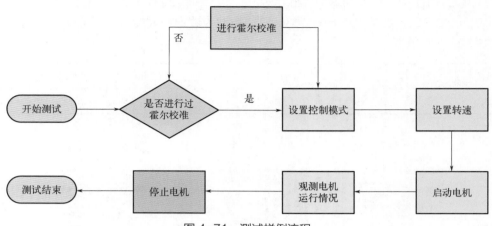

图 4-71　测试样例流程

2. 设置编码器为霍尔传感器

如图 4-72 所示，帧格式为扩展帧 FF=1；扩展帧 ID=0x0012502C；帧类型为数据帧 RTR=0；数据长度 DLC=4。

数据位：

data0	data1	data2	data3	data4	data5	data6	data7
0x00	0x01	0x00	0x01				

图 4-72　测试样例流程

3. 启动霍尔校准

如图 4-73 所示，帧格式为扩展帧 FF=1；扩展帧 ID=0x00125600；帧类型为数据帧 RTR=0；数据长度 DLC=4。

数据位：

data0	data1	data2	data3	data4	data5	data6	data7
0x00	0x01	0x00	0x01				

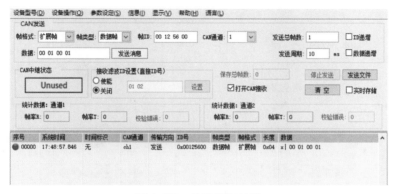

图 4-73　启动霍尔校准

4. 设置控制模式为速度模式

如图 4-74 所示，帧格式为扩展帧 FF=1；扩展帧 ID=0x00125100；帧类型为数据帧 RTR=0；数据长度 DLC=4。

数据位：

data0	data1	data2	data3	data4	data5	data6	data7
0x00	0x00	0x00	0x00				

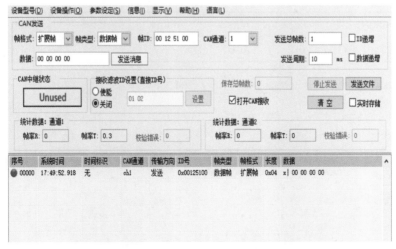

图 4-74　设置控制模式为速度模式

5. 设置转速为 100r/min

如图 4-75 所示，帧格式为扩展帧 FF=1；扩展帧 ID=0x00125304；帧类型为数据帧 RTR=0；数据长度 DLC=4。

数据位：

data0	data1	data2	data3	data4	data5	data6	data7
0x00	0x64	0x00	0x64				

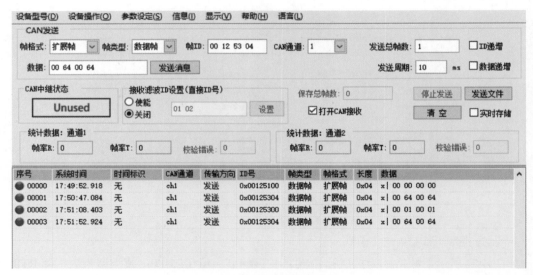

图 4-75　设置转速为 100r/min

6. 启动电机 M1、M2

如图 4-76 所示，帧格式为扩展帧 FF=1；扩展帧 ID=0x00125300；帧类型为数据帧 RTR=0；数据长度 DLC=4。

数据位：

data0	data1	data2	data3	data4	data5	data6	data7
0x00	0x01	0x00	0x01				

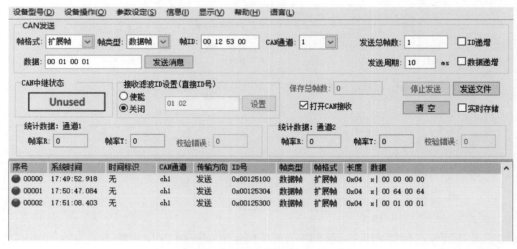

图 4-76　启动电机 M1、M2

7. 停止电机 M1、M2

如图 4-77 所示，帧格式为扩展帧 FF=1；扩展帧 ID=0x00125300；帧类型为数据帧 RTR=0；数据长度 DLC=4。

数据位：

data0	data1	data2	data3	data4	data5	data6	data7
0x00	0x00	0x00	0x00				

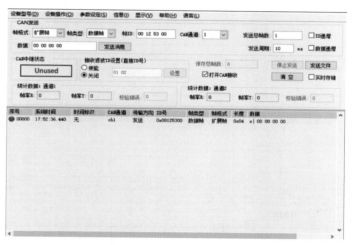

图 4-77　停止电机 M1、M2

8. 参数保存指令

如图 4-78 所示，在进行参数的修改之后，可以写一次参数保存指令，让参数写入到驱动器 Flash 中。

帧格式为扩展帧 FF=1；扩展帧 ID=0x00113100；帧类型为数据帧 RTR=0；数据长度 DLC=2。

数据位：

data0	data1	data2	data3	data4	data5	data6	data7
0x00	0x01						

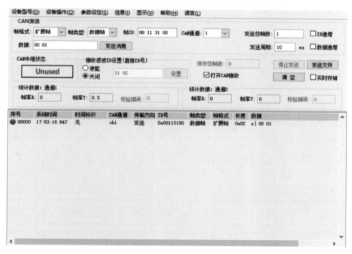

图 4-78　参数保存指令

八、常见故障代码及检修

1. 读取解析故障错误代码

（1）请求电机 M1 错误代码指令　帧格式为扩展帧 FF=1；扩展帧 ID=0x00115420；帧类型为远程帧 RTR=1；数据长度 DLC= 0。

数据位：

data0	data1	data2	data3	data4	data5	data6	data7

返回包：帧格式为扩展帧 FF=1；扩展帧 ID=0x10125420；帧类型为远程帧 RTR=1；数据长度 DLC=4。

数据位：

data0	data1	data2	data3	data4	data5	data6	data7
0x00	0x00	0x00	0x00				

解析电机 M1 错误代码：数据段为零，无错误。如图 4-79 所示。

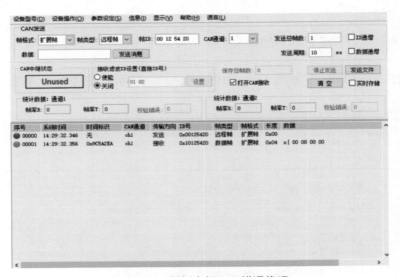

图 4-79　解析电机 M1 错误代码

（2）请求电机 M2 错误代码指令　帧格式为扩展帧 FF=1；扩展帧 ID=0x00125422；帧类型为远程帧 RTR=1；数据长度 DLC=0。

数据位：

data0	data1	data2	data3	data4	data5	data6	data7

返回包：帧格式为扩展帧 FF=1；扩展帧 ID=0x10125422；帧类型为远程帧 RTR=1；数

据长度 DLC=4。

数据位：

data0	data1	data2	data3	data4	data5	data6	data7
0x00	0x00	0x40	0x80				

解析电机 M2 错误代码：数据段为 00004080 第 7 位为 1，代表电机线开路，第 14 位为 1，代表编码器错误。如图 4-80 所示。

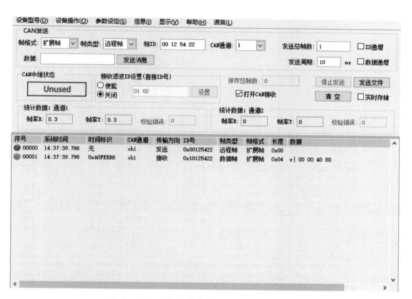

图 4-80　请求电机 M2 错误代码指令

（3）同时请求电机 M1、M2 错误代码指令　帧格式为扩展帧 FF=1；扩展帧 ID=0x00145420 帧类型为远程帧 RTR=1；数据长度 DLC= 0。

数据位：

data0	data1	data2	data3	data4	data5	data6	data7

返回包：帧格式为扩展帧 FF=1；扩展帧 ID=0x1014520；帧类型为远程帧 RTR=1；数据长度 DLC= 4。

数据位：

data0	data1	data2	data3	data4	data5	data6	data7
0x00	0x00	0x00	0x00	0x00	0x00	0x40	0x80

解析数据：电机 M1 错误码：数据段为零，无错误。

电机 M2 错误代码：数据段为 00004080，第 7 位为 1，代表电机线开路，第 14 位为 1，代表编码器错误。如图 4-81 所示。

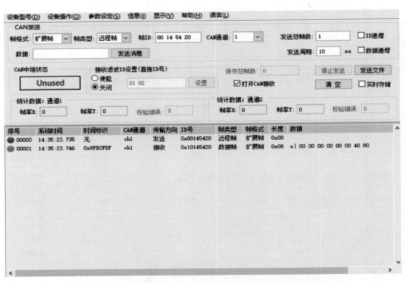

图 4-81　同时请求电机 M1、M2 错误代码指令

（4）清除错误　清除错误可以让驱动器重新上电，或者发送清除错误指令。如图 4-82 所示。

帧格式为扩展帧 FF=1；扩展帧 ID=0x00125300；帧类型为远程帧 RTR=0；数据长度 DLC=4。

数据位：

data0	data1	data2	data3	data4	data5	data6	data7
0x00	0x02	0x00	0x02				

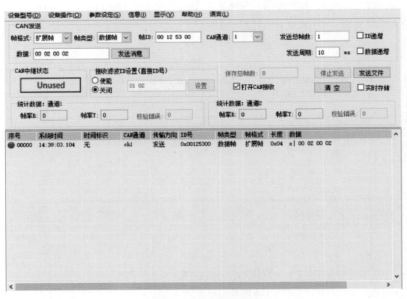

图 4-82　清除错误

发生过流错误时只能给驱动器重新上电来清除错误，重新上电前检查硬件是否有问题。

（5）根据故障错误码（见表4-61）处理

表4-61　错误码及处理

	位	故障类型	可能原因	解决方法
上电自检错误码	0	电流采样异常	供电异常或者电流传感器异常	联系售后
	1	过流保护电路异常	硬件电路异常	联系售后
	2	驱动器电机线异常	电机线对地短路，或者驱动器 MOS 管短路	检测电机线是否对地短路，如果不是，联系售后
	3	母线电压过高或过低	供电电压异常	检查供电电压是否在规定范围之内
	4	驱动器温度检测异常	驱动器温度过高或者硬件电路异常	如果驱动器温度在规定范围之内，请联系售后
	5	驱动器 12V 异常	硬件电路异常	联系售后
	6	驱动器 5V 异常	对外输出 5V 发生短路或者过流	对外 5V 负载总电流不能超过 1A，如果超过 1A 请使用其他电源
	7	电机线路开路	电机线没接好	检查电机线连接情况
运行过程错误码	8	驱动器温度过高	长时间高负载运行	加装 5V 风扇，同时优化驱动器外壳散热环境
	9	电机温度过高	长时间高负载运行	降低电机负载，或者使用更大功率电机
	10	电机过流保护	电机线发生短路	更换电机
	11	电机过载保护	电机受到规定过载保护时间的堵转	①适当软件增加过载保护时间；②使用更大功率电机
	12	过压保护	供电电压不稳定	①建议使用更大电流电源，或者使用电池组供电；②适当增加电机加速斜坡时间
	13	欠压保护	供电电压不稳定	①建议使用更大电流电源，或者使用电池组供电；②适当增加电机减速斜坡时间
	14	编码器输入异常	编码器插头脱落或者编码器损坏	①检查编码器线路是否连接正常；②更换编码器或者电机
	15	硬件版本错误	升级固件不对	重新升级正确固件

2. 应用案例与常见故障检修

（1）快速测试电机通信样例　如图 4-83 所示。

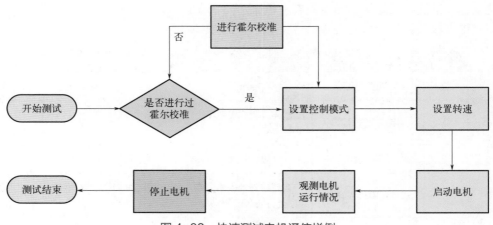

图 4-83　快速测试电机通信样例

（2）CAN 速度模式

❶ 设置编码器为霍尔传感器，如图 4-84 所示。

帧格式为扩展帧 FF=1；扩展帧 ID=0x0012502C；帧类型为数据帧 RTR=0；数据长度 DLC=4。

数据位：

data0	data1	data2	data3	data4	data5	data6	data7
0x00	0x01	0x00	0x01				

图 4-84　CAN 速度模式

❷ 启动霍尔校准，如图 4-85 所示。

帧格式为扩展帧 FF=1；扩展帧 ID=0x00125600；帧类型为数据帧 RTR=0；数据长度 DLC=4。

数据位：

data0	data1	data2	data3	data4	data5	data6	data7
0x00	0x01	0x00	0x01				

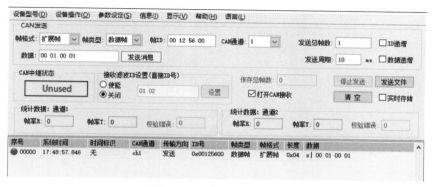

图 4-85　启动霍尔校准

❸ 设置控制模式为速度模式，如图 4-86 所示。

帧格式为扩展帧 FF=1；扩展帧 ID=0x00125100；帧类型为数据帧 RTR=0；数据长度 DLC=4。

数据位：

data0	data1	data2	data3	data4	data5	data6	data7
0x00	0x00	0x00	0x00				

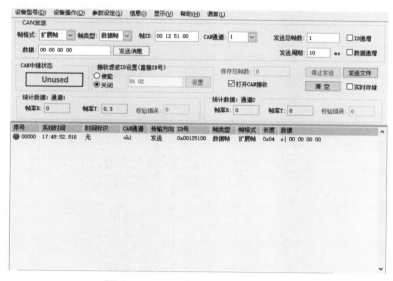

图 4-86　设置控制模式为速度模式

❹ 设置转速为 100r/min，如图 4-87 所示。

帧格式为扩展帧 FF=1；扩展帧 ID=0x00125304；帧类型为数据帧 RTR=0；数据长度 DLC=4。

数据位：

data0	data1	data2	data3	data4	data5	data6	data7
0x00	0x64	0x00	0x64				

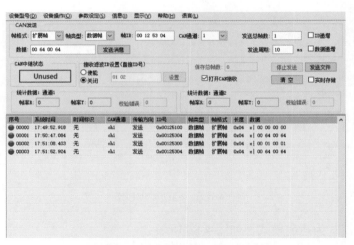

图 4-87　设置转速为 100r/min

❺ 启动电机 M1、M2，如图 4-88 所示。

帧格式为扩展帧 FF=1；扩展帧 ID=0x00125300；帧类型为数据帧 RTR=0；数据长度
DLC=4。

数据位：

data0	data1	data2	data3	data4	data5	data6	data7
0x00	0x01	0x00	0x01				

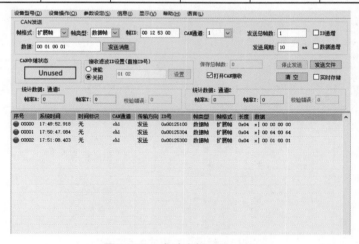

图 4-88　启动电机 M1、M2

❻ 停止电机 M1、M2，如图 4-89 所示。

帧格式为扩展帧 FF=1；扩展帧 ID=0x00125300；帧类型为数据帧 RTR=0；数据长度
DLC=4。

数据位：

data0	data1	data2	data3	data4	data5	data6	data7
0x00	0x00	0x00	0x00				

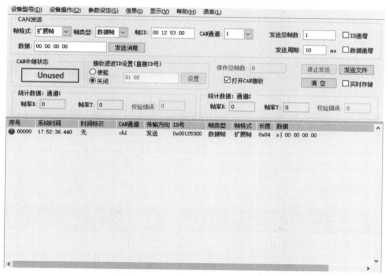

图 4-89　停止电机 M1、M2

❼ 清除错误

驱动器闪红灯或者绿灯则表示驱动器存在故障码，必须清除故障后才可以启动电机。清除错误可以让驱动器重新上电，或者发送清除错误指令。如图 4-90 所示。发生过流错误时只能给驱动器重新上电来清除错误，重新上电前检查硬件是否有问题。

帧格式为扩展帧 FF=1；扩展帧 ID=0x00125300；帧类型为数据帧 RTR=0；数据长度 DLC=4。

数据位：

data0	data1	data2	data3	data4	data5	data6	data7
0x00	0x02	0x00	0x02				

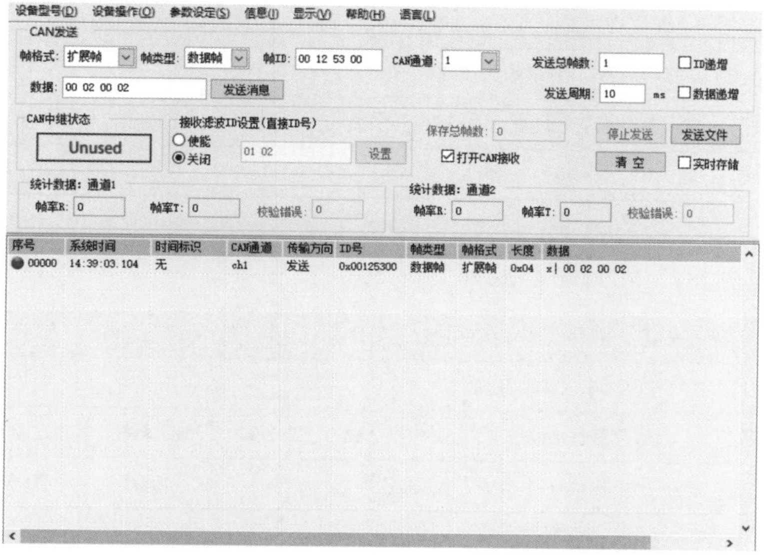

图 4-90　清除错误

3. RS-232、RS-485 速度模式

(1) 设置编码器为霍尔传感器（表4-62）

表4-62　设置编码器为霍尔传感器

指令：ee 10 50 2c 00 02 04 00 01 00 01 36 fa

驱动器地址	功能码	寄存器起始地址	寄存器个数	字节数	M1 数据	M2 数据	CRC 校验
ee	10	50 2c	00 02	04	00 01	00 01	36 fa

(2) 启动霍尔校准（表 4-63）

表4-63　启动霍尔校准

指令：ee 10 56 00 00 02 04 00 01 00 01 db d3

驱动器地址	功能码	寄存器起始地址	寄存器个数	字节数	M1 数据	M2 数据	CRC 校验
ee	10	56 00	00 02	04	00 01	00 01	db d3

(3) 设置控制模式为速度模式（表 4-64）

表4-64　设置控制模式为速度模式

指令：ee 10 51 00 00 02 04 00 00 00 00 eb 65

驱动器地址	功能码	寄存器起始地址	寄存器个数	字节数	M1 数据	M2 数据	CRC 校验
ee	10	51 00	00 02	04	00 00	00 00	eb 65

(4) 设置转速为 100r/min（表 4-65）

表4-65　设置转速为100r/min

指令：ee 10 53 04 00 02 04 00 64 00 64 4c 3d

驱动器地址	功能码	寄存器起始地址	寄存器个数	字节数	M1 数据	M2 数据	CRC 校验
ee	10	53 04	00 02	04	00 64	00 64	4c 3d

(5) 启动电机 M1、M2（表 4-66）

表4-66　启动电机M1、M2

指令：ee 10 53 00 00 02 04 00 01 00 01 8b ec

驱动器地址	功能码	寄存器起始地址	寄存器个数	字节数	M1 数据	M2 数据	CRC 校验
ee	10	53 00	00 02	04	00 01	00 01	8b ec

(6) 停止电机 M1、M2（表 4-67）

表4-67 停止电机M1、M2

指令：ee 10 53 00 00 02 04 00 00 00 00 8b 7c

驱动器地址	功能码	寄存器起始地址	寄存器个数	字节数	M1 数据	M2 数据	CRC 校验
ee	10	53 00	00 02	04	00 00	00 00	8b 7c

（7）清除错误 驱动器闪红灯或者绿灯则表示驱动器存在故障码，必须清除故障后才可以启动电机。

清除错误可以让驱动器重新上电，或者发送清除错误指令，如表 4-68 所示。

发生过流错误时只能给驱动器重新上电来清除错误，重新上电前检查硬件是否有问题。

表4-68 清除错误指令

清除电机 M1 和 M2 错误指令：ee 10 53 00 00 02 04 00 02 00 02 8a 5c

驱动器地址	功能码	寄存器起始地址	寄存器个数	字节数	M1 数据	M2 数据	CRC 校验
ee	10	53 00	00 02	04	00 02	00 02	8a 5c

4. 故障处理

（1）LED 错误指示灯 见表 4-69。

表4-69 LED错误指示灯

	指示灯显示类型	错误
开机自检错误绿灯闪烁	绿灯 1 闪	电流采样异常
	绿灯 2 闪	过流保护电路异常
	绿灯 3 闪	驱动器电机线异常
	绿灯 4 闪	母线电压过高或过低
	绿灯 5 闪	驱动器 12V 异常
	绿灯 6 闪	驱动器 5V 异常
	绿灯 7 闪	电机线路开路
	绿灯 8 闪	驱动器温度过高
运行错误红灯闪烁	红灯 1 闪	紧急停止键按下
	红灯 2 闪	编码器输入异常
	红灯 3 闪	电机过流保护
	红灯 4 闪	电机过载保护
	红灯 5 闪	过压保护
	红灯 6 闪	欠压保护
	红灯 7 闪	驱动器温度过高

（2）根据错误码处理　见表 4-61

（3）根据现象处理　见表 4-70。

表4-70　现象及处理

	现象	可能原因	处理方法
1	一启动就发生过载保护	①电机线 UVW 跟霍尔 UVW 线序不对；②电机参数设置不对	①依次调换电机线 UVW 做空载尝试；②连上位机检查电机极对数和编码器线数是否正确
2	一启动电机发生飞车	电机线 UVW 跟霍尔 UVW 线序不对	依次调换电机线 UVW 做空载尝试
3	电机无法启动	①驱动器检查到错误异常；②参数设置不对	①连上位机查看错误码，根据错误码做判别处理；②连上位机检查驱动器和电机各项参数是否正确，使用厂家提供的配置文件重新写入全部参数
4	电机抖动过大	PID 参数不匹配	连上位机重新调节 PID 参数。先把 I 参数调至最小，然后调小 P 参数，适当增大 D 参数，然后再适当增加 I 参数
5	整车发生振荡	PID 参数不匹配	调小 I 参数，适当调高 P 参数
6	加减速过于剧烈	加减速斜坡时间太小	适当增大加减速斜坡时间
7	加减速过程容易抖动	转速给定波动较大	适当增大速度平滑时间

第五章

步进电机及驱动电路

第一节　认识步进电机

一、步进电机的结构与工作原理

步进电机是将电脉冲信号转变为角位移或线位移的开环控制电机。步进电机在非超载的情况下，电机的转速、停止的位置只取决于脉冲信号的频率和脉冲数，而不受负载变化的影响。当步进驱动器接收到一个脉冲信号时，它就驱动步进电机按设定的方向转动一个固定的角度（即步距角），它的旋转是以固定的角度一步一步运行的。可以通过控制脉冲个数来控制角位移量，从而达到准确定位的目的；同时可以通过控制脉冲频率来控制电机转动的速度和加速度，从而达到调速的目的。步进电机外形如图 5-1 所示。

图 5-1　步进电机外形

1. 步进电机的工作原理

步进电机是利用电磁铁原理，将脉冲信号转换成线位移或角位移的电机。每来一个电脉冲，电机转动一个角度，带动机械移动一小段距离。

2. 步进电机的结构

步进电机主要由两部分构成：定子和转子。它们均由磁性材料构成。如图 5-2 所示。

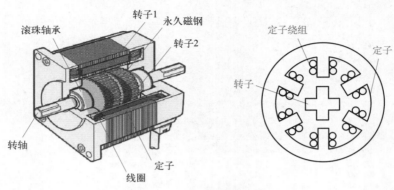

图 5-2　步进电机的结构

二、步进电机名词解释

（1）步距角　步进电机通过一个电脉冲转子转过的角度，称为步距角。

$$\theta_S = \frac{360°}{Z_r N}$$

式中，N 为一个周期的运行拍数，即通电状态循环一周需要改变的次数；Z_r 为转子齿数。

如：$Z_r = 40$，$N = 3$ 时，　$\theta_S = \dfrac{360°}{40 \times 3} = 3°$　。

拍数：$N = km$。m 为相数；$k = 1$ 为半拍制；$k = 2$ 为双拍制。

（2）转速　每输入一个脉冲，电机转过 $\theta_S = \dfrac{360°}{Z_r N}$。即转过整个圆周的 $1/(Z_r N)$，也就是 $1/(Z_r N)$ 转，因此每分钟转过的圆周数，即转速为

$$n = \frac{60 f}{Z_r N} = \frac{60 f \times 360°}{360° Z_r N} = \frac{\theta_S}{6°} f \, (\text{r/min})$$

步距角一定时，通电状态的切换频率越高，即脉冲频率越高时，步进电机的转速越高。脉冲频率一定时，步距角越大即转子旋转一周所需的脉冲数越少时，步进电机的转速越高。

步进电机的"相"：这里的相和三相交流电中的"相"的概念不同。步进电机通的是直流电脉冲，这主要是指线路的连接和组数的区别。

三、步进电机工作过程

以三相步进电机为例，三相步进电机的工作方式可分为：三相单三拍、三相单双六拍、三相双三拍等。

（1）三相单三拍工作方式

❶ 三相绕组连接方式：Y 型。

❷ 三相绕组中的通电顺序为：A 相—B 相—C 相。

A 相通电，A 方向的磁通经转子形成闭合回路。若转子和磁场轴线方向原有一定角度，则在磁场的作用下，转子被磁化，吸引转子转动，转子的位置力图使通电相磁路的磁阻最小，使转子、定子的齿对齐停止转动。

A 相通电使转子 1、3 齿和 AA′ 对齐。如图 5-3 所示。

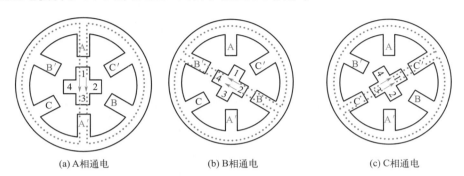

(a) A相通电　　　　　　　(b) B相通电　　　　　　　(c) C相通电

图 5-3　步进电机三相单三拍通电运动过程

这种工作方式因三相绕组中每次只有一相通电，而且一个循环周期共包括三个脉冲，所以称三相单三拍。

B 相和 C 相通电和上述相似。

❸ 三相单三拍的特点。每来一个电脉冲，转子转过 30°。此角称为步距角，用 θ_S 表示。转子的旋转方向取决于三相线圈通电的顺序，改变通电顺序即可改变转向。

正转：A 相—B 相—C 相；　　　反转：A 相—C 相—B 相。

（2）三相单双六拍工作方式　三相绕组的通电顺序为：A—AB—B—BC—C—CA—A 共六拍。如图 5-4 所示。

图 5-4　步进电机三相单双六拍通电顺序

A 相通电，转子 1、3"卡脖子"和 A 相对齐。

A、B 相同时通电，BB′ 磁场对 2、4 齿有磁拉力，该拉力使转子顺时针方向转动；AA′ 磁场继续对 1、3 齿有拉力，所以转子转到两磁拉力平衡的位置上。相对 AA′ 通电，转子转了 15°。

B 相通电，转子 2、4 齿和 B 相对齐，又转了 15°。

总之，每个循环周期，有六种通电状态，所以称为三相六拍，步距角为 15°。

（3）三相双三拍工作方式　三相绕组的通电顺序为 AB—BC—CA—AB 共三拍。通电顺序如图 5-5 所示。

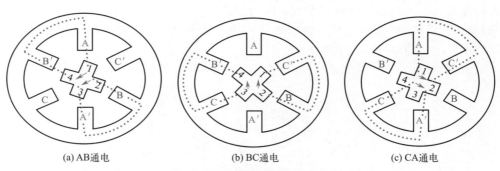

(a) AB通电　　　　　　(b) BC通电　　　　　　(c) CA通电

图 5-5　步进电机三相双三拍通电顺序

工作方式为三相双三拍时，每通入一个电脉冲，转子也是转 30°，即 $\theta_S=30°$。

以上三种工作方式，三相双三拍和三相单双六拍较三相单三拍稳定，因此较常采用。

四、步进电机驱动器与伺服电机驱动器的区别

伺服电机又称执行电机，在自动控制系统中用作执行元件，把收到的电信号转换成电机轴上的角位移或角速度输出。伺服电机内部的转子是永磁铁，驱动器控制的 U/V/W 三相电形成电磁场，转子在此磁场的作用下转动，同时电机自带的编码器反馈信号给驱动器，驱动器根据反馈值与目标值进行比较，调整转子转动的角度。伺服电机的精度决定于编码器的精度（线数），也就是说，伺服电机本身具备发出脉冲的功能，它每旋转一个角度，都会发出对应数量的脉冲，这样伺服驱动器和伺服电机编码器的脉冲形成了呼应，所以它是闭环控制，而步进电机驱动系统大部分是开环控制。

步进电机是将电脉冲信号转变为角位移或线位移的开环控制器件，在非超载的情况下，电机的转速、停止的位置只取决于脉冲信号的频率和脉冲个数，而不受负载变化的影响。当步进驱动器接收到一个脉冲信号时，它就驱动步进电机按设定的方向转动一个固定的角度，它的旋转是以固定的角度一步一步运行的。可以通过控制脉冲个数来控制角位移量，从而达到准确定位的目的，同时可以通过控制脉冲频率来控制电机转动的速度和加速度，从而达到高速的目的。

五、步进电机和伺服电机的区别

❶ 控制精度不同。步进电机的相数和拍数越多，它的精确度就越高；伺服电机取决于自带的编码器，编码器的刻度越多，精度就越高。

❷ 速度响应性能不同。步进电机从静止加速到工作转速需要上百毫秒，而交流伺服系统的加速性能较好，一般只需几毫秒，可用于要求快速启停的控制场合。

❸ 低频特性不同。步进电机在低速时易出现低频振动现象，当它工作在低速时一般采用阻尼技术或细分技术来克服低频振动现象。伺服电机运转非常平稳，即使在低速时也不会出现振动现象。交流伺服系统具有共振抑制功能，可涵盖机械的刚性不足，并且系统内部具有频率解析机能（FFT），可检测出机械的共振点便于系统调整。

❹ 过载能力不同。步进电机一般不具有过载能力，而交流伺服电机具有较强的过载

能力。

⑤ 矩频特性不同。步进电机的输出力矩会随转速升高而下降，交流伺服电机为恒力矩输出。

⑥ 运行性能不同。步进电机的控制为开环控制，启动频率过高或负载过大易出现丢步或堵转的现象，停止时转速过高易出现过冲现象，交流伺服驱动系统为闭环控制，驱动器可直接对电动机编码器反馈信号进行采样，内部构成位置环和速度环，一般不会出现步进电机的丢步或过冲的现象，控制性能更为可靠。

⑦ 控制方式不同。步进电机是开环控制，伺服电机是闭环控制。

第二节　常用驱动集成电路及典型应用电路

一、步进电机控制集成电路

❶ Allegro MicroSystems 公司的步进电机驱动器集成电路。Allegro MicroSystems 公司生产许多 H 桥电机驱动器，特别是双全桥电机驱动器也可用于步进电机的双极性驱动控制。该公司生产的这类集成电路见表 5-1。

表5-1　Allegro MicroSystems公司的单极性步进电机驱动器集成电路

型号	特点	工作电压 /V	工作电流 /A
A5804	四相译码器 / 驱动器	50	1.25
SLA7024	四相控制器 / 驱动器	46	1.0
SLA7050M	四相译码器 / 驱动器	46	1.0
SMA7029	四相 PWM 控制器 / 驱动器	46	1.0
SLA7042	四相微步距驱动器	46	1.2
SLA7032M	四相驱动器	46	1.5
A2540	四相驱动器	50	1.8
SLA7051M	四相译码器 /PWM 驱动器	46	2.0
SLA7026	四相 PWM 控制器 / 驱动器	46	3.0
SLA7044	四相微步距 PWM 控制器 / 驱动器	46	3.0
SLA7052M	四相译码器 / 驱动器	46	3.0

❷ Infineon 公司生产的步进电机驱动器集成电路（见表 5-2）。

表 5-2　Infineon 公司生产的两相步进电机驱动器集成电路

型号	峰值电流 /A	输出电流 /A	工作电压 /V	封装	保护
TCA 3727	2×1.0	2×0.75	5.0 ~ 50	P-DIP-20-6	对地短路

型号	峰值电流 /A	输出电流 /A	工作电压 /V	封装	保护
TCA 3727-G	2×1.0	2×0.75	5.0 ~ 50	P-DSO-24-3	对地短路
TLE 4726-G	2×1.0	2×0.8	5.0 ~ 50	P-DSO-24-3	对地短路
TLE 4727	2×1.0	2×0.8	5.0 ~ 16	P-DIP-20-3	全保护
TLE 4728-G	2×1.0	2×0.8	5.0 ~ 16	P-DSO-24-3	全保护
TLE 4729-G	2×1.0	2×0.8	5.0 ~ 16	P-DSO-24-3	全保护

❸ STMicroelectronics 公司生产的步进电机控制集成电路（见表 5-3）。

表 5-3　STMicroelectronics 公司生产的步进电机控制集成电路

型号	说明	封装
L297/1	步进电机控制器	DIP20
L297D	步进电机控制器	SO20
L6201	双 H 桥驱动器	SO20
L6201P	双 H 桥驱动器	POWERSO20
L6202	双 H 桥驱动器	POWERDIP（12+3+3）
L6203	双 H 桥驱动器	MULTIWATT 11
L6204	双 H 桥 DMOS 驱动器	POWERDIP（16+2+2）
L6204D	双 H 桥 DMOS 驱动器	SO20
L6205D	双 H 桥 DMOS 驱动器	SO20（16+2+2）
L6205N	双 H 桥 DMOS 驱动器	POWERDIP（16+2+2）
L6205PD	双 H 桥 DMOS 驱动器	POWERSO20
L6206D	双 H 桥 DMOS 驱动器	SO24（20+2+2）
L6206N	双 H 桥 DMOS 驱动器	POWERDIP（20+2+2）
L6206PD	双 H 桥 DMOS 驱动器	POWERSO36
L6207D	双 H 桥 DMOS 驱动器	SO24（20+2+2）
L6207N	双 H 桥 DMOS 驱动器	POWERDIP（20+2+2）
L6207PD	双 H 桥 DMOS 驱动器	POWERSO36
L6208D	全集成步进电机驱动器	SO24（20+2+2）
L6208N	全集成步进电机驱动器	POWERDIP（20+2+2）
L6208PD	全集成步进电机驱动器	POWERSO36
L6210	双肖特基二极管桥	

型号	说明	封装
L6219	步进电机驱动器	POWERDIP（20+2+2）
L6219DS	步进电机驱动器	SO（20+2+2）
L6219DSA	汽车步进电机驱动器	SO（20+2+2）
L6258	PWM 控制大电流步进电机驱动器	POWERSO36
L6258E	PWM 控制大电流步进电机驱动器	POWERSO36
L6506D	步进电机电流控制器	SO20
L6506	步进电机电流控制器	DIP18
L8219LP	大电流步进电机驱动器	SO28EP
L8219P	大电流步进电机驱动器	POWERSO36
PBL3717A	步进电机驱动器	POWERDIP（12+2+2）
TEA3717DP	步进电机驱动器	POWERDIP（12+2+2）
TEA3718DP	步进电机驱动器	POWERDIP（12+2+2）
TEA3718SDP	步进电机驱动器	POWERDIP（12+2+2）
TEA3718SFP	步进电机驱动器	SO20
TEA3718SP	步进电机驱动器	MULTIWATT15
TEF3718DP	步进电机驱动器	POWERDIP（12+2+2）
TEF3718SDP	步进电机驱动器	POWERDIP（12+2+2）
TEF3718SP	步进电机驱动器	MULTIWATT15
TEF3718SSP	步进电机驱动器	MULTIWATT15

❹ ON Semiconductors 公司生产的步进电机控制集成电路（见表 5-4）。

表5-4　ON Semiconductors公司生产的步进电机控制集成电路

型号	名称	电源电压 /V	输出峰值电流 /mA	功能	保护	封装
CS4161	两相步进电机驱动器	24	85	8 步，16 步模式	欠电压，过电压，短路	DIP-8
CS8441	两相步进电机驱动器	24	85	8 步，16 步模式	过电压，短路	DIP-8
MC3479	两相步进电机驱动器	16.5	350	正反转，整步 / 半步		DIP-16

❺ SANYO 公司生产的两相步进电机驱动器集成电路（见表 5-5 ～表 5-7）。

表5-5 SANYO公司生产的两相步进电机驱动器集成电路

型号	特点	封装	说明
LB1650	工作电压 4.5 ～ 36.0V，最大输出电流 2A	DIP 16F	两相，标准
LB1651	工作电压 4.5 ～ 36.0V，最大输出电流 2A	DIP 20H	两相，标准
LB1651D	双极性	DIP 30SD	两相，标准
LB1656M	用于 FDD，过热关机	SOP 16FS	两相，标准
LB1657M	用于 FDD，过热关机	SOP 16FS	两相，标准
LB1836M	最小工作电压 2.5V，过热关机	SOP 14S	两相，低电压，低饱和
LB1837M	最小工作电压 3.0V，最大输出电流 0.25A	SOP 14S	两相，低电压，低饱和
LB1838M	最小工作电压 2.5V，过热关机	SOP 14S	两相，低电压，低饱和
LB1839M	最小工作电压 3.0V，最大输出电流 0.25A	SOP 14S	两相，低电压，低饱和
LB1840M	最小工作电压 3.0V，最大输出电流 0.25A	SOP 14S	两相，低电压，低饱和
LB1846M	1 ～ 2 相激励，小封装，I_O=800mA	SOP 10S	两相，低饱和
LB1848M	两相激励，小封装，I_O=800mA	SOP 10S	两相，低饱和
LB1936V	用于扫描仪	SSOP 16	两相，低饱和
LB1937T	2 个步进电机驱动，用于 DSC	TSSOP24	两相
LB1939T	两相步进电机驱动，薄型封装，I_O=300mA，2V 可用	TSSOP20	3V 恒压 / 恒流，低饱和

表5-6 SANYO两相步进电机微步距驱动器

型号	特点	封装	说明
LB11847	1 ～ 2 相激励，TTL 逻辑电平输入	DIP28H	PWM 电流控制
LB11945H	1 ～ 2 相激励，3.3V 电源	HSOP 28H	PWM 电流控制
LB11946	1 ～ 2 相激励，串行输入	DIP 28H	PWM 电流控制
LB1845	用于喷墨打印机	DIP 28H	45V，1.5A，PWM 电流控制
LB1847	数字电流选择，1 ～ 2 相激励	DIP 28H	PWM 电流控制
LB1945D	数字电流选择，噪声消除功能	DIP 24H	PWM 电流控制
LB1945H	数字电流选择，噪声消除功能	HSOP 28H	PWM 电流控制
LB1946	1 ～ 2 相激励，串行输入	DIP 28H	PWM 电流控制

表5-7　SANYO公司生产的步进电机驱动器厚膜集成电路

型号	封装	特点	电机电压 U_{CC1}/V	电源电压 U_{CC2}/V	最大输出电流 I_{Omax}/A
STK6713AMK3	SIP 16	输入高有效			3
STK6713AMK4	SIP 16	输入高有效	10 ~ 42	5	3
STK6713BMK3	SIP 16	输入低有效			3
STK6713BMK4	SIP 16	输入低有效	10 ~ 42	5	3
STK672-010	SIP 20		18 ~ 42	5	1.7
STK672-020	SIP 20	含分配器	18 ~ 42	5	3
STK672-040	SIP 22	支持微步操作，含分配器	10 ~ 42	5	1.5
STK672-050	SIP 22	支持微步操作，含分配器	10 ~ 42	5	3
STK672-060	SIP 22	支持微步操作，含分配器	10 ~ 42	5	1.2
STK672-070	SIP 15	支持微步操作，含分配器	10 ~ 42	5	1.5
STK672-080	SIP 15	支持微步操作，含分配器	10 ~ 42	5	2.8
STK672-110	SIP 12	含分配器	10 ~ 42	5	1.8
STK672-120	SIP 12	含 4 相分配器	10 ~ 42	5	2.4
STK672-210	SIP 12		10 ~ 42	5	1.5
STK672-220	SIP 12		10 ~ 42	5	2.8
STK672-311	SIP 12	支持微步操作，含分配器，薄型封装	10 ~ 42	5	1.5
STK672-311A	SIP 12	支持微步操作，含分配器，薄型封装	10 ~ 42	5	1.5
STK672-330	SIP 12	含分配器，薄型封装，ENABLE	10 ~ 42	5	1.8
STK672-340	SIP 12	含分配器，ENABLE	10 ~ 42	5	2.4
STK673-010	SIP 28	支持微步操作，含分配器，三相	16 ~ 30	5	2.4
STK673-011	SIP 15	含分配器，整步 / 半步	10 ~ 28	5	2

❻ 三菱电机公司生产的步进电机驱动器集成电路（见表 5-8）。

表5-8　三菱电机公司生产的步进电机驱动器集成电路

型号	功能	封装
M54640P	双极性步进电机驱动器，电流斩波控制	16-DIP

型号	功能	封装
M54646AP	双极性步进电机驱动器，2相电流斩波控制	28-SDIP
M54670P	双极性步进电机驱动器，2相电流斩波控制	32-SDIP
M54676P	双极性步进电机驱动器，2相电流斩波控制	20-DIP
M54677FP	双极性步进电机驱动器，2相电流斩波控制	36-SSOP
M54678FP	双极性步进电机驱动器，2相电流斩波控制	36-SSOP
M54679FP	双极性步进电机驱动器，2相电流斩波控制	42-HSSOP

二、步进电机控制集成电路——FT609 电路

FerretTronics 公司的 FT609 是一个步进电机逻辑控制器集成电路。它只需要一个驱动电路和少量外部阻容元件就能通过一个 2400bps 串行线，提供丰富的控制功能，完全控制一台步进电机。因为 FT609 没有高的电流能力，不能直接驱动步进电机，因此需要使用例如 L293（推挽式的两相驱动器）、UDN2544（四达林顿功率驱动器）芯片或一组晶体管电路作为驱动级。

1. 引脚功能说明

FT609 采用 DIP-8 封装，其引脚功能见表 5-9。

表5-9　FT609引脚功能说明

引脚号	符号	功能说明	引脚号	符号	功能说明
1	V++	电源	5	A	输出
2	Com	串行口	6	B	输出
3	D	输出	7	C	输出
4	Home	原点	8	Gnd	地

2. 应用技术

FT609 使用电源电压 U++=3.0 ～ 5.5V，四引脚 A、B、C、D 输出电流能力为 25mA。串行线设置为 2400bps，8 位，无校验位，1 为停止位。FT609 指令功能见表 5-10。

表5-10　FT609指令功能

十进制	指令名	功能
192	Go	步进电机按预置模式开始步进
193	WaveDrive	设置为波形驱动方式
194	TwoPhase	设置为两相驱动方式
195	Half Step	设置为半步驱动方式
196	CCW	设置为逆时针方向
197	CW	设置为顺时针方向

十进制	指令名	功能
198	Stop	停止步进，但不清除原设定的模式
199	StepOne	前进一步
200	HomeOn	在启动时，使步进电机停在原点 T 上
203	HomeCountOn	在 Home 脚为高电平时，使电机走过规定步数
204	CountOn	启动时，设置电机要走的步数
205	LoadCount	将步数装入计数器，2 字节
206	Use2544	将引脚 2 和 3 反相，允许 FT609 直接与 2544 芯片配套工作
207	StoreStepTime	存储步与步之间的时间，2 字节
208	StoreRampInterval	存储斜坡时间间隔，1 字节
209	StoreRampStepTime	存储斜坡步时间，1 字节
210	StoreRampStartTime	存储斜坡开始时间，2 字节
213	RampOn	设置上斜坡模式
214	HomeOff	清除 Home 模式
215	CountOff	清除计数模式
217	RampOff	清除上斜坡模式
218	KeepEnergized	当电机无步进时，维持激励
219	DeEnergize	当电机无步进时，不激励
222	StoreRampEndTime	存储斜坡功能的快速时间
223	Continue	当停止指令已下达，继续步进

FT609 有三种步进通电顺序供选择：

❶ 波形驱动（WaveDrive）是 4 步驱动方式，每步都是单相通电，其通电顺序见表 5-11。

表5-11　波形驱动的通电顺序

序号	a	b	c	d	序号	a	b	c	d
1	ON	OFF	OFF	OFF	3	OFF	OFF	ON	OFF
2	OFF	ON	OFF	OFF	4	OFF	OFF	OFF	ON

❷ 两相驱动（TwoPhase）是 4 步驱动方式，每步都是两相通电，其通电顺序见表 5-12。

表5-12　两相驱动的通电顺序

序号	a	b	c	d	序号	a	b	c	d
1	ON	ON	OFF	OFF	3	OFF	OFF	ON	ON
2	OFF	ON	ON	OFF	4	ON	OFF	OFF	ON

❸ 半步驱动（HalfStep）是 8 步驱动方式，依次按单相 - 两相交替方式通电，其通电顺序见表 5-13。

表5-13　半步驱动的通电顺序

序号	a	b	c	d
1	ON	OFF	OFF	OFF
2	ON	ON	OFF	OFF
3	OFF	ON	OFF	OFF
4	OFF	ON	ON	OFF
5	OFF	OFF	ON	OFF
6	OFF	OFF	ON	ON
7	OFF	OFF	OFF	ON
8	ON	OFF	OFF	ON

利用 FT609 可实现步进电机的下列几种运动控制：
- 单步模式；
- 连续步进模式；
- 步进规定的步数；
- Energize/DeEnergize 功能；
- Home 功能；
- 斜坡（ramp）模式。

用于四相步进电机单极性驱动的应用电路如图 5-6 所示，用于两相步进电机双极性驱动的应用电路如图 5-7 所示。

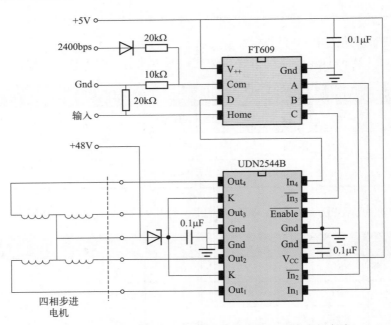

图 5-6　FT609 用于四相步进电机单极性驱动的应用电路

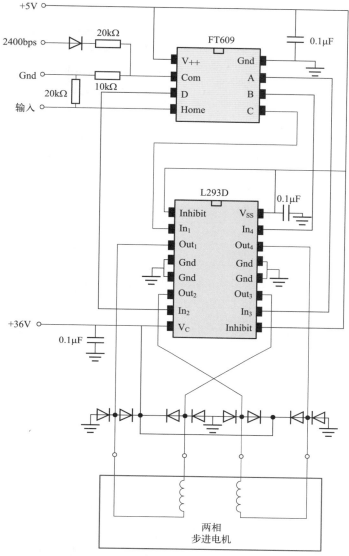

图 5-7 FT609 用于两相步进电机双极性驱动的应用电路

三、四相步进电机驱动集成电路 MTD1110

新电元（SHINDENGEN）公司的 MTD1110 是一个单极性驱动器，适用于四相步进电机整步 / 半步、正 / 反转控制。它采用单列直插 ZIP-27 封装。

1. 主要应用参数

电机电源电压　　　U_{MM}：～ 32V；
输出耐压　　　　　U_{OUT}：70V；
逻辑电源　　　　　U_{CC}：4.75 ～ 5.25V；
最大输出电流　　　I_O：1.5A；
斩波频率　　　　　f_{chop}：20 ～ 27kHz。

2. 引脚功能说明（见表5-14）

表5-14　MTD1110引脚功能说明

引脚号	符号	功能说明	引脚号	符号	功能说明
1	V_{CC}	逻辑电源，5V	15	R_SB	接传感电阻
2	ALARM	保护报警	16	Out B	输出
3	CR A	接定时 R_tC_t 网络	17	NC	空引脚
4	V_{REF}A	参考电压	18	Out $\overline{B}$	输出
5	V_sA	电流传感输入	19	NC	空引脚
6	IN $\overline{A}$	输入	20	PGB	功率地
7	IN A	输入	21	IN B	输入
8	PGA	功率地	22	IN $\overline{B}$	输入
9	NC	空引脚	23	V_sB	电流传感输入
10	Out $\overline{A}$	输出	24	V_{REF}B	参考电压
11	NC	空引脚	25	CR B	接定时 R_tC_t 网络
12	Out A	输出	26	ENA	使能控制
13	R_SA	接传感电阻	27	LG	逻辑地
14	COM	外接保护齐纳二极管			

3. 应用电路说明

MTD1110 内部电路框图和应用连接电路如图 5-8 所示。

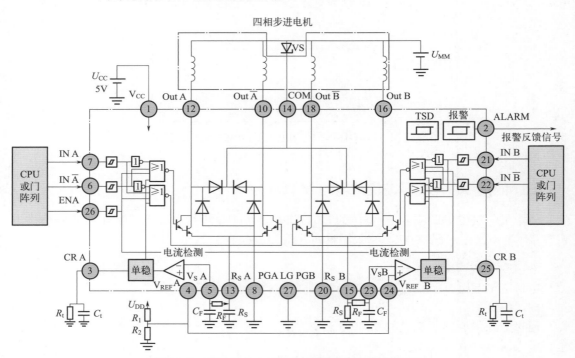

图 5-8　MTD1110 内部电路框图和应用连接电路

MTD1110 的输出级是四个低侧驱动的达林顿晶体管，分别由四个输入 INA、INA̅、INB、INB̅ 脚和一个使能输入 ENA 脚控制，如表 5-15 所示真值表，它们决定输出导通或关闭、导通电流方向。从而，从外面的 CPU 或门阵列的时序得到步进电机的整步或半步、正 / 反转、启动和停止控制。由传感电阻、单稳电路组成固定 OFF 时间恒流斩波控制，利用参考输入 V$_{REF}$ 设定输出电流值。OFF 时间由外接的 R_t 和 C_t 决定：

$$T_{OFF}=0.69R_tC_t$$

低侧驱动输出利用 8 个钳位二极管和一个外接齐纳二极管保护，使输出电压限制在输出达林顿晶体管的耐压 70V 之内。

表5-15　真值表

ENA	INA（INB）	INA̅（INB̅）	OUTA（OUTB）	OUTA̅（OUTB̅）
L	L	L	OFF	OFF
L	L	H	OFF	ON
L	H	L	ON	OFF
L	H	H	OFF	OFF
H	×	×	OFF	OFF

注：×——L 或 H。

四、双 H 桥步进电机驱动集成电路

ON Semiconductor 公司的 CS4161 和 CS8441 都是两相步进电机驱动器，它们是为汽车里程表驱动应用设计的，也可用于类似的小型两相步进电机驱动。它可选择两种工作模式：对应每转 8 个信号（模式 1）和 16 个信号（模式 2）。内部有两个 H 桥输出级，H 桥驱动能力为 85mA，推荐电源电压为 6.5 ～ 24V。内部逻辑顺序器的设计使上下桥臂不会同时发生导通。在芯片内部有钳位二极管对输出部分进行保护。

CS4161/CS8441 包括过电压和短路保护电路。它们的引脚是完全相同的，性能是相似的。但 CS4161 包括一个欠电压闭锁（UVLO）的附加功能，使输出级被禁止，直到电源电压恢复到 5.6V 以上，系统才返回正常。下面以 CS4161 为例说明。

1. 引脚功能说明（见表 5-16）

表5-16　CS4161引脚功能说明

引脚号	符号	功能说明	引脚号	符号	功能说明
1	GND	地	5	SELECT	两种工作模式选择
2	COILA+	输出级，接 A 相绕组	6	COILB-	输出级，接 B 相绕组
3	COILA-	输出级，接 A 相绕组	7	COILB+	输出级，接 B 相绕组
4	SENSOR	速度信号输入	8	V$_{CC}$	电源

2. 工作原理

CS4161 内部电路框图如图 5-9 所示。

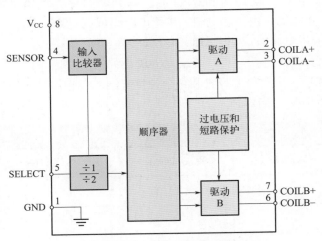

图 5-9　CS4161 内部电路框图

（1）SENSOR 速度传感器输入　SENSOR 是一个 PNP 比较器输入端，它接收外面的正弦波或方波速度信号输入。这个输入具有对高于输入电压和低于地的电压的钳位保护。由于电路串接 100kΩ 电阻，使此输入端可承受 DC 150V 电压和 1.5mA（max）电流。

（2）SELECT 选择输入　如图 5-9 所示，速度传感器输入频率被内部分频器分频，由 SELECT 脚的电平决定分频系数是 1 或 2：

逻辑 1—分频系数 1；

逻辑 0—分频系数 2。

由于本芯片中，步进电机按准半步模式工作，即电机转一转走 8 步，有 8 个状态，输入 8 个脉冲，如表 5-17 所示的状态表。

表5-17　电机的状态和绕组电流

状态	绕组 A 电流	绕组 B 电流	状态	绕组 A 电流	绕组 B 电流
0	+	+	4	−	−
1	OFF	+	5	OFF	−
2	−	+	6	+	−
3	−	OFF	7	+	OFF

3. 应用技术

如果按里程计应用电路接法（见图 5-10），取 SELECT=1（分频系数 =1）时，SENSOR 速度传感器输入信号 SS1 的 8 个脉冲跳沿对应于电机 8 个状态（电机转一转），如图 5-11 所示。

如果取 SELECT=0（分频系数 =2）时，SENSOR 速度传感器输入信号 SS1 的 16 个脉冲跳沿才对应于电机 8 个状态（电机转一转），如图 5-12 所示。

SELECT 的不同选择决定了车轮的转数和里程计示数会有不同的比例关系。

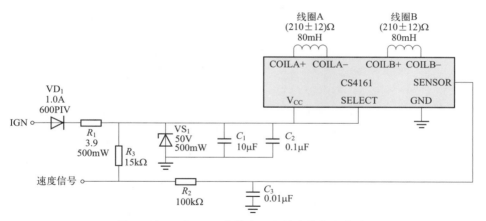

图 5-10　CS4161 在汽车里程计中的应用电路

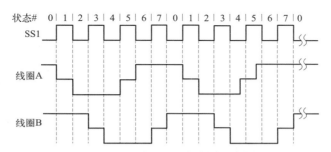

图 5-11　SELECT=1 时的两相电流与速度信号 SS1 关系

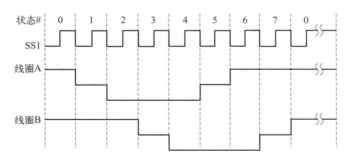

图 5-12　SELECT=0 时的两相电流与速度信号 SS1 的关系

 第三节　**伺服 / 步进电机驱动器电路实例分析**

　　步进电机驱动器由功放板、控制板两块电路板组成，功放板电路图见图 5-13，控制板电路图见图 5-14。

1. 电源电路

　　从接线端子 J11 接入的 24 ～ 40V 直流电源经过熔断管后分为两部分，一部分为输出电路供电，一部分经过三端稳压电源 U1、U2、U3 产生控制用的 +15V、+5V 两种电源。U1 的输出为 +24V，对外没有用到，但 7824 三端稳压电源有较高的 40V 的输入耐压。增加 U1 为了减小 U2 的功耗，同时解决 7815 三端稳压电源的输入耐压只有 35V，低于最高的电源电压的问题。

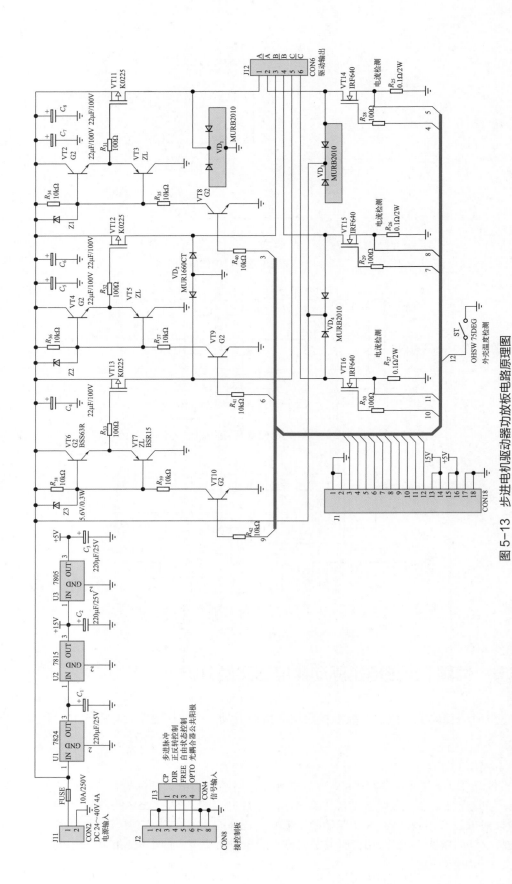

图 5-13　步进电机驱动器功放板电路原理图

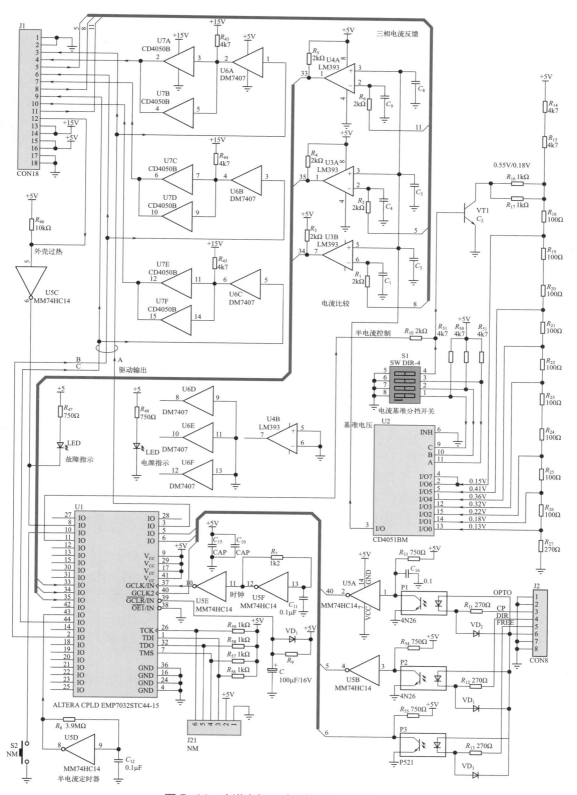

图 5-14 步进电机驱动器控制板电路原理图

2. 功放电路

J12 接步进电机的三相绕组的六个端子，J12#1、#2 接 A 相绕组的首端和尾端，J12#3、#4 接 B 相绕组的首端和尾端，J12#5、#6 接 C 相绕组的首端和尾端。当 A 相绕组需要通电时，T11、T14 同时导通，因绕组为电感，所以 A 相绕组的电流近似呈直线上升。通过 R_{25} 对该电流取样检测。当电流达到设定最大值时，T11、T14 同时关断，负载电感的感生电压使续流二极管 VD_1、VD_3 导通，电感通过续流二极管对电源释放存储的能量，电感的电流和开通时相似直线下降。由于电源较高，故电流下降较快。经过一定时间 T11、T14 又同时导通，T11、T14 如此反复通断，A 相绕组的电流会在设定值附近小幅度波动，近似为恒流驱动。当 A 相绕组需要断电时，T11、T14 同时关断，不再导通。这种开关恒流驱动方式效率高，电流脉冲的前后沿很陡，符合步进电机绕组电流波形的要求。T14 的驱动信号为 0 ～ 15V 的矩形波，R_{28} 为防振电阻，防止 T14 的绝缘栅电容和栅极导线电感组成的 LC 电路在矩形波驱动信号的前后沿产生寄生振荡，增加 T14 的损耗。T11 是 P 沟道绝缘栅场效应管，驱动信号要求是相对于电源的 0 ～ -15V，即和电源电压相等时关断，比电源电压低 15V 时导通。

3. 控制电路

由于从控制电路来的控制信号是以低为参考的，因此控制信号需要电位偏移。VT8 的基极的驱动信号为 0 ～ 5V 的与 VT13 同步的矩形波，当 VT8 的电压基极为 0V 时，VT8 截止集电极电流为零，R_{34} 无电流流过，VT2、VT3 的基极电压与电源电压相等，VT2 可以导通，VT3 不会导通，VT11 栅极和电源电压相等，栅极和源极的电压差为 0V，VT11 截止。当 VT8 的电压基极为 5V 时，VT8 导通，R_{34}、R_{35} 有电流流过，VT2、VT3 的基极电压降低，由于稳压二极管 Z1 的反向击穿，VT2、VT3 的基极电压比电源电压低，Z1 击穿电压即低于 15V，VT3 可以导通，VT2 不会导通，VT11 栅极电压比电源电压即源极电压低 15V，VT11 导通。另外两路绕组的驱动电路工作原理相同。本电路用绝缘栅场效应管（MOSFET）作功率开关管，可以工作在很高的开关频率上。续流二极管用肖特基二极管，有很短的恢复时间。ST 为温度开关，当温度高于极限值时断开，作为过热指示和保护的依据。

连接器 J1 与主控板，有三路高边驱动、三路低边驱动、三路电流检测、两路电源和地线。J13 为外接控制线，CP 是步进脉冲，平时为 +5V 高电压，每一个 0V 的脉冲，步进电机转一步。DIR 为正反转控制，+5V 时为正转，0V 为反转。FREE 为自由状态控制，平时为 +5V，0V 时步进电机处于自由状态，任何绕组都不通电，转子可以自由转动，这和停止状态不同，停止状态有一相或两相绕组通电，转子不能自由转动。OPTO 为隔离驱动光电耦合器的公共阳极，接 +5V 电源。这些驱动信号经过 J2 到主控板。

主控板的核心是 U1，U1 是复杂可编程逻辑器件（CPLD），与单片机、数字信号处理器（DSP）比速度要高很多，在 10ns 的数量级，适合于高速脉冲控制。U1#8 为外壳过热检测输入端，同时也是故障指示输出端，低电压表示有故障，外接的红色指示灯亮。外壳过热检测线高电压表示过热，该信号经过非门 U5C 反相接到 U1，R_{46} 是上拉电阻，过热检测开关过热断开时，该线被拉成高电压，而不是悬空的高阻工作状态，U5C 是 CMOS 型集成电路，输入端是绝缘栅，不得悬空。U1#5、#6、#40 分别是正反转控制、自由状态控制、步进脉冲，都经过了光电耦合器隔离。正反转控制、步进脉冲还经过了非门 U5B、U5A 倒相。

U1#37 是工作时钟，时钟振荡器由 U5F、R_7、C_{11} 组成，U5E 提高振荡器的驱动能力。U5F 是有回差的反相器（施密特触发器），利用正负翻转的输入电压的回差和 R_7、C_{11} 的充放电延时组成振荡器。U1#39 为复位输入端，低电压有效。开机上电时，由于电容 C 没充电，电容电压是 0V，U1 内部的状态为规定的初始状态。随着 R_9 对 C 的充电，经过几百毫秒，电压变高，复位完成，U1 开始以复位状态为起点正常工作。U1#1、U1#32、U1#26、U1#7 组成边界检测接口，通过串行总线用专业设备检测和对 U1 的在系统编程。U1#3、U1#2、U1#44 分别为三相脉宽调制（PWM）驱动信号。这三路信号直接输出驱动低边的三个输出场效应管。这三路信号还经过集电极开路的同相门 U6 将 0～5V 的信号变换为 0～15V，R_{43}～R_{45} 是集电极供电电阻。

第六章

常用步进电机控制器接线与应用

 第一节 两相直流数字式步进电机驱动器

一、电路构成与步进电机驱动器细分

以两相步进电机为例，当给驱动器一个脉冲信号和一个正方向信号时，驱动器经过环形分配器和功率放大后，电机顺时针转动；方向信号变为负时，电机就逆时针转动。随着电子技术的发展，功率放大电路由单电压电路、高低压电路发展到现在的斩波电路。其基本原理是：在电机绕组回路中，串联一个电流检测回路，当绕组电流降低到某一下限值时，电流检测回路发出信号，控制高压开关管导通，让高压再次作用在绕组上，使绕组电流重新上升；当电流回升到上限值时，高压电源又自动断开。重复上述过程，使绕组电流的平均值恒定，电流波形的波峰维持在预定数值上，解决了高低压电路在低频段工作时电流下凹的问题，使电机在低频段力矩增大。

步进电机一定时，供给驱动器的电压值对电机性能影响较大，电压越高，步进电机转速越高，加速度越大；在驱动器上一般设有相电流调节开关，相电流设的越大，步进电机转速越高，转矩越大。如图 6-1 所示。

步进电机驱动器细分的作用是提高步进电机的精确度。其中步进电机驱动器环形分配器作用是根据输入信号的要求产生电机在不同状态下的开关波形信号处理。步进电机步距角：控制系统每发一个步进脉冲信号，电机所转动的角度。

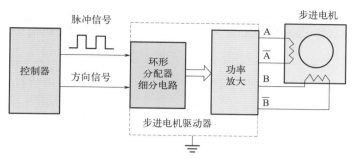

图 6-1　步进电机控制系统原理图

表 6-1 是常用步进电机步距角的细分状态。

表6-1　常用步进电机步距角的细分状态

电机固有步距角	所用驱动器类型及工作状态	电机运行时的真正步距角
0.9°/1.8°	驱动器工作在半步状态	0.9°
0.9°/1.8°	驱动器工作在 5 细分状态	0.36°
0.9°/1.8°	驱动器工作在 10 细分状态	0.18°
0.9°/1.8°	驱动器工作在 20 细分状态	0.09°
0.9°/1.8°	驱动器工作在 40 细分状态	0.045°

二、数字式步进电机驱动器的特点

本节以雷赛 DM432C 数字式步进电机驱动器为例，雷赛 DM432C 数字式步进电机驱动器采用 32 位 DSP 技术，用户可以设置 256 内的任意细分以及额定电流内的任意电流值，能够满足大多数场合的应用需要。 由于采用内置微细分技术，即使在低细分的条件下，也能够达到高细分的效果，低、中、高速运行都很平稳，噪声超小。驱动器内部集成了参数自动整定功能，能够针对不同电机自动生成最优运行参数，最大限度发挥电机的性能。适用于各种中小型自动化设备和仪器，如雕刻机、打标机、切割机、激光照排等。DM432C 数字式步进电机驱动器外形如图 6-2 所示。

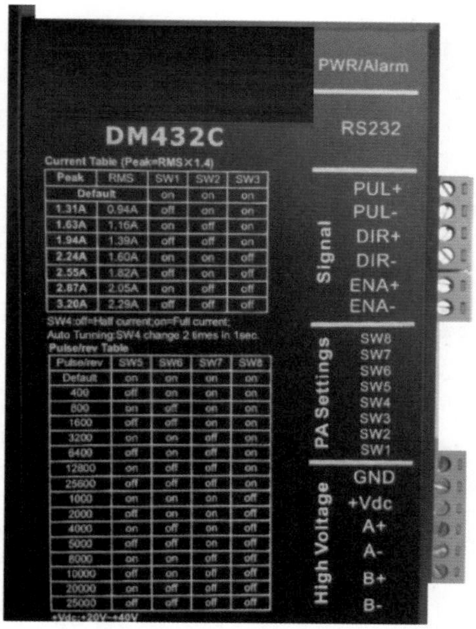

图 6-2　DM432C 数字式步进电机驱动器外形

三、数字式步进电机驱动器接口和接线

1. DM432C 数字式步进电机驱动器的接口

（1）控制信号接口　控制信号接口说明如表 6-2 所示。

表6-2　控制信号接口说明

名称	功能
PUL+（+5V） PUL-（PUL）	脉冲控制信号：脉冲上升沿有效；PUL- 高电平时 4 ~ 5V，低电平时 0 ~ 0.5V。为了可靠响应脉冲信号，脉冲宽度应大于 1.2 μs。如采用 +12V 或 +24V 需串电阻
DIR+（+5V） DIR-（DIR）	方向信号：高 / 低电平信号，为保证电机可靠换向，方向信号应先于脉冲信号至少 5 μs 建立。电机的初始运行方向与电机的接线有关，互换任一相绕组（如 A+、A- 交换）可以改变电机初始运行的方向，DIR- 高电平时 4 ~ 5V，低电平时 0 ~ 0.5V
ENA+（+5V） ENA-（ENA）	使能信号：此输入信号用于使能或禁止。ENA+ 接 +5V，ENA- 接低电平（或内部光耦导通）时，驱动器将切断电机各相的电流使电机处于自由状态，此时步进脉冲不被响应。当不需用此功能时，使能信号端悬空即可

（2）强电接口　强电接口说明如表 6-3 所示。

表6-3　强电接口

名称	功能
GND	直流电源地
+V	直流电源正极，+20 ~ +40V 间任何值均可，但推荐值 +24V DC 左右
A+、A-	电机 A 相线圈
B+、B-	电机 B 相线圈

图 6-3　RS-232
接口引脚排列

（3）RS-232 通信接口　可以通过专用串口电缆连接 PC 机或 STU 调试器，禁止带电插拔。通过 STU 或在 PC 机软件 ProTuner 可以进行客户所需要的细分和电流值、有效沿和单双脉冲等设置，还可以进行共振点的消除调节。通信接口引脚外形如图 6-3 所示，引脚功能说明如表 6-4 所示。

（4）状态指示　绿色 LED 灯为电源指示灯，当驱动器接通电源时，该 LED 灯常亮；当驱动器切断电源时，该 LED 灯熄灭。红色 LED 灯为故障指示灯，当出现故障时，该指示灯以 3s 为周期循环闪烁；当故障被用户清除时，红色 LED 灯常灭。红色 LED 灯在 3s 内闪烁次数代表不同的故障信息，具体关系如表 6-5 所示。

表6-4　引脚功能说明

端子号	符号	名称	说明
1	NC		
2	+5V	电源正端	仅供外部 STU
3	TxD	RS-232 发送端	

端子号	符号	名称	说明
4	GND	电源地	0V
5	RxD	RS-232 接收端	
6	NC		

表6-5 状态指示具体关系

序号	闪烁次数	红色 LED 灯闪烁波形	故障说明
1	1		过流或相间短路故障
2	2		过压故障（电压 > 40V DC）
3	3		无定义
4	4		无定义

2. DM432C 驱动器控制信号接口电路

DM432C 驱动器采用差分式接口电路，可适用差分信号，单端共阴及共阳等接口，内置高速光电耦合器，允许接收长线驱动器、集电极开路和 PNP 输出电路的信号。现在以集电极开路和 PNP 输出为例，接口电路示意图如图 6-4 和图 6-5 所示。

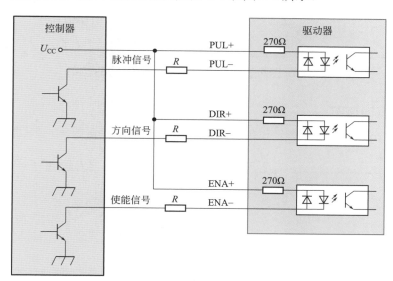

图6-4 输入接口电路（共阳极接法）控制器集电极开路输出

提示：在接线中注意，U_{CC} 值为 5V 时，R 短接；U_{CC} 值为 12V 时，R 为 1kΩ，大于等于 1/4W 电阻；U_{CC} 值为 24V 时，R 为 2kΩ，大于等于 1/2W 电阻。R 必须接在控制器信号端。

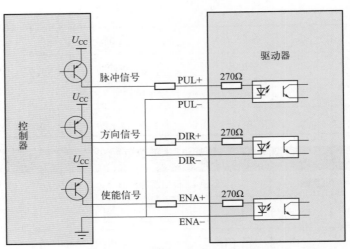

图6-5 输入接口电路（共阴极接法）控制器 PNP 输出

例如：西门子 PLC 系统和驱动器共阳极的连接如图 6-6 所示。

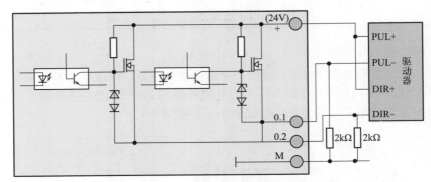

图6-6 西门子 PLC 系统和驱动器共阳极的连接

3. 控制信号时序图

为了避免一些误动作和偏差，PUL、DIR 和 ENA 应满足一定要求，如图 6-7 所示。

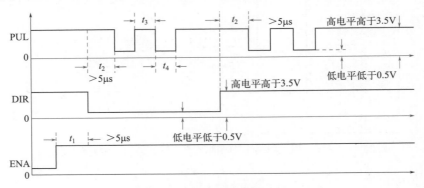

图6-7 控制信号时序图

❶ t_1：ENA（使能信号）应提前 DIR 下降沿至少 5μs，确定为高。一般情况下建议 ENA+ 和 ENA− 悬空即可。

❷ t_2：DIR 至少提前 PUL 下降沿 5μs 确定其状态高或低。

❸ t_3：脉冲宽度不小于 2.5μs。

❹ t_4：低电平宽度不小于 2.5μs。

4. 控制信号模式设置

脉冲触发沿和单双脉冲选择：通过 PC 机软件 ProTuner 软件（一般在厂家随机文件内可以找到）或 STU 调试器设置脉冲上升沿或下降沿触发有效；还可以设置单脉冲模式或双脉冲模式。双脉冲模式时，另一端的信号必须保持在高电平或悬空。

5. DM432C 驱动器接线要求

❶ 为了防止驱动器受干扰，建议控制信号采用屏蔽电缆线，并且屏蔽层与地线短接，除特殊要求外，控制信号电缆的屏蔽线单端接地：屏蔽线的上位机一端接地，屏蔽线的驱动器一端悬空。同一机器内只允许在同一点接地，如果不是真实接地线，可能干扰严重，此时屏蔽层不接。

❷ 脉冲和方向信号线与电机线不允许并排包扎在一起，最好分开 10cm 以上，否则电机噪声容易干扰脉冲方向信号，引起电机定位不准、系统不稳定等故障。

❸ 如果一个电源供多台驱动器，应在电源处采取并联连接，不允许先到一台再到另一台链状式连接。

❹ 严禁带电拔插驱动器强电端子，带电的电机停止时仍有大电流流过线圈，拔插端子将导致巨大的瞬间感生电动势烧坏驱动器。

❺ 接线时注意线头不能裸露在端子外，以防意外短路而损坏驱动器。

四、驱动器电流、细分拨码开关设定和参数自整定

DM432C 驱动器采用八位拨码开关设定细分精度、动态电流、静止半流以及实现电机参数和内部调节参数的自整定。详细描述如图 6-8 所示。

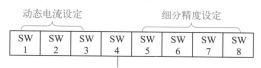

图 6-8　参数自整定

1. 电流设定

（1）工作（动态）电流设定　电流设定如表 6-6 所示。

表 6-6　电流设定

输出峰值电流	输出均值电流	SW1	SW2	SW3	电流自设定
Default		on	on	on	
1.31A	0.94A	off	on	on	
1.63A	1.16A	on	off	on	
1.94A	1.39A	off	off	on	当 SW1、SW2、SW3 均设为 on 时，可以通过 PC 软件设定为所需电流，最大值为 3.2A，分辨率为 0.1A
2.24A	1.60A	on	on	off	
2.55A	1.82A	off	on	off	
2.87A	2.05A	on	off	off	
3.20A	2.29A	off	off	off	

（2）静止（静态）电流设定　静态电流可用 SW4 拨码开关设定，off 表示静态电流设为动态电流的一半，on 表示静态电流与动态电流相同。一般用途中应将 SW4 设成 off，使得电机和驱动器的发热减少，可靠性提高。脉冲串停止后约 0.4s 电流自动减至一半左右（实际值的 60%），发热量理论上减至 36%。

2. 细分设定

驱动器细分设定如表 6-7 所示。

表6-7　驱动器细分设定

步数／转	SW5	SW6	SW7	SW8	微步细分说明
Default	on	on	on	on	
400	off	on	on	on	
800	on	off	on	on	
1600	off	off	on	on	
3200	on	on	off	on	
6400	off	on	off	on	
12800	on	off	off	on	当 SW5、SW6、SW7、SW8 都为 on 时，驱动器细分采用驱动器内部默认细分数：1（整步 =200 步／转）；用户通过 PC 机软件 ProTuner 或 STU 调试器进行细分数设置，最小值为 1，分辨率为 1，最大值为 512
25600	off	off	off	on	
1000	on	on	on	off	
2000	off	on	on	off	
4000	on	off	on	off	
5000	off	off	on	off	
8000	on	on	off	off	
10000	off	on	off	off	
20000	on	off	off	off	
25000	off	off	off	off	

3. 参数自整定功能

若 SW4 在 1s 内变化一次，驱动器便可自动完成电机参数和内部调节参数的自整定；在电机、供电电压等条件发生变化时应进行一次自整定，否则电机可能会运行不正常。注意此时不能输入脉冲，方向信号也不应变化。

参数自整定实现方法：

❶ SW4 由 on 拨到 off，然后在 1s 内再由 off 拨回到 on。
❷ SW4 由 off 拨到 on，然后在 1s 内再由 on 拨回到 off。

五、直流数字式步进电机驱动器供电电源的选择

电源电压在 DC 20 ～ 40V 之间都可以正常工作，对于 DM432C 驱动器最好采用非稳压型直流电源供电，也可以采用变压器降压＋桥式整流＋电容滤波，电容可取 6800μF 或 10000μF。但注意应使整流后电压纹波峰值不超过 40V。厂家一般建议用户使用 24 ～ 36V

直流供电，避免电网波动超过驱动器电压工作范围。如果使用稳压型开关电源供电，应注意开关电源的输出电流范围需设成最大。

对于供电电源接线时请注意：

❶ 接线时要注意电源正负极切勿反接；

❷ 最好用非稳压型电源；

❸ 采用非稳压电源时，电源电流输出能力应大于驱动器设定电流的 60% 即可；

❹ 采用稳压开关电源时，电源的输出电流应大于或等于驱动器的工作电流。

六、直流数字式步进电机驱动器电机的选配

以 DM432C 直流数字式步进电机驱动器为例，DM432C 可以用来驱动 4、6、8 线的两相、四相混合式步进电机，步距角为 1.8° 和 0.9° 的均可适用。选择电机时主要由电机的转矩和额定电流决定。转矩大小主要由电机尺寸决定。尺寸大的电机转矩较大；而电流大小主要与电感有关，小电感电机高速性能好，但电流较大。

❶ 确定负载转矩，传动比工作转速范围。

❷ 电机输出转矩的决定因素。对于给定的步进电机和线圈接法，输出转矩有以下特点：

● 电机实际电流越大，输出转矩越大，但电机铜损（$P = I^2 R$）越多，电机发热偏多；

● 驱动器供电电压越高，电机高速转矩越大；

● 由步进电机的矩频特性图可知，高速比中低速转矩小。

❸ 电机接线。对于 6、8 线步进电机，不同线圈的接法电机性能有相当大的差别，如图 6-9 所示。

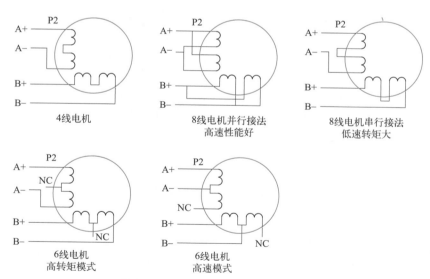

图 6-9　步进电机接线不同性能区别

❹ 输入电压和输出电流的选用。

● 供电电压的设定。一般来说，供电电压越高，电机高速时转矩越大，越能避免高速时掉步。但另一方面，电压太高会导致过压保护，电机发热较多，甚至可能损坏驱动器。在高电压下工作时，电机低速运动的振动会大一些。

● 输出电流的设定值。对于同一电机，电流设定值越大，电机输出转矩越大，但电流大时电机和驱动器的发热也比较严重。具体发热量的大小不单与电流设定值有关，也与运动类型及停留时间有关。我们在实际应用中以下的设定方式采用步进电机额定电流值作为参考，但实际应用中的最佳值应在此基础上调整。原则上如温度很低（<40℃）则可视需要适当加大电流设定值以增加电机输出功率（力矩和高速响应）。

    a. 四线电机：输出电流设成等于或略小于电机额定电流值；

    b. 六线电机高力矩模式：输出电流设成电机单极性接法额定电流的 50%；

    c. 六线电机高速模式：输出电流设成电机单极性接法额定电流的 100%；

    d. 八线电机串联接法：输出电流可设成电机单极性接法额定电流的 70%；

    e. 八线电机并联接法：输出电流可设成电机单极性接法额定电流的 140%。

七、直流数字式步进电机驱动器典型接线举例

❶ DM432C 配 57HS09 串联、并联接法（若电机转向与期望转向不同，仅交换 A+、A− 的位置即可）如图 6-10 所示。

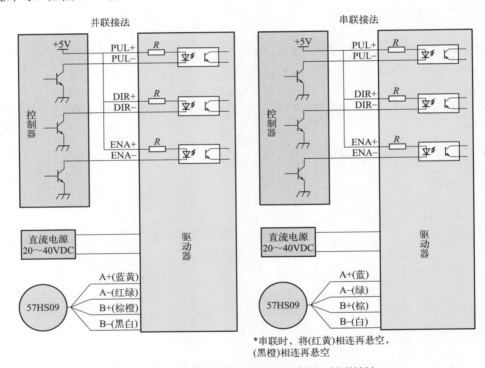

图 6-10　DM432C 配 57HS09 串联、并联接法

　注意：a. 不同的电机对应的颜色不一样，使用时以电机资料说明为准，如 57HS22 与 86 型电机线颜色是有差别的。

    b. 相是相对的，但不同相的绕组不能接在驱动器同一相的端子上（A+、A− 为一相，B+、B− 为另一相），57HS22 电机引线定义、串联、并联接法如图 6-11 所示。

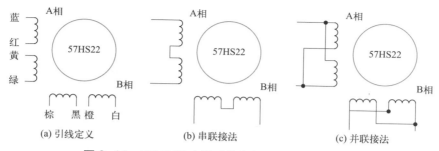

(a) 引线定义　　　　　　(b) 串联接法　　　　　　(c) 并联接法

图6-11　57HS22电机引线定义、串联、并联接法

❷ DMA860H 配 86 系列电机串联、并联接法（若电机转向与期望转向不同，仅交换 A+、A− 的位置即可），DMA860H 驱动器能驱动四线、六线或八线的两相/四相电机。图 6-12 列出了其与 86HS45 电机的典型应用接法。

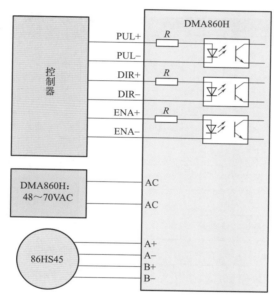

图6-12　DMA860H 配 86HS45 电机典型接法

　在接线中需要注意：

a. 不同的电机对应的颜色不一样，使用时以电机资料说明为准，如 57 与 86 型电机线颜色是有差别的。

b. 相是相对的，但不同相的绕组不能接在驱动器同一相的端子上（A+、A− 为一相，B+、B− 为另一相），86HS45 电机引线定义、串联、并联接法如图 6-13 所示。

c. DMA860H 驱动器只能驱动两相混合式步进电机，不能驱动三相和五相步进电机。

d. 判断步进电机串联或并联接法正确与否的方法：在不接入驱动器的条件下用手直接转动电机的轴，如果能轻松均匀地转动，则说明接线正确，如果遇到阻力较大和不均匀并伴有一定的声音，则说明接线错误。

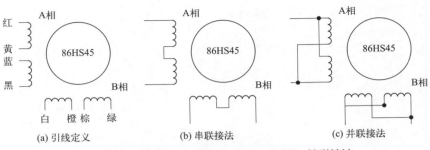

图6-13　86HS45 电机引线定义、串联、并联接法

八、数字式步进电机驱动器常见问题和处理方法

数字式步进电机驱动器常见问题和处理方法如表 6-8 所示。

表6-8　数字式步进电机驱动器常见问题和处理方法

现象	可能问题	解决措施
电机不转	电源灯不亮	检查供电电路，正常供电
	电机轴有力	脉冲信号弱，信号电流加大至 7～16mA
	细分太小	选对细分
	电流设定是否太小	选对电流
	驱动器已保护	重新上电
	使能信号为低	此信号拉高或不接
	对控制信号不反应	未上电
电机转向错误	电机线接错	任意交换电机同一相的两根线（例如 A+、A- 交换接线位置）
	电机线有断路	检查并接对
报警指示灯亮	电机线接错	检查接线
	电压过高或过低	检查电源
	电机或驱动器损坏	更换电机或驱动器
位置不准	信号受干扰	排除干扰
	屏蔽地未接或未接好	可靠接地
	电机线有断路	检查并接对
	细分错误	设对细分
	电流偏小	加大电流
电机加速时堵转	加速时间太短	加速时间加长
	电机转矩太小	选大转矩电机
	电压偏低或电流太小	适当提高电压或电流

第二节 宽电压步进电机数字驱动器接线

一、典型应用接线图

1. 基本接线电路

新力川电气控制有限公司一套完整的步进电机控制系统，应该包含步进电机+步进驱动器+开关电源+控制器（脉冲源），如图 6-14 所示。

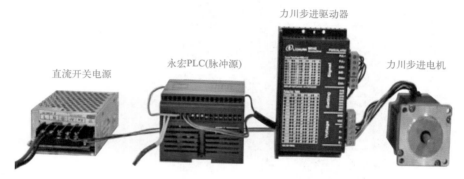

图 6-14 基本接线电路

（1）控制信号接线 MC860G 驱动器所有信号都通过光电隔离，为确保内置高速光耦可靠导通，要求提供控制信号的电流驱动能力至少为 15mA。驱动器内部已串入光耦限流电阻，输入信号电压范围为 5～24V，无须外串电阻。控制信号接线如图 6-15 所示。

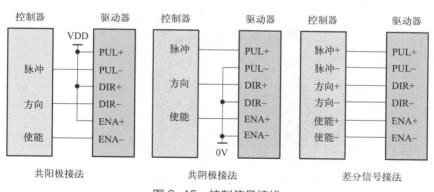

图 6-15 控制信号接线

（2）高压电机驱动器接线 如图 6-16 所示。

2. 串电阻隔离式控制信号接线

MC860G 驱动器所有信号都通过光电隔离，为确保内置高速光耦可靠导通，要求提供控制信号的电流驱动能力至少为 15mA，驱动器内部已串入光耦限流，当输入信号电压高于 5V 时，可根据需要外串 R 进行限流，R 的阻值选取为：

当 V_{CC} 值为 5V 时：$R_1=0$，$R_2=0$；
当 V_{CC} 值为 12V 时：$R_1=1k\Omega$，$R_2=1k\Omega$；
当 V_{CC} 值为 24V 时：$R_1=1.5k\Omega$，$R_2=1.5k\Omega$。

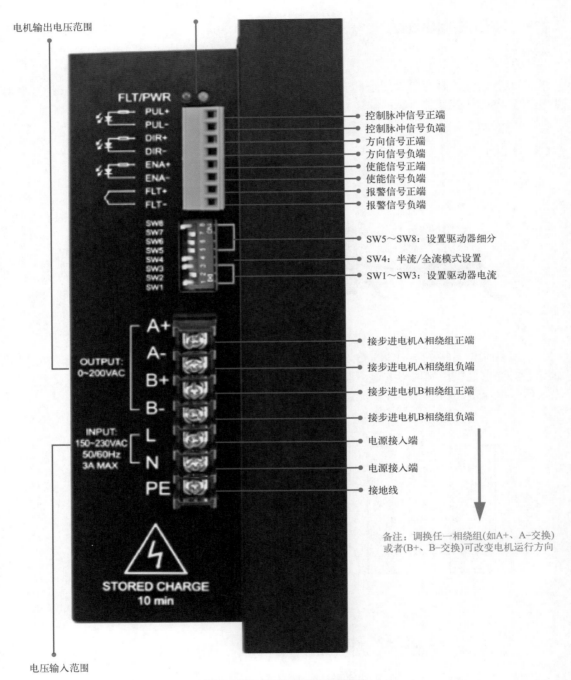

电机输出电压范围

控制脉冲信号正端
控制脉冲信号负端
方向信号正端
方向信号负端
使能信号正端
使能信号负端
报警信号正端
报警信号负端

SW5～SW8：设置驱动器细分
SW4：半流/全流模式设置
SW1～SW3：设置驱动器电流

接步进电机A相绕组正端
接步进电机A相绕组负端
接步进电机B相绕组正端
接步进电机B相绕组负端
电源接入端
电源接入端
接地线

备注：调换任一相绕组(如A+、A-交换)
或者(B+、B-交换)可改变电机运行方向

电压输入范围

图 6-16 高压电机驱动器接线

串电阻隔离式控制信号接线如图 6-17 所示。

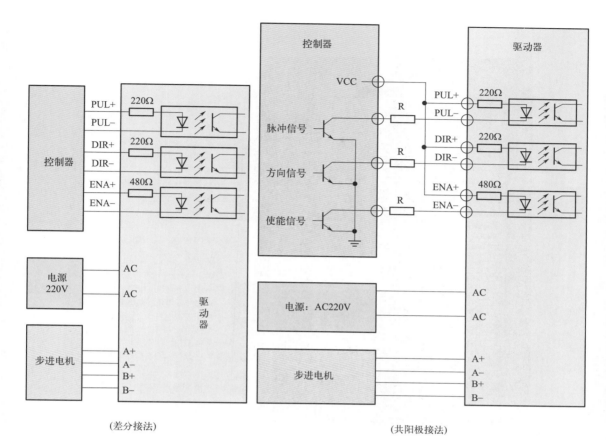

（差分接法）　　　　　　　　　　　　　　（共阳极接法）

图 6-17　串电阻隔离式控制信号接线

3. 驱动器配置信息概览

驱动器配置信息概览如图 6-18 所示。

品牌	Lichuan新力川	产品名称	两相数字式步进驱动器
型号	MC2280H	驱动电机	两相110混合式步进电机
供电范围	AC：185～230V	电流范围	1.6～5.9A(最大8.2A)
细分范围	200～25600ppr	信号电压	支持5～24V
脉冲形式	脉冲+方向	脉冲宽度	大于2.5μs
脉冲响应频率	最高200kHz	报警输出	支持
外形尺寸	187mm×137mm×81mm	重量	1.39kg

图 6-18　驱动器配置信息概览

二、工作电流设定表

工作电流设定表（对应侧面拨码开关：SW1 ～ SW3）如图 6-19 所示。

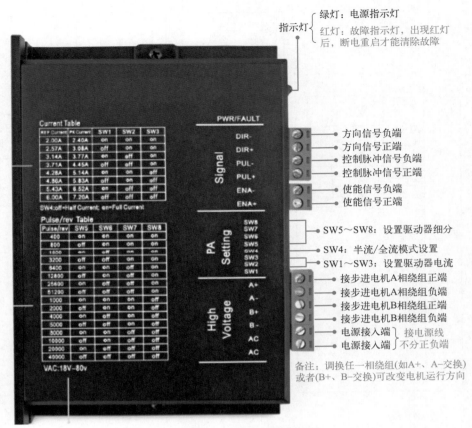

图 6-19　工作电流设定表

三、微步细分设定表

微步细分设定表（对应侧面拨码开关：SW5 ～ SW8）驱动器配置信息概览如表 6-9 所示。

表6-9　驱动器配置信息概览

品牌	Lichuan 新力川	产品名称	两相数字式步进驱动器
型号	MC860G	驱动电机	两相86混合式步进电机
供电范围	VDC：24 ～ 90V 或 VAC：18 ～ 80V	电流范围	2.0 ～ 6.0A（最大 7.2A）
细分范围	400 ～ 51200ppr	信号电压	5 ～ 24V 通用，无须串电阻
脉冲形式	脉冲 + 方向 / 双脉冲（可选）	脉冲宽度	大于 2.5 μs
脉冲响应频率	最高 200kHz	报警输出	不支持
外形尺寸	152mm×97mm×48mm	重量	0.57kg

注：选择开关电源给驱动器供电，功率（电压 × 电流）太小会影响电机扭力和速度的发挥。建议选择合适功率的开关电源。

微步细分设定表如图 6-20 所示。

输出均值电流	输出峰值电流	SW1	SW2	SW3
2.00A	2.40A	on	on	on
2.57A	3.08A	off	on	on
3.14A	3.77A	on	off	on
3.71A	4.45A	off	off	on
4.28A	5.14A	on	on	off
4.86A	5.83A	off	on	off
5.43A	6.52A	on	off	off
6.00A	7.20A	off	off	off

如上图，蓝色区域内，白色的是拨码开关
往下的方向是：on(开)
往上的方向是：off(关)

SW1 SW2 SW3开关：电流设定
分别是：off on on(拨码参照上图)
对应的电流为：2.57A(最大电流是3.08A)

SW4开关：半流/全流功能模式设置，如果设置为on，驱动器电流为2.57A，如果设置为off，电机停止的时候，驱动器电流为2.57/2=1.285A，以此类推。一般用途中应将SW4设成off，使电机的发热减少36%左右，不影响电机性能发挥。如果电机负载大，停顿时间比较短，加减速时间比较快的，可以设为on

步数/转	SW5	SW6	SW7	SW8
400	on	on	on	on
800	off	on	on	on
1600	on	off	on	on
3200	off	off	on	on
6400	on	on	off	on
12800	off	on	off	on
25600	on	off	off	on
51200	off	off	off	on
1000	on	on	on	off
2000	off	on	on	off
4000	on	off	on	off
5000	off	off	on	off
8000	on	on	off	off
10000	off	on	off	off
20000	on	off	off	off
40000	off	off	off	off

SW5 SW6 SW7 SW8开关：细分设定
分别是：on on on off(拨码参照上图)
对应的细分为：1000

小技巧：如驱动器细分数为1000，那么控制器发1000个脉冲给驱动器，电机就跑1圈，发10000个脉冲，电机就跑10圈，其他细分也是一样的原理

(微步细分表，与驱动器面板上一致)

图 6-20　微步细分设定表

四、电流 / 细分设置

驱动器的电流和细分设置是通过侧面拨码开关来控制的。建议在断电的情况下调试电流和细分。电流 / 细分设置如图 6-21 所示。

工作电流设定 微步细分设定

| SW1 | SW2 | SW3 | SW4 | SW5 | SW6 | SW7 | SW8 |

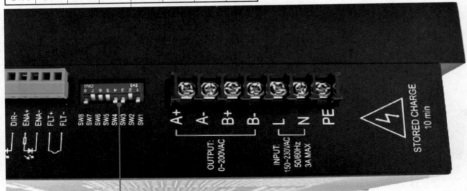

如上图，蓝色区域内，白色的是拨码开关
往下的方向是：on(开)
往上的方向就是：off(关)

SW1 SW2 SW3开关：电流设定
分别是：off on off(拨码参照上图)
对应的电流为：2.3A(最大电流是3.2A)

SW4开关：半流/全流功能模式设置，如果设置为on，驱动器电流为2.3A，如果设置为off，电机停止的时候，驱动器电流为2.3/2=1.15A，以此类推。一般用途中应将SW4设成off，使电机的发热减少36%左右，不影响电机性能发挥。如果电机负载大，停顿时间比较短，加减速时间比较快的，可以设为on

输出峰值电流	输出均值电流	SW1	SW2	SW3
Default		off	off	off
2.2A	1.6A	on	off	off
3.2A	2.3A	off	on	off
4.5A	3.2A	on	on	off
5.2A	3.7A	off	off	on
6.2A	4.4A	on	off	on
7.3A	5.2A	off	on	on
8.2A	5.9A	on	on	on

(电流设置表，与驱动器面板上一致)

SW5 SW6 SW7 SW8开关：细分设定
分别是：on on on off(拨码参照上图)
对应的细分为：1000

小技巧：如驱动器细分数为1000，那么控制器发1000个脉冲给驱动器，电机就跑1圈，发10000个脉冲，电机就跑10圈，其他细分也是一样的原理

步数/转	SW5	SW6	SW7	SW8
Default	on	on	on	on
400	off	on	on	on
800	on	off	on	on
1600	off	off	on	on
3200	on	on	off	on
6400	off	on	off	on
12800	on	off	off	on
25600	off	off	off	on
1000	on	on	on	off
2000	off	on	on	off
4000	on	off	on	off
5000	off	off	on	off
8000	on	on	off	off
10000	off	on	off	off
20000	on	off	off	off
25000	off	off	off	off

(微步细分表，与驱动器面板上一致)

图 6-21 电流／细分设置

第三节 通用步进电机控制器与驱动器电路的接线

一、控制器功能

控制器功能见图 6-22 所示。

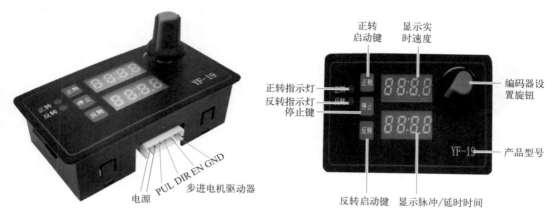

图 6-22 控制器功能

二、控制器与几种驱动器的接线

1. 直接与步进电机驱动板连接

直接与步进电机驱动板连接接线如图 6-23 所示。

图 6-23 与驱动板的连接接线

2. 与常用控制器连接

与常用控制器连接如图 6-24 所示。对于本控制器，外接信号端口预留可以根据需求外部接线控制，如图 6-25 所示。

图 6-24　与常用控制器的连接接线

正转信号
停止信号
反转信号
公共线

图 6-25　端口预留外接信号

三、控制器设置与电机选型

1. 设置说明

短按编码器，显示 A，然后数码管闪烁，表示进入正转脉冲个数调节，此时旋转编码器调节大小；再短按编码器，显示 B，然后数码管闪烁，表示进入反转脉冲个数调节，此时旋转编码器调节大小；再短按编码器，显示 C，然后数码管闪烁，表示进入延时时间调节，此时旋转编码器调节大小（不需要的参数可以不用设置，直接跳过）。

长按编码器，显示 P-1，表示进入模式选择调节，此时旋转编码器调节模式；再短按编码器，显示 D008，表示进入细分调节，此时旋转编码器调节细分大小。

2. 参数范围说明

正转脉冲个数范围：1 ～ 9999 个脉冲

反转脉冲个数范围：1 ～ 9999 个脉冲

延时可调时间范围：0.1 ～ 999s

功能选择设置范围：P-1 ～ P-6

细分选择设置范围：1 ～ 128 细分

3. 步进电机速度设置说明

仪表显示的速度，单位是每分钟多少转，如显示 120.0 表示：速度为 120r/min。

42 和 57 电机速度最快大约可以达到 700r/min；速度跟步进电机型号、步进电机驱动器、力矩等都有一定的关系。

4. 电机及驱动配置说明

42 电机

额定电流：1.5A

步距角：1.8°

轴承：23mm

电机转矩：0.45N·m

轴径：5mm

线长：1000mm

42 电机尺寸：42mm×42mm×40mm（长 × 宽 × 高）

42 电机重量：255g

57 电机

额定电流：3A

步距角：1.8°

轴承：15mm

线长：50mm

电机转矩：0.7N・m

轴径：63mm 上面带有同步齿轮

57 电机尺寸：57mm×57mm×41.7mm（长 × 宽 × 高）

57 电机质量：477g

转矩越大，电机能带的重量就可以越重；具体能带动多重的重量和物体所放位置到轴中心的位置也有关系。

5. 细分说明

正常可以不用调节，按照默认的参数即可使用；如果接自己的驱动器，将驱动器上的细分设置和电路板上的细分保持一致即可。

第七章

总线型步进驱动器接线与软件应用技术

 第一节 **功能与接线**

一、产品规格与功能

新力川系列步进驱动器采用新一代 32 位 DSP 技术，结合了 CANopen 总线控制功能，支持 CIA301 协议及 CIA402.V2 子协议，最大可以挂载 32 个轴，可以实现多轴高速总线同步控制，驱动器支持位置模式、速度模式和回零模式，标准化的协议使整个控制系统更加稳定可靠，同时现场布线简单，可以有效避免传统驱动器在干扰环境中出现脉冲丢失的问题。

1. 通信规格（表 7-1）

表7-1　通信规格

通信规格	物理层	符合 ISO 11898-2 物理层标准
	通信接口	RJ45 × 2
	网络架构	串接
	传输速率	2x1Mbps（半双工）

通信规格	应用层协议	CiA301 及 CiA402 子协议
	从站数量	最大 32 轴
	通信对象	SDO：非周期性数据对象 PDO：周期性数据对象 EMCY：紧急物件
	支持的控制模式	Profile Position Mode（轮廓位置模式） Profile Velocity Mode（速度模式） Homing Mode（回零模式）

2. 产品规格（表 7-2）

表7-2 产品规格

参数 ＼ 驱动型号	CL86-C	OL86-C
匹配电机	60/86	
供电电压	18 ~ 80V AC　36 ~ 110V DC	
最大输出电流	8A	
DI 口输入电流	10 ~ 50mA	
DI 口输入电压	24V DC	
编码器	1000 线增量式	无编码器
串口调试	RS-232 接口	
绝缘电阻	100MΩ	
使用环境	温度：0 ~ 45℃ 湿度：≤ 90%RH 以下　无结露 海拔：≤ 1000m 安装环境：无腐蚀性气体、易燃气体、油雾或尘埃等 振动：小于 0.5G（4.9m/s^2），10 ~ 60Hz（非连续运行）	
存储环境	-20 ~ 65℃（无冻霜），90%RH 以下（不结露）	
驱动尺寸	150×97.5×52.6	
驱动重量		

3. 驱动器各部位说明（图 7-1）

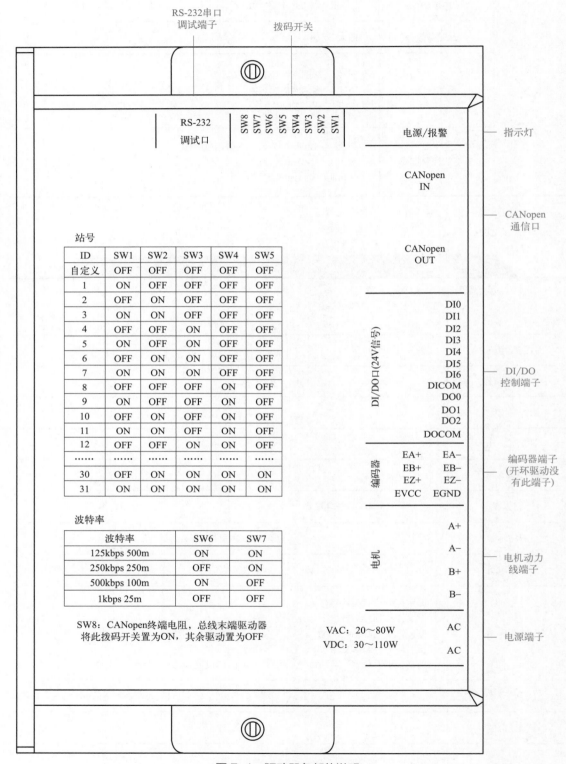

站号

ID	SW1	SW2	SW3	SW4	SW5
自定义	OFF	OFF	OFF	OFF	OFF
1	ON	OFF	OFF	OFF	OFF
2	OFF	ON	OFF	OFF	OFF
3	ON	ON	OFF	OFF	OFF
4	OFF	OFF	ON	OFF	OFF
5	ON	OFF	ON	OFF	OFF
6	OFF	ON	ON	OFF	OFF
7	ON	ON	ON	OFF	OFF
8	OFF	OFF	OFF	ON	OFF
9	ON	OFF	OFF	ON	OFF
10	OFF	ON	OFF	ON	OFF
11	ON	ON	OFF	ON	OFF
12	OFF	OFF	ON	ON	OFF
……	……	……	……	……	……
30	OFF	ON	ON	ON	ON
31	ON	ON	ON	ON	ON

波特率

波特率	SW6	SW7
125kbps 500m	ON	ON
250kbps 250m	OFF	ON
500kbps 100m	ON	OFF
1kbps 25m	OFF	OFF

SW8：CANopen终端电阻，总线末端驱动器
将此拨码开关置为ON，其余驱动置为OFF

图 7-1　驱动器各部位说明

二、驱动端口定义

1. CANopen 通信端口（图 7-2）

管脚	网线颜色	信号定义
1	白橙	CAN+
2	橙	CAN−
3	白绿	GND
4	蓝	NC
5	白蓝	NC
6	绿	NC
7	白棕	NC
8	棕	NC

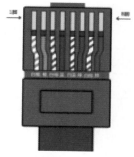

RJ45插头

水晶头引脚顺序

图 7-2　CANopen 通信端口

2. RS-232 通信端口（图 7-3）

管脚	信号定义	说明
1	GND	信号地
2	GND	信号地
3	TXD	通信发送
4	RXD	通信接收
5	GND	信号地
6	GND	信号地

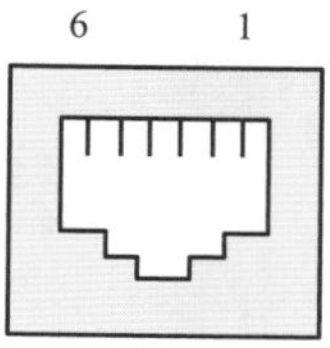

RS-232调试口

图 7-3　RS-232 通信端口

3. 编码器端口（图 7-4）

引脚	定义	说明
1	EA+	编码器A相信号正端/负端
2	EA−	
3	EB+	编码器B相信号正端/负端
4	EB−	
5	EZ+	编码器Z相信号正端/负端
6	EZ−	
7	EVCC	编码器电源正端(5V)
8	EGND	编码器电源负端
9	NC	空脚
10	NC	空脚

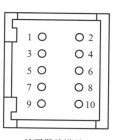

编码器线端子

图 7-4　编码器端口

4. 电机动力线端口（表 7-3）

引脚	定义	说明
1	A+	电机 A 相线圈
2	A-	
3	B+	电机 B 相线圈
4	B-	

表7-3　电机动力线端口

5. 电源端口（表 7-4）

引脚	定义	说明
1	VDC	直流电源正端（24 ~ 50V）
2	GND	直流电源负端

表7-4　电源端口

6. DI/DO 端口（表 7-5）

引脚	定义	说明
1	DI0	单端输入口：有效工作电压 24V
2	DI1	
3	DI2	
4	DI3	
5	DI4	
6	DI5	
7	DI6	
8	DICOM	输入口公共端：可兼容共阳 / 共阴极接法
9	DO0	单端输出口
10	DO1	
11	DO2	
12	DOCOM	输出口公共端：只能接电源负端

表7-5　DI/DO端口

三、接线

1. 驱动接线示意图（图7-5）

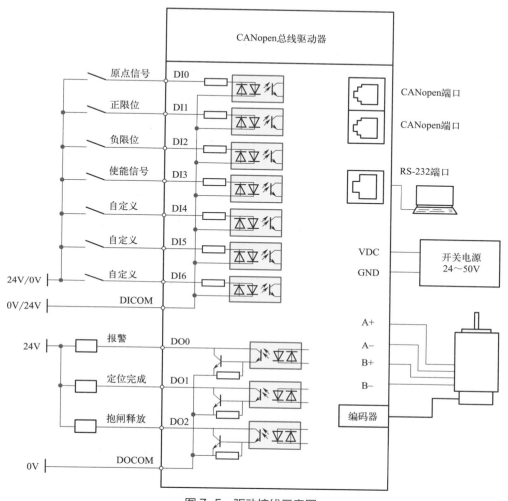

图7-5　驱动接线示意图

提示：

　　① DI 输入口电压为 24V，如果高于 24V 需外加限流电阻。

　　② DI 输入口接线支持共阳极和共阴极接线方式，当 DICOM 为 24V 时，DI 口接 0V 有效，当 DICOM 为 0V 时，DI 口接 24V 有效。

　　③ DO 口公共端 DOCOM 只能接 0V，不能接 24V。

2. DI/DO 口使用说明

　　此系列驱动器提供了 7 路可编程输入接口和 3 路可编程输出接口，每路 DI/DO 对应的功能都可通过 CANopen 总线或者上位机调试软件来进行配置，相关配置参数如表 7-6 所示，功能命令表如表 7-7 和表 7-8 所示。

参数号	MODBUS 地址（十进制）	索引号	子索引	说明	默认值
				表7-6　相关配置参数	
PA_020	32	2400	01	DI 端子有效电平	0
PA_021	33	2400	02	DI0 端子功能选择	1
PA_022	34	2400	03	DI1 端子功能选择	2
PA_023	35	2400	04	DI2 端子功能选择	3
PA_024	36	2400	05	DI3 端子功能选择	0
PA_025	37	2400	06	DI4 端子功能选择	0
PA_026	38	2400	07	DI5 端子功能选择	0
PA_027	39	2400	08	DI6 端子功能选择	0
PA_02A	42	2400	0A	DI 端子滤波系数	0
PA_02B	43	2400	0B	DO 端子有效电平	0
PA_02C	44	2400	0C	DO0 端子功能选择	1
PA_02D	45	2400	0D	DO1 端子功能选择	0
PA_02E	46	2400	0E	DO2 端子功能选择	0
PA_030	48	2401	00	DI0 滤波系数	2
PA_031	49	2402	00	DI1 滤波系数	2
PA_032	50	2403	00	DI2 滤波系数	2
PA_033	51	2404	00	DI3 滤波系数	2
PA_034	52	2405	00	DI4 滤波系数	2
PA_035	53	2406	00	DI5 滤波系数	2
PA_036	54	2407	00	DI6 滤波系数	2

表7-7　DI口功能命令表

命令值	功能说明	命令值	功能说明
0	未定义	7	用户自定义 0
1	原点信号	8	用户自定义 1
2	正限位信号	9	用户自定义 2
3	负限位信号	10	用户自定义 3
4	电机使能信号	11	用户自定义 4
5	停止信号	12	用户自定义 5
6	急停信号	13	用户自定义 6

命令值	功能说明	命令值	功能说明
		表7-8　DO口功能命令表	
0	未定义	5	抱闸释放信号
1	报警信号	9	用户自定义0
2	电机运行信号	10	用户自定义1
3	回零完成信号	11	用户自定义2
4	到位信号		

3. CANopen 安装布线说明（图 7-6）

本系列 CANopen 总线驱动器采用了 2 路标准的 RJ45 网口，其中 1 脚、2 脚分别对应 CAN_H 和 CAN_L 信号线，3 脚对应 GND，通信线建议使用带屏蔽的双绞线或者网线作为传输介质，所有节点均直接连接到这一对公共传输介质上并行排列，接收或发送数据信息。在总线末端的驱动器，需要将拨码开关 SW8 置为 ON，表示接入终端电阻予以终结，以防止节点在网络上发送的信号在到达电缆末端时反射。

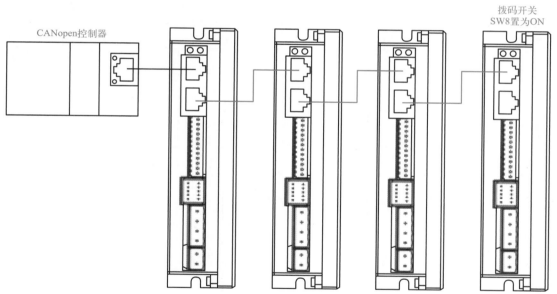

图 7-6　CANopen 安装布线示意图

常用布线长度如表 7-9 所示。

波特率	建议最大长度
	表7-9　常用布线长度
1Mbps	25m
500kbps	100m
250kbps	250m
125kbps	500m

4. 拨码开关设定

本系列 CANopen 总线驱动器，共有 8 位拨码开关，可用来设置 CANopen 站号，通信波特率和终端电阻分配如图 7-7 所示。波特率和站号设置如表 7-10 和表 7-11 所示。

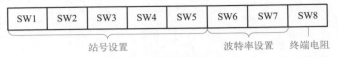

图 7-7　拨码开关设定

表7-10　波特率设置

波特率	SW6	SW7
125kbps	ON	ON
250kbps	OFF	ON
500kbps	ON	OFF
1Mbps	OFF	OFF

表7-11　驱动器站号设置

站号	SW1	SW2	SW3	SW4	SW5	站号	SW1	SW2	SW3	SW4	SW5
自定义	OFF	OFF	OFF	OFF	OFF	16	OFF	OFF	OFF	OFF	ON
1	ON	OFF	OFF	OFF	OFF	17	ON	OFF	OFF	OFF	ON
2	OFF	ON	OFF	OFF	OFF	18	OFF	ON	OFF	OFF	ON
3	ON	ON	OFF	OFF	OFF	19	ON	ON	OFF	OFF	ON
4	OFF	OFF	ON	OFF	OFF	20	OFF	OFF	ON	OFF	ON
5	ON	OFF	ON	OFF	OFF	21	ON	OFF	ON	OFF	ON
6	OFF	ON	ON	OFF	OFF	22	OFF	ON	ON	OFF	ON
7	ON	ON	ON	OFF	OFF	23	ON	ON	ON	OFF	ON
8	OFF	OFF	OFF	ON	OFF	24	OFF	OFF	OFF	ON	ON
9	ON	OFF	OFF	ON	OFF	25	ON	OFF	OFF	ON	ON
10	OFF	ON	OFF	ON	OFF	26	OFF	ON	OFF	ON	ON
11	ON	ON	OFF	ON	OFF	27	ON	ON	OFF	ON	ON
12	OFF	OFF	ON	ON	OFF	28	OFF	OFF	ON	ON	ON
13	ON	OFF	ON	ON	OFF	29	ON	OFF	ON	ON	ON
14	OFF	ON	ON	ON	OFF	30	OFF	ON	ON	ON	ON
15	ON	ON	ON	ON	OFF	31	ON	ON	ON	ON	ON

终端电阻设置：当 SW8 置为 ON 时，会将 1202 终端电阻接入到信号线之间，以防止节

点在网络上发送的信号在到达电缆末端时反射。

 第二节 通信控制说明

本系列驱动器支持 3 种控制模式，可以通过对象 6060h 进行设置，并通过对象 6061h 来监控驱动器当前处于哪种控制模式。如表 7-12 所示。

表7-12　控制模式

索引	子索引	名称	参数值	数据类型	属性
6060h	00	工作模式	0: 未定义 1: 位置模式 3: 速度模式 6: 回零模式	INTEGERS	RW

一、位置模式

1. 相关参数（表 7-13）

表7-13　位置模式相关参数

索引	子索引	名称	设定范围	数据类型	属性
6040h	00	控制命令字	0 ~ 65535	UNSIGNED16	RW
6060h	00	工作模式设置	0, 1, 3, 6	INTEGERS	RW
607Ah	00	目标位置	−1000000 ~ +1000000	INTEGER32	RW
6081h	00	目标速度 /(r/min)	0 ~ 3000	UNSIGNED32	RW
6083h	00	加速时间 /ms	0 ~ 2000	UNSIGNED32	RW
6084h	00	减速时间 /ms	0 ~ 2000	UNSIGNED32	RW
2201h	00	细分	0 ~ 65535	UNSIGNED16	RW
6041h	00	状态字		UNSIGNED16	RO
6061h	00	工作模式监控		INTEGERS	RO
6064h	00	当前位置		INTEGER32	RO

2. 位置模式说明

CANopen 总线位置模式通过主站给定运动参数：目标位置（607Ah-00）、目标速度（6081h-00）、加速时间（6083h-00）、减速时间（6084h-00），驱动器内部根据这几个参数构建运动路径，实现精确的位置控制。运动曲线如图 7-8 所示。

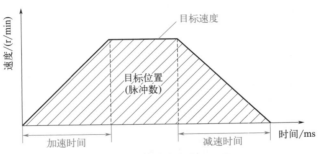

图 7-8 位置模式运动曲线

3. 控制步骤说明

❶ 先设置工作模式（6060h-00）为 1，然后设置监控工作模式（6061h-00）也为 1，表示处于位置模式；

❷ 往控制字中依次写入 6、7、15，中间间隔 10ms 左右，写入完成后，电机即可使能；

❸ 将运动参数写入目标位置（607Ah-00）、目标速度（6081h-00）、加速时间（6083h-00）、减速时间（6084h-00）中；

❹ 通过控制字（6040h-00）的 Bit4 ～ Bit6 来启动电机运行，控制字说明如表 7-14 所示，控制字数值对应表如表 7-15 所示。

表7-14　控制字说明

命令字控制位	功能描述
Bit4	1：启动新目标位置（上升沿触发）
Bit5	0：完成当前位置曲线后，再更新运动参数 1：立即更新运动参数
Bit6	0：绝对定位模式 1：相对定位模式

表7-15　控制字数值对应表

命令字（6040h-00）设置值（十进制）	说明
6->7->15	使能
15->31	启动绝对定位
15->95	启动相对定位
15->63	立即按照新的运动参数，执行绝对定位
15->127	立即按照新的运动参数，执行相对定位
15->11	急停

❺ 通过状态字（6041h-00）可以监控驱动器的当前状态，如表 7-16 所示。

表7-16 通过状态字（6041h-00）监控驱动器的当前状态

状态字对应位	说明
Bit0 ~ Bit2	6040=0 时，6041 的对应位为 000 6040=6 时，6041 的对应位为 001 6040=7 时，6041 的对应位为 011 6040=15 时，6041 的对应位为 111
Bit7	0：驱动器准备好 1：驱动器报警
Bit8	0：回零未完成 1：回零完成
Bit10	0：电机运动中 1：电机转速为 0
Bit12	0：目标位置待生效 1：目标位置生效
Bit15	0：位置模式未到位 1：位置模式定位完成

二、速度模式

1. 相关参数（表 7-17）

表7-17 速度模式相关参数

索引	子索引	名称	设定范围	数据类型	属性
6040h	00	控制命令字	0 ~ 65535	UNSIGNED16	RW
6060h	00	工作模式设置	0, 1, 3, 6	INTEGERS	RW
60FFh	00	目标速度 /(r/min)	0 ~ 3000	UNSIGNED32	RW
6083h	00	加速时间 /ms	0 ~ 2000	UNSIGNED32	RW
6084h	00	减速时间 /ms	0 ~ 2000	UNSIGNED32	RW
6041h	00	状态字		UNSIGNED16	RO
6061h	00	工作模式监控		INTEGERS	RO

2. 控制步骤说明

❶ 先设置工作模式（6060h-00）为 3，然后设置监控工作模式（6061h-00）也为 3，表示处于速度模式；

❷ 往控制字中依次写入 6、7、15，中间间隔 10ms 左右，写入完成后，电机即可使能；

❸ 将运动参数写入目标速度（60FFh-00）、加速时间（ 6083h-00）、减速时间（6084-00）中；

❹ 通过控制字（6040h-00）的 Bit4 ~ Bit6 来启动电机运行，可参考表 7-14 和表 7-15。

三、回零模式

1. 相关参数（表 7-18）

索引	子索引	名称	设定范围	数据类型	属性
6040h	00	控制命令字	0 ~ 65535	UNSIGNED16	RW
6060h	00	工作模式设置	0, 1, 3, 6	INTEGERS	RW
6098h	00	回零模式	17：负限位模式 18：正限位模式 24：正向原点模式 29：反向原点模式	UNSIGNED8	RW
6099h	01	回零速度 /（r/min）	0 ~ 3000	UNSIGNED32	RW
6099h	02	回零爬行时间 /（r/min）	0 ~ 3000	UNSIGNED32	RW
609Ah	00	加减速时间 /ms	0 ~ 2000	UNSIGNED32	RW
607Ch	00	回零偏移	-1000000 ~ +1000000	INTEGER32	RW
6041h	00	状态字		UNSIGNED16	RO
6061h	00	工作模式监控		INTEGERS	RO

表7-18　回零模式相关参数

2. 回零模式说明

❶ 负限位模式（6098h=17）：启动回零后，电机以回零速度（6099h-01）往负方向运行，当检测到负限位开关后减速停止，然后以回零速度（6099h-01）往正方向运行一段距离并减速停止，再以回零爬行速度（6099h-02）往负方向运行，当感应到负限位开关时，电机停止，回零动作完成。如图 7-9 所示。

❷ 正限位模式（6098h=18）：启动回零后，电机以回零速度（6099h-01）往正方向运行，当检测到正限位开关后减速停止，然后以回零速度（6099h-01）往负方向运行一段距离并减速停止，再以回零爬行速度（6099h-02）往正方向运行，当感应到正限位开关时，电机停止，回零动作完成。如图 7-10 所示。

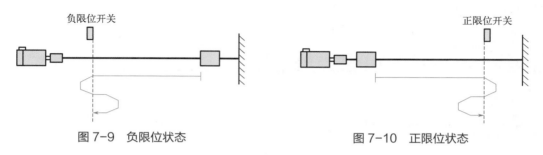

图 7-9　负限位状态　　　　　　　　　　　图 7-10　正限位状态

❸ 正向原点模式（6098h=24）：启动回零后，电机以回零速度（6099h-01）往正方向运行，当检测到原点开关后减速停止，然后以回零速度（6099-01）往负方向运行一段距离并减速停止，再以回零爬行速度（6099h-02）往正方向运行，当感应到原点开关时，电机停止，

回零动作完成。如图 7-11 所示。

④ 反向原点模式（6098h=29）：启动回零后，电机以回零速度（6099h-01）往负方向运行，当检测到原点开关后减速停止，然后以回零爬行速度（6099h-02）往正方向运行，当感应到离开原点开关时，电机停止，回零动作完成。如图 7-12 所示。

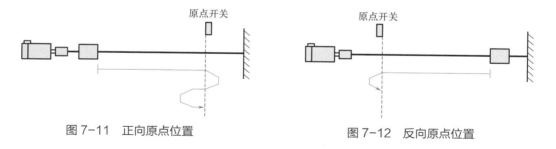

图 7-11　正向原点位置　　　　　　　　图 7-12　反向原点位置

3. 控制步骤说明

① 先设置工作模式（6060h-0）为 6，然后设置监控工作模式（6061h-00）也为 6，表示处于回零模式；

② 往控制字中依次写入 6、7、15，中间间隔 10ms 左右，写入完成后，电机即可使能；

③ 将回零参数写入回零模式（6098h-00）、回零速度（6099h-01）、回零爬行速度（6099h-02）、加减速时间（609Ah-00）中；

④ 通过控制字（6040h-00）的 Bit4 来启动回零，如表 7-19 所示。

表7-19　通过控制字（6040h-00）的Bit4来启动回零

命令字控制位	功能描述
Bit4	0->1：开始回零 1->0：中断回零

⑤ 通过状态字（6041h-00）可以监控驱动器的当前状态，如表 7-20 所示。

表7-20　通过状态字（6041h-00）监控驱动器的当前状态

状态字对应位	名称	说明
Bit8	回零状态	0：回零未完成 1：回零完成
Bit10	运动状态	0：电机运动中 1：电机转速为 0

四、其他常用功能

1. 清除当前位置

当索引 2302h-00 中的值由 0 变为 1 时，会将当前位置值清零，需要手动将其置为 0，此操作可通过 sdo 指令实现。

2. 保存参数

通过 sdo 往索引 2300h-00 中写入 2 时，会保存驱动器当前参数，此操作常用来保存回零速度、加减速、回零模式等参数。

3. 报警复位

将控制字 6040h-00 的 Bit7 置为 1，即可复位驱动器报警，需要手动将其置位 0。

4. 对象字典（表 7-21 ～表 7-23）

表7-21 1000h群组物件

索引	子索引	寄存器地址	项目	说明	属性	数据类型
1000	00	0x0200	设备类型	本设备支持 CIA301、CIA402 协议	（RO）	U32
1009	00	0x0202	硬件版本	硬件版本	（RO）	U16
100A	00	0x0203	软件版本	软件版本	（RO）	U16
1600	00	0x0204	Receive PDO 1 Mapping	接收 PDO 1 信号	（RW）	U8
	01	0x0205			（RW）	U32
	02	0x0207			（RW）	U32
	03	0x0209			（RW）	U32
	04	0x020B			（RW）	U32
1601	00	0x020D	Receive PDO 2 Mapping	接收 PDO 2 信号	（RW）	U8
	01	0x020E			（RW）	U32
	02	0x0210			（RW）	U32
	03	0x0212			（RW）	U32
	04	0x0214			（RW）	U32
1602	00	0x0216	Receive PDO 3 Mapping	接收 PDO 3 信号	（RW）	U8
	01	0x0217			（RW）	U32
	02	0x0219			（RW）	U32
	03	0x021B			（RW）	U32
	04	0x021D			（RW）	U32
1603	00	0x021F	Receive PDO 4 Mapping	接收 PDO 4 信号	（RW）	U8
	01	0x0220			（RW）	U32
	02	0x0222			（RW）	U32
	03	0x0224			（RW）	U32
	04	0x0226			（RW）	U32

索引	子索引	寄存器地址	项目	说明	属性	数据类型
1A00	00	0x0228	Transmit PD0 1 Mapping	传送 PD0 1 信号	（RW）	U8
	01	0x0229			（RW）	U32
	02	0x022B			（RW）	U32
	03	0x022D			（RW）	U32
	04	0x022F			（RW）	U32
1A01	00	0x0231	Transmit PD0 2 Mapping	传送 PD0 2 信号	（RW）	U8
	01	0x0232			（RW）	U32
	02	0x0234			（RW）	U32
	03	0x0236			（RW）	U32
	04	0x0238			（RW）	U32
1A02	00	0x023A	Transmit PD0 3 Mapping	传送 PD0 3 信号	（RW）	U8
	01	0x023B			（RW）	U32
	02	0x023D			（RW）	U32
	03	0x023F			（RW）	U32
	04	0x0241			（RW）	U32
1A03	00	0x0243	Transmit PD0 4 Mapping	传送 PD0 4 信号	（RW）	U8
	01	0x0244			（RW）	U32
	02	0x0246			（RW）	U32
	03	0x0248			（RW）	U32
	04	0x024A			（RW）	U32

表7-22　6000h群组物件

索引	子索引	寄存器地址	项目	说明	属性	数据类型
603F	00	0x024C	Error Code	错误的故障代码 报警代码 FF00 ～ FFFF FF01 为过流报警 FF05 为位置偏差过大	（RW）	U16
6040	00	0x024D	Control word	错误的故障代码	（RW）	U16
6041	00	0x024E	Status word	位置信息	（RO）	U16
605D	00	0x24F	Halt option code	波特率选项代码	（RW）	I16

索引	子索引	寄存器地址	项目	说明	属性	数据类型
6060	00	0x250	Mode of operation	模式控制	（RW）	I8
6061	00	0x251	Mode of operation display	操作显示	（RW）	I8
6064	00	0x252	actual position	实际位置	（RO）	I32
606C	00	0x254	Velocity actual value	实际速度值	（RO）	I32
607A	00	0x256	Target Position	目标位置	（RW）	I3C
607C	00	0x258	Home offset	本位偏移量	（RW）	I32
607D	01	0x25A	Min Position Limit	最小位置限制	（RW）	I32
607D	02	0x25C	Max Position Limit	最大位置限制	（RW）	I32
6081	00	0x25E	Profile velocity	剖面速度	（RW）	U32
6083	00	0x260	Profile acceleration	剖面加速度	（RW）	U32
6084	00	0x262	Profile deceleration	齿形减速度	（RW）	U32
6098	00	0x264	Homing method	自动导航 17：负限位模式： 18：正限位模式： 24：正向原点模式： 29：反向原点模式	（RW）	I8
6099	01	0x265	Homing Research speeds	启动位置开关	（RW）	U32
6099	02	0x267	Homing Research speeds	停止位置归零	（RW）	U32
609A	00	0x269	Homing acceleration	导航加速	（RW）	U32
60FD	00	0x26B	Digital inputs	数字量输入	（RO）	U32
60FE	01	0x26D	数字信号输出	物理量输出	（RW）	U32
60FE	02	0x26F	数字信号输出	Bit mask	（RW）	U32
60FF	00	0x271	Target Velocity	目标速度	（RW）	I32

表7-23　2000h厂家自定义参数

索引	子索引	寄存器地址	项目	说明	属性	数据类型
状态参数组（只读）						
2000	00	0x0000	驱动器型号	驱动器型号代号	（RO）	U16
2001	00	0x0001	驱动器版本	驱动器版本	（RO）	U16

索引	子索引	寄存器地址	项目	说明	属性	数据类型
2100	00	0x0005	运动状态位	Bit0：到位标志位，0：未到位，1：到位； Bit1：回原点完成位，0：未完成，1：完成； Bit2：电机运行位，0：静止，1：运行中； Bit3：报警位，0：正常，1：报警； Bit4：电机使能位，0：使能，1：释放； Bit5：正软限位状态，0：无效：1：有效； Bit6：负软限位状态，0：无效：1：有效	（RO）	U16
2101	00	0x0006	输入端子状态标志位	Bit0：X0 端子输入状态； Bit1：X1 端子输入状态； Bit2：X2 端子输入状态； Bit3：X3 端子输入状态； Bit4：X4 端子输入状态； Bit5：X5 端子输入状态； Bit6：X6 端子输入状态； 0：输入电平无效； 1：输入电平有效	（RO）	U16
2102	00	0x0007	输出端子状态标志位	Bit0：Y0 端子输出状态： Bit1：Y1 端子输出状态； Bit2：Y2 端子输出状态： 0：输出电平无效： 1：输出电平有效	（RO）	U16
驱动器基本控制参数组						
2200	00	0x0010	默认方向	0：Pulse Sign：1：Pulse/Sign；	（RW）	U16
2201	00	0x0011	细分设置	400 ~ 51200	（RW）	U16
2202	00	0x0012	软限位有效位	0：无效：1：回零完成后生效	（RW）	U16
2203	00	0x0013	CAN ID	0 ~ 127	（RW）	U16
2300	00	0x0018	参数操作	0：无效； 1：恢复出厂； 2：保存当前参数	（RW）	U16
2301	00	0x0019	报警复位	0：无效；1：有效	（RW）	U16
2302	00	0x001A	当前位置清除	0：无效；1：有效	（RW）	U16

索引	子索引	寄存器地址	项目	说明	属性	数据类型
				输入输出端子参数组		
2400	01	0x0020	输入端子有效电平	Bit0：输入端子 X0 控制位； Bit1：输入端子 X1 控制位； Bit2：输入端子 X2 控制位； Bit3：输入端子 X3 控制位； Bit4：输入端子 X4 控制位； Bit5：输入端子 X5 控制位； Bit6：输入端子 X6 控制位； 0：默认； 1：电平反转	（RW）	U16
2400	02	0x0021	X0 端子功能选择	0：未定义； 1：原点信号； 2：正限位信号； 3：反限位信号； 4：电机 MF 信号； 5：停止信号； 6：急停信号； 7：用户自定义 0； 8：用户自定义 1； 9：用户自定义 2； 10：用户自定义 3； 11：用户自定义 4； 12：用户自定义 5； 13：用户自定义 6	（RW）	U16
2400	03	0x0022	X1 端子功能选择		（RW）	U16
2400	04	0x0023	X2 端子功能选择		（RW）	U16
2400	05	0x0024	X3 端子功能选择		（RW）	U16
2400	06	0x0025	X4 端子功能选择		（RW）	U16
2400	07	0x0026	X5 端子功能选择		（RW）	U16
2400	08	0x0027	X6 端子功能选择		（RW）	U16
2400	0A	0x002A	输入端子滤波系数	输入端子滤波系数	（RW）	U16
2400	0B	0x002B	输出端子有效电平	Bit0：输出端子 Y0 控制位； Bit1：输出端子 Y1 控制位； 0：默认； 1：电平反转	（RW）	U16
2400	0C	0x002C	Y0 端子功能选择	0：未定义； 1：报警信号； 2：回原点完成信号； 3：驱动器状态信号； 4：到位信号； 5：抱闸信号； 9：用户自定义 0； 10：用户自定义 1； 11：用户自定义 2	（RW）	U16
2400	0D	0x002D	Y1 端子功能选择		（RW）	U16
2400	0E	0x002E	Y2 端子功能选择		（RW）	U16
2401	00	0x0030	X0 滤波系数	X0 滤波系数	（RW）	U16

直流无刷电机与伺服／步进电机驱动控制技术及应用

索引	子索引	寄存器地址	项目	说明	属性	数据类型
2402	00	0x0031	X1 滤波系数	X1 滤波系数	（RW）	U16
2403	00	0x0032	X2 滤波系数	X2 滤波系数	（RW）	U16
2404	00	0x0033	X3 滤波系数	X3 滤波系数	（RW）	U16
2405	00	0x0034	X4 滤波系数	X4 滤波系数	（RW）	U16
2406	00	0x0035	X5 滤波系数	X5 滤波系数	（RW）	U16
2407	00	0x0036	X6 滤波系数	X6 滤波系数	（RW）	U16
性能参数组						
2500	00	0x0050	驱动器运行模式	0：无效； 1：开环模式； 2：闭环模式	（RW）	U16
2501	00	0x0051	编码器分辨率	编码器分辨率	（RW）	U16
2502	00	0x0052	最大峰值电流	单位：mA	（RW）	U16
2503	00	0x0053	闭环最大电流比例	单位：%	（RW）	U16
2504	00	0x0054	闭环基础电流比例	单位：%	（RW）	U16
2505	00	0x0055	开环最大电流比例	单位：%	（RW）	U16
2506	00	0x0056	锁机电流比例	单位：%	（RW）	U16
2507	00	0x0057	锁机电流时间	单位：ms	（RW）	U16
2508	00	0x0058	低通滤波使能	出厂默认，一般情况下不需要调节	（RW）	U16
2509	00	0x0059	低通滤波系数	出厂默认，一般情况下不需要调节	（RW）	U16
250A	00	0x005A	超差报警阈值	出厂默认，一般情况下不需要调节	（RW）	U16
250B	00	0x005B	定位完成阈值	出厂默认，一般情况下不需要调节	（RW）	U16
250C	00	0x005C	定位完成时间	出厂默认，一般情况下不需要调节	（RW）	U16
250D	00	0x005D	均值滤波系数	出厂默认，一般情况下不需要调节	（RW）	U16
250E	00	0x005E	电流环比例	出厂默认，一般情况下不需要调节	（RW）	U16
250F	00	0x005F	电流环比例 Kp	出厂默认，一般情况下不需要调节	（RW）	U16

索引	子索引	寄存器地址	项目	说明	属性	数据类型
2510	00	0x0060	电流环积分 Ki	出厂默认，一般情况下不需要调节	（RW）	U16
2511	00	0x0061	电流环微分 Kc	出厂默认，一般情况下不需要调节	（RW）	U16
2512	00	0x0062	LA 速度 Kp1	出厂默认，一般情况下不需要调节	（RW）	U16
2513	00	0x0063	LA 速度 Kv1	出厂默认，一般情况下不需要调节	（RW）	U16
2514	00	0x0064	速度节点 1	出厂默认，一般情况下不需要调节	（RW）	U16
2515	00	0x0065	LA 速度 Kp2	出厂默认，一般情况下不需要调节	（RW）	U16
2516	00	0x0066	LA 速度 Kv2	出厂默认，一般情况下不需要调节	（RW）	U16
2517	00	0x0067	速度节点 2	出厂默认，一般情况下不需要调节	（RW）	U16
2518	00	0x0068	速度前馈 Kvf	出厂默认，一般情况下不需要调节	（RW）	U16
2519	00	0x0069	位置环 Ki 增益	出厂默认，一般情况下不需要调节	（RW）	U16

5. 报警处理

本系列驱动器报警信息通过指示的闪烁次数来识别，具体的报警信息如表 7-24 所示。

表7-24　报警信息

指示灯闪烁次数	报警说明	故障排除	复位
每 5s 闪烁 1 次	过流报警	①电机线短路，检查电机线； ②电机损坏，测量电机 A 相和 B 相绕组电阻值； ③驱动器损坏，更换驱动器	重启复位
每 5s 闪烁 2 次	过压报警	①供电电压过高，测量供电电压或更换电源； ②驱动器损坏，更换驱动器	重启复位
每 5s 闪烁 3 次	欠压报警	①供电电压过低，测量供电电压或更换电源； ②驱动器损坏，更换驱动器	重启复位
每 5s 闪烁 4 次	存储器读写错误	驱动器损坏，更换驱动器	可复位
每 5s 闪烁 5 次	位置超差报警	①电机动力线相序接错，检查线序； ②电机线缺相，检查线是否断线或接触不良； ③编码器线断线； ④负载堵转； ⑤速度过快	可复位

第八章

伺服/步进、无刷电机与驱动器维修技术

 第一节 伺服电机故障与维修

一、直流伺服电机常见故障

直流伺服电机包括两大类：一类为有刷直流伺服电机，一类为无刷直流伺服电机。其主要应用在多种自动化设备的伺服驱动系统中作为驱动部件，如数控机床、智能机器人等设备，其控制方便、灵活、反应迅速，能输出较大的功率，简化机械传动结构，同时维护方便。所以在数控机床中应用广泛。然而，伺服电机的控制有别于一般的电机，在实际使用中要求掌握特殊工艺维修知识。

直流伺服电机故障有：磁铁爆钢、磁铁脱落、卡死转不动、编码器磨损、码盘/玻璃盘磨损破裂、电机发热发烫、电机进水、电机运转异常、高速运转响声、噪声大、刹车失灵、刹车片磨损、低速正常高速偏差、高速正常低速偏差、启动报警、启动跳闸、过载、过压、过流、不能启动、启动无力、运行抖动、失磁、跑位、走偏差、输出不平衡、编码器报警、编码器损坏、位置不准、一通电就报警、一通电就跳闸、驱动器伺服器报警代码、烧线圈绕组、航空插头损坏、轴承槽磨损、转子断裂、轴断裂、齿轮槽磨损等。在后面小节中将结合实际案例讲解常见故障的检修方法。

二、伺服电机检修调试注意事项与接线方法

1. 检修调试注意事项

❶ 维修伺服电机需要由专业人士进行，维修人员要求熟悉伺服电机结构特点及维修技

❷ 维修前应清理现场，如需拆卸维修，拆卸前应用压缩空气吹扫伺服电机表面上的灰尘，擦拭表面上的污垢。

❸ 为了进一步了解伺服电机运行中的缺陷，如果条件允许，在拆卸前可以进行检查测试。为此，伺服电机被加载到负载上进行测试和旋转，详细检查伺服电机各部分的温度、声音、振动以及电压等。

伺服电机属于较精密的仪器，维修并不容易，在平时的使用过程中还是要注意做好保养工作，这样能尽量延长伺服电机的使用寿命，减少故障发生。

2. 伺服电机的调试方法步骤

伺服电机是指在伺服系统中控制机械元件的电机，在使用之前需要进行调试，伺服电机的调试步骤如下所示。

（1）初始化参数

❶ 在控制卡上：选好控制方式；将 PID 参数清零；让控制卡上电时默认使能信号关闭；将此状态保存，确保控制卡再次上电时即为此状态。

❷ 在伺服电机上：设置控制方式；设置使能由外部控制；设置编码器信号输出的齿轮比；设置控制信号与电机转速的比例关系。

一般来说，建议使伺服工作中的最大设计转速对应 9V 的控制电压。比如，设置 1V 电压对应的转速，出厂值为 500，如果只准备让电机在 1000r/min 以下工作，便将这个参数设置为 111。

（2）控制卡接线 将控制卡断电，连接控制卡与伺服之间的信号线。接线主要接控制卡的模拟量输出线、使能信号线、伺服输出的编码器信号线。复查接线没有错误后，电机和控制卡（以及 PC）上电。用外力转动电机，检查控制卡是否可以正确检测到电机位置的变化，否则检查编码器信号的接线和设置。

（3）试方向 通过控制卡打开伺服的使能信号，这时伺服应该以一个较低的速度转动，这就是"零漂"。一般控制卡上都会有抑制零漂的指令或参数，使用这个指令或参数，看电机的转速和方向是否可以通过这个指令（参数）控制。如果不能控制，检查模拟量接线及控制方式的参数设置。确认给出正数，电机正转，编码器计数增加；给出负数，电机反转，编码器计数减小。如果电机带有负载，行程有限，不要采用这种方式。测试不要给过大的电压，建议在 1V 以下。如果方向不一致，可以修改控制卡或电机上的参数，使其一致。

（4）抑制零漂 使用控制卡或伺服上抑制零漂的参数，仔细调整，使电机的转速趋近于零。由于零漂本身也有一定的随机性，所以不必要求电机转速绝对为零。

（5）建立闭环控制 再次通过控制卡将伺服使能信号放开，在控制卡上输入一个较小的比例增益（可以凭经验判断），如果实在不放心，就输入控制卡能允许的最小值。

（6）调整闭环参数 细调控制参数，确保电机按照控制卡的指令运动，这是必须要做的工作。

3. 调试伺服电机的注意事项

❶ 伺服电机的电缆不要浸没在油或水中。

❷ 如果伺服电机连接到一个减速齿轮，使用伺服电机时应当加油封，以防止减速齿轮的油进入伺服电机。

❸ 伺服电机可以用在会有水或油滴侵袭的场所，但是它不是全防水或防油的。因此，

伺服电机不应当放置或使用在水中或油浸的环境中。

❹ 确保电缆不因外部弯曲力而受到力矩或垂直负荷，尤其是在电缆出口连接处。

❺ 在伺服电机移动的情况下，应把电缆（就是随电机配置的那根）牢固地固定到一个静止的地方（相对电机），并且应当用一个装在电缆支座里的附加电缆来延长它，这样弯曲应力可以减到最小。

❻ 电缆的弯头半径做到尽可能大。

4. 伺服编码器接线方法

伺服编码器是伺服电机使用的编码器，伺服电机编码器接线主要有两种方法。

（1）第一种接线方法　设置好伺服电机相应的位置，连接时伺服电机编码器的接线口朝下，再次设置好伺服电机的终端位置，当只有输入线接入时，编码器属于终端，当两个相应的终端都打开、输入和输出线路都连接时，两个拨号盘设置为1。具体的接线步骤是：

❶ 依次设置动力定位线上连轴端子的附件。

❷ 剥去钢丝外层约10cm的橡胶层。

❸ 打开内金属屏蔽层并将其扭曲成股，剥去电线内部的白色保护层，将屏蔽层连接到相应的螺钉上，并接入网线，再依次连接绿线和红线即可。

这种接线方法的优点是电路内层的屏蔽层接触良好，不过总的接线步骤比较复杂，不容易操作。

（2）第二种接线方法　操作步骤和第一种接线方法一样。只是接线方法有所不同：首先需要使用剥线刀将需要连接的电源线进行相应的剥线处理，再依照相应的顺序连接附件，根据连接线的颜色分别连接到相应的接入点即可，这种接线方法简单并且容易操作。不过这样连接可能会导致伺服电机编码器的屏蔽层接触不良。

（3）延长伺服编码器接线。伺服编码器接线的时候，有时会遇到线不够长的问题。一般来说，伺服编码器的线要用双绞屏蔽线，自己延长时需注意工艺要到位，但不要从原线中间剪断加长。另外，伺服编码器的线太长的话，可能会导致压降、信号延迟、差分对信号失真等问题，因此，如果线不够长的话，还是调整布局比较好。

另外，伺服编码器的线是可以定制的，重新定制或买一根更长的伺服编码器线也比较好。

三、伺服电机常见故障检修

伺服电机是应用于工艺精度、加工效率和工作可靠性等要求相对较高的设备的电机，如果出现故障，需要及时修理，以免影响正常工作，伺服电机故障比较常见的有以下几种。

1. 启动伺服电机前要做的工作

❶ 测量绝缘电阻（对低电压电机不应低于0.5MΩ）。

❷ 测量电源电压，检查电机接线是否正确，电源电压是否符合要求。

❸ 检查启动设备是否良好。

❹ 检查熔断器是否合适。

❺ 检查电机接地、接零是否良好。

❻ 检查传动装置是否有缺陷。

❼ 检查电机环境是否合适，清除易燃品和其他杂物。

2. 电机升温过高或冒烟

故障原因：一般是负载过大，两相运行，风道阻塞，环境温度增高，定子绕组相间或匝间短路，定子绕组接地，电源电压过高或过低。

维修方法：减轻负载或选择大容量电机，清理风道，采取降温措施，用万用表、电压检查输入端电源电压。

3. 电机出现外壳带电现象

故障原因：可能是绕组受潮，绝缘老化，引出线与接线盘壳接地，线圆端部碰端盖。

维修方法：干燥、更换绕组。

4. 伺服电机窜动

故障现象：在进给时出现窜动现象，测速信号不稳定。

故障原因：编码器有裂纹，接线端子接触不良，螺钉松动等；当窜动发生在由正方向运动与反方向运动的换向瞬间时，一般是进给传动链的反向间隙或伺服驱动增益过大所致。

维修方法：调整进给传动链或减小驱动增益参数。

5. 伺服电机爬行

故障原因：大多发生在启动加速段或低速进给时，一般是进给传动链的润滑状态不良，伺服系统增益低及外加负载过大等因素所致。尤其要注意的是，伺服电机和滚珠丝杠连接用的联轴器，由于连接松动或联轴器本身的缺陷，如裂纹等，造成滚珠丝杠与伺服电机的转动不同步，也会使进给运动忽快忽慢。

维修方法：进给传动链润滑，提高伺服系统增益参数，降低外部负载。

6. 伺服电机轴承过热

电机本身：

❶ 轴承内外圈配合太紧；
❷ 零部件形位公差有问题，如机座、端盖、轴等零件同轴度不好；
❸ 轴承选用不当；
❹ 轴承润滑不良或轴承清洗不净，润滑脂内有杂物；
❺ 轴电流。

使用方面：

❶ 机组安装不当，如电机轴和所拖动装置的轴同轴度不一致；
❷ 带轮拉动过紧；
❸ 轴承维护不好，润滑脂不足或超过使用期，发干变质。

7. 伺服电机振动

故障原因：机床高速运行时可能产生振动，这时就会产生过流报警。

维修方法：伺服电机振动问题一般属于速度问题，所以应从速度环设置方面进行解决，降低速度。

8. 伺服电机三相电流不平衡

❶ 三相电压不平衡；
❷ 电机内部某相支路焊接不良或接触不好；
❸ 电机绕组匝间短路或对地相间短路；

④ 接线错误。

9. 伺服电机编码器相位与转子磁极相位零点对齐的修复

（1）增量式编码器的相位对齐方式 带换相信号的增量式编码器的 U、V、W 电子换相信号的相位与转子磁极相位，或电角度相位之间的对齐方法如下：

❶ 用一个直流电源给电机的 U、V 绕组通以小于额定电流的直流电，U 入，V 出，将电机轴定向至一个平衡位置；

❷ 用示波器观察编码器的 U 相信号和 Z 信号；

❸ 调整编码器转轴与电机轴的相对位置；

❹ 一边调整，一边观察编码器 U 相信号跳变沿和 Z 信号，直到 Z 信号稳定在高电平上（在此默认 Z 信号的常态为低电平），锁定编码器与电机的相对位置关系；

❺ 来回扭转电机轴，撒手后，若电机轴每次自由回复到平衡位置时，Z 信号都能稳定在高电平上，则对齐有效。

（2）绝对式编码器的相位对齐方式 绝对式编码器的相位对齐对于单圈和多圈而言，差别不大，都是在一圈内对齐编码器的检测相位与电机电角度的相位。目前非常实用的方法是利用编码器内部的 EEPROM，存储编码器随机安装在电机轴上后实测的相位，具体方法如下：

❶ 将编码器随机安装在电机上，即固结编码器转轴与电机轴，以及编码器外壳与电机外壳；

❷ 用一个直流电源给电机的 U、V 绕组通以小于额定电流的直流电，U 入，V 出，将电机轴定向至一个平衡位置；

❸ 用伺服驱动器读取绝对编码器的单圈位置值，并存入编码器内部记录电机电角度初始相位的 EEPROM 中；

❹ 对齐过程结束。

10. 伺服电机转矩降低

故障原因：伺服电机从额定转矩到高速运转时，转矩可能会突然降低。这是电机绕组的受热损坏和机械部分发热引起的。高速时，电机温升变大。

维修方法：调整速度，此外，正确使用伺服电机前一定要对电机的负载进行验算。

11. 伺服电机不转

伺服电机不转的原因有很多，需要逐一排查故障原因并进行检修。

维修方法：检查数控系统是否有脉冲信号输出，检查使能信号是否接通，通过液晶屏观测系统输入、输出状态是否满足进给轴的启动条件，对带电磁制动器的伺服电机确认制动已经打开，检查驱动器故障，检查伺服电机故障，检查伺服电机和滚珠丝杠连接用的联轴器是否失效或键脱开等。

12. 磁铁脱落

电机的磁钢不能随意摔打和磕碰，以防意外退磁；也不应当长时间使磁钢处于开放状态，应尽快处理并将电枢送回外壳内，使磁钢形成闭合回路，否则也会造成磁钢退磁。

磁钢脱落后，车轮每转一周，会出现一次金属摩擦声，虽然对运行影响不大，只是速度减慢、耗电增大，但也应及时进行修复。

修复方法：外磁转子内的磁钢 N、S 极是交替分布的，并且它们是一个个弧形薄片，不用辨别反正，只需辨别方向；按照原来做好的标记，粘贴的与其他磁钢平齐一致，不突出或错位，以保证电机的气隙和机械尺寸不受影响。

在磁钢粘贴好并等待彻底硬结之前，最好将电枢暂时装入外壳内，以免失磁。

13. 伺服电机位置误差维修

当伺服轴运动超过位置允差范围时（KNDSD100 出厂标准设置 PA17：400，位置超差检测范围），伺服驱动器就会出现"4"号位置超差报警。

主要原因：系统设定的允差范围小，伺服系统增益设置不当，位置检测装置有污染，进给传动链累计误差过大等。

14. 有刷伺服电机运转时碳刷与换向器之间产生火花

❶ 无任何火花，无须修理。

❷ 只有 2～4 个极小火花，这时若换向器表面是平整的，大多数情况可不必修理。

❸ 有 4 个以上的极小火花，而且有 1～3 个大火花时，不必拆卸电枢，只需用砂纸磨碳刷换向器。

❹ 如果出现 4 个以上的大火花，则需要用砂纸磨换向器，而且必须把碳刷与电枢拆卸下来，换碳刷磨碳刷。

15. 换向器的修复

❶ 换向器表面明显不平整（用手能触觉）或电机运转时火花如第 4 种情况，此时需拆卸电枢，用精密机床加工转换器。

❷ 换向器表面基本平整，只有极小的伤痕或火花，如第 ❷ 种情况，可以用水砂纸手工研磨（在不拆卸电枢的情况下研磨）。研磨的顺序是：先按换向器的外圆弧度，加工一个木制的工具，将几种不同粗细的水砂纸剪成如换向器一样宽的长条，取下碳刷（注意在取下碳刷的柄上与碳刷槽上做记号，确保安装时不致左右换错），用裹好砂纸的木制工具贴实换向器，用另一只手按电机旋转方向，轻轻转动轴换向器研磨。伺服电机维修使用砂纸的粗细的顺序为先粗后细，当一张砂纸磨得不能用后，再换较细的砂纸，直到用完最细的水砂纸（或金相砂纸）。

四、机床上伺服电机常见故障维修实例

1. 电机上电，机械振荡（加／减速时）

引发此类故障的常见原因：

❶ 脉冲编码器出现故障，此时应检查伺服系统是否稳定，电路板维修检测电流是否稳定，同时，速度检测单元反馈线端子上的电压是否在某几点电压下降，如有下降表明脉冲编码器不良，应更换编码器；

❷ 脉冲编码器十字联轴器可能损坏，导致轴转速与检测到的速度不同步，应更换联轴器；

❸ 测速发电机出现故障，应修复，更换测速机，维修实践中，测速机电刷磨损、卡阻障碍较多，此时应拆下测速机的电刷，用砂纸打磨几下，同时清扫换向器的污垢，再重新装好。

2. 伺服电机断轴故障分析

伺服电机与减速器装配时不同心，应提高机床装配精度。

3. 电机运转时有异响

原因：轴承缺油，电源电压过高或不平衡，电机内有异物。

解决方法：

❶ 及时更换轴承或清理异物；

❷ 定期加油；

❸ 检查电源电压是否正常并及时调整。

4. 电机过热甚至冒烟过多，导致堵塞的解决方案

调整电源电压并适当降低，避免电机过载，定期清洁机器，避免遮盖物，避免在温度过高的环境中运行。

5. 电机上电，机械运动异常快速（飞车）

出现这种伺服整机系统故障，在检查位置控制单元和速度控制单元的同时，还应检查：

❶ 脉冲编码器接线是否错误；

❷ 脉冲编码器联轴器是否损坏；

❸ 检查测速发电机端子是否接反和励磁信号线是否接错。一般这类现象应由专业的电路板维修技术人员处理，否则可能会造成更严重的后果。

6. 主轴不能定向移动或定向移动不到位

出现这种伺服整机系统故障，在检查定向控制电路的设置调整，检查定向板、主轴控制印刷电路板调整的同时，还应检查位置检测器（编码器）的输出波形是否正常，来判断编码器的好坏（应注意在设备正常时测录编码器的正常输出波形，以便故障时查对）。

7. 坐标轴进给时振动

应检查电机线圈、机械进给丝杠同电机的连接、伺服系统、脉冲编码器、联轴器、测速机。

8. 出现 NC 错误报警

NC 报警中因程序错误、操作错误引起的报警。如 FANUC6ME 系统的 NC 出现 090.091 报警，原因可能是：

❶ 主电路故障和进给速度太低；

❷ 脉冲编码器不良；

❸ 脉冲编码器电源电压太低（此时调整电源 15V 电压，使主电路板的 +5V 端子上的电压值在 4.95 ～ 5.10V 内）；

❹ 没有输入脉冲编码器的一转信号而不能正常执行参考返回。

9. 伺服系统报警

伺服系统故障时常出现如下的报警号，如 FANUC6ME 系统的 416、426、436、446、456 伺服报警；STEMENS880 系统的 1364 伺服报警；STEEMENS8 系统的 114、104 的伺服报警。此时应检查：

❶ 轴脉冲编码器反馈信号是否断线、短路和丢失，用示波器测 A、B 相一转信号，看其是否正常；

❷ 编码器内部是否故障，造成信号无法正确接收，检查其是否受到污染、太脏、变形等。

10. 机床在使用中有时尺寸不准，并有"过流"报警出现

原因分析：尺寸不准的原因为间隙过大、导轨无润滑等，但有时还出现"过流"，则与电机有关。用摇表测量电机的绝缘，发现电机有短路现象。

处理方法：拆开电机检查，发现电刷磨损过度、碳粉堆积，造成外壳无规则短路，应清除干净并修理，测量绝缘符合要求后，重装使用。

该故障发生在换向器端面，在垂直安装时出现也较多，电刷过软和换向器表面粗糙时也极易出现，因此要对电机定时保养，或定时用干净的压缩空气将电刷粉吹去。

11. XH715 加工中心的 X 轴在移动中有时出现冲击，并发出较大的声响，随即出现驱动报警

原因分析：移动时产生振动或冲击是由控制器或电机引起的。检查发现 X 轴在快速移动时故障频繁，更换控制板后，故障仍时有发生，所以确定故障在电机中。

处理方法：开始仅将电刷拆开检查，电刷、换向器表面较光滑，因此认为无故障，但装上后开机故障仍有，所以将整个电机拆开检查，发现在换向器两边部分表面上有被硬擦过的痕迹。仔细查看，认为是安装不正确造成电刷座与换向器相擦，引起短路，当电机转速高时引起转速失控。将电刷高起部分锉去，修理换向器上的短路点，故障排除。

12. XH755 加工中心的转台在回转时有"过流"报警

原因分析：有"过流"报警故障先检查电机，用万用表测量绕组，发现对地电阻已很小，判定是电机故障。

处理方法：拆开电机检查，因冷却水流入，造成短路过流，检查电机磁体有退磁现象，更换电机后正常。

直流伺服电机在使用中出现故障是比较多的，大部分在电刷和换向器上，所以，如有条件，进行及时的保养和维护是减少故障的办法。

在对直流伺服电机进行检查时，测量电流是常用的检查方法，由于使用一般的电流表测量很麻烦，所以更多使用直流钳形表。

13. 加工中心在使用中出现"误差"报警，驱动器已跳开，控制器上有"过流"报警指示

原因分析：出现"误差"报警是给旋转指令，但电机不转，有"过流"报警时，故障大多在电机内部。

处理方法：将电机电刷拆下检查，发现电刷的弹簧已烧坏，由于电刷的压力不够，引起火花增大，并将换向器上的部分换向片烧伤。弹簧烧坏的原因是电刷连接片和刷座接触不好，使电流从弹簧上通过发热烧坏。根据故障情况将烧伤的换向器进行车削修理，同时改善电刷与刷座的接触面。按以上处理后试车，但电机出现抖动现象，再次检查，发现是车削时方法不对，造成换向器表面粗糙，重新修去换向片毛刺和下刻云母片，并经打磨光滑后使用正常。

在对电机的换向器进行修理时要注意方法，一般的原则是光出即可，车削时吃刀深度和进刀量不要过大，进刀量在 0.05～0.1mm/r 较好，吃刀深度在 0.1mm 以下，速度采用 250～300m/r，分几次切削，并使用相应的刀具。换向器的车削修理有一定的限度，大部分单边不要超过 2mm，车掉过多会影响使用性能，可以查看一下所用电机的说明书。

第二节　几种机床用伺服驱动器故障维修

一、松下伺服驱动器常见故障维修

1. 松下伺服驱动器试机上电有振动噪声且报警

松下数字式交流伺服系统 MHMA 2kW，试机时一上电，电机就振动并有很大的噪声，然后驱动器出现 16 号报警。

此类故障一般是由于驱动器的增益设置过高，产生了自激振荡。应调整参数 No.10、No.11、No.12，适当降低系统增益。

2. 松下交流伺服驱动器上电就出现 22 号报警故障

22 号报警是编码器故障报警，产生的原因一般有：

❶ 编码器接线有问题：断线、短路接错等，应仔细查对。

❷ 电机上的编码器有问题：错位、损坏等，应送修。

3. 伺服电机为什么不会丢步？

伺服电机驱动器接收电机编码器的反馈信号，并和指令脉冲进行比较，从而构成了一个位置的半闭环控制。所以伺服电机不会出现丢步现象，每一个指令脉冲都可以得到可靠响应。

4. 松下伺服系统的供电电源

目前，几乎所有日本产交流伺服电机都是三相 200V 供电。国内电源标准不同，所以必须按以下方法解决：

❶ 对于 750W 以下的交流伺服，一般情况下可直接将单相 220V 接入驱动器的 L1、L3 端子。

❷ 对于其他型号电机，建议使用三相变压器将三相 380V 变为三相 200V，接入驱动器的 L1、L2、L3。

5. 松下伺服电机低速运行时时快时慢，像爬行一样

伺服电机出现低速爬行现象一般是系统增益太低引起的，应调整参数 No.10、No.11、No.12，适当调整系统增益，或运行驱动器自动增益调整功能。（请参考《使用说明书》中关于增益调整的内容）

6. 松下伺服电机只朝一个方向转

松下交流伺服系统在位置控制方式下。控制系统输出的是脉冲和方向信号，但不管是正转指令还是反转指令，电机只朝一个方向转。

松下交流伺服系统在位置控制方式下，可以接收三种控制信号：脉冲方向、正/反脉冲、AB 正交脉冲。驱动器的出厂设置为 AB 正交脉冲（No.42 为 0），应将 No.42 改为 3（脉冲/方向信号）。

7. 飞车

开发的数控铣床中使用的松下交流伺服工作在模拟控制方式下，位置信号由驱动器的脉冲输出反馈到计算机处理，在装机后调试时，发出运动指令，电机就飞车。

这种现象是驱动器脉冲输出反馈到计算机的 AB 正交信号相序错误、形成正反馈造成

的，可以采用以下方法处理：

❶ 修改采样程序或算法；

❷ 将驱动器脉冲输出信号的 A+ 和 A-（或者 B+ 和 B-）对调，以改变相序；

❸ 修改驱动器参数 No.45，改变其脉冲输出信号的相序。

8. 松下交流伺服系统对检测装置有干扰

由于交流伺服驱动器采用了逆变器原理，所以它在控制、检测系统中是一个较为突出的干扰源，为了减少或消除伺服驱动器对其他电子设备的干扰，一般可以采用以下办法：

❶ 驱动器和电机的接地端应可靠接地；

❷ 驱动器的电源输入端加隔离变压器和滤波器；

❸ 所有控制信号和检测信号线使用屏蔽线。

干扰问题在电子技术中是一个很棘手的难题，没有固定的方法可以完全有效地排除它，通常凭经验和试验来寻找抗干扰的措施。

二、西门子直流伺服驱动系统故障维修

1. 进线快速熔断器熔断的故障维修

故障现象：一台配套 SIEMENS 8MC 的卧式加工中心，在电网突然断电后开机、系统无法启动。

分析与处理过程：经检查，该机床 X 轴伺服驱动器的进线快速熔断器已经熔断。该机床的进给系统采用的是 SIEMENS 6RA 系列直流伺服驱动，对照驱动器检查伺服电机和驱动装置，未发现任何元器件损坏和短路现象。

检查机床机械部分工作亦正常，直接更换熔断器后，启动机床，恢复正常工作。分析原因是电网突然断电引起的偶发性故障。

2. SIEMENS 8MC 测量系统故障的维修

故障现象：一台配套 SIEMENS 8MC 的卧式加工中心，当 X 轴运动到某一位置时，液压电机自动断开，且出现报警，提示 Y 轴测量系统故障。断电再通电，机床可以恢复正常工作，但 X 轴运动到某一位置附近，均可能出现同一故障。

分析与处理过程：该机床为进口卧式加工中心，配套 SIEMENS 8MC 数控系统，由 SIEMENS 6RA 系列直流伺服驱动。由于 X 轴移动时出现 Y 轴报警，为了验证系统的正确性，拔下了 X 轴测量反馈电缆试验，系统出现 X 轴测量系统故障报警，因此，可以排除系统误报警的原因。

检查 X 轴出现报警的位置及附近，发现它对 Y 轴测量系统（光栅）并无干涉与影响，且仅移动 Y 轴亦无报警，Y 轴工作正常。再检查 Y 轴电机电缆插头、光栅读数头和光栅尺状况，均未发现异常现象。

考虑到该设备属大型加工中心，电缆较多，电柜与机床之间的电缆长度较长，且所有电缆均固定在电缆架上，随机床来回移动。根据上述分析，初步判断电缆弯曲导致局部断线的可能性较大。

维修时有意将 X 轴运动到出现故障点位置，人为移动电缆线，仔细测量 Y 轴上每一根反馈信号线的连接情况，最终发现其中一根信号线在电缆不断移动的过程中，偶尔出现开路现象；利用电缆内的备用线替代断线后，机床恢复正常。

3. 驱动器故障引起跟随误差超差报警维修

故障现象：某配套 SIEMENS PRIMOS 系统、6RA26** 系列直流伺服驱动系统的数控滚齿机，开机后移动机床的 Z 轴，系统发生"ERR22 跟随误差超差"报警。

分析与处理过程：数控机床发生跟随误差超差报警，其实质是机床不能到达指令的位置。引起这一故障的原因通常是伺服系统故障或机床机械传动系统故障。

由于机床伺服进给系统为全闭环结构，无法通过脱开电机与机械部分的连接进行试验。为了确认故障部位，维修时首先在机床断电、松开夹紧机构的情况下，手动转动 Z 轴丝杠，未发现机械传动系统异常，初步判定故障是由伺服系统或数控装置不良引起的。

为了进一步确定故障部位，维修时在系统接通的情况下，利用手轮少量移动 Z 轴（移动距离应控制在系统设定的最大允许跟随误差以内，防止出现跟随误差报警），测量 Z 轴直流驱动器的速度给定电压，经检查发现速度给定有电压输入，其值大小与手轮移动的距离、方向有关。由此可以确认数控装置工作正常，故障是伺服驱动器不良引起的。

检查驱动器发现，驱动器本身状态指示灯无报警，基本上可以排除驱动器主回路的故障。考虑到该机床 X、Z 轴驱动器型号相同，通过逐一交换驱动器的控制板确认故障部位在 6RA26** 直流驱动器的 A2 板。

参阅厂家提供的 SIEMENS 6RA26** 系列直流伺服驱动器原理图，逐一检查，测量各级信号，最后确认故障原因是 A2 板上的集成电压比较器 N7（型号：LM348）不良，更换后，机床恢复正常。

4. LM301 故障引起 X 轴跟随误差超差报警维修

故障现象：一台配套 SIEMENS 850 系统、6RA26** 系列直流伺服驱动系统的进口卧式加工中心，在开机后，手动移动 X 轴，机床 X 轴工作台不运动，CNC 出现 X 轴跟随误差超差报警。

分析与处理过程：由于机床其他坐标轴工作正常，X 轴驱动器无报警，全部状态指示灯指示无故障。为了确定故障部位，考虑到 6RA26** 系列直流伺服驱动器的速度／电流调节板 A2 相同，维修时将 X 轴驱动器的 A2 板与 Y 轴驱动器的 A2 板进行了对调试验。经试验发现，X 轴可以正常工作，但 Y 轴出现跟随误差超差报警。

根据这一现象，可以得出 X 轴驱动器的速度／电流调节器板不良的结论。参阅厂家提供的 SIEMENS 6RA26** 系列直流伺服驱动器原理图，测量检查发现，当少量移动 X 轴时，驱动器的速度给定输入端 57 与 69 端子间有模拟量输入，测量驱动器检测端，B1 速度模拟量电压正确，但速度比例调节器 N4（LM301 ）的 6 脚输出始终为 0V。

对照原理图逐一检查速度调节器 LM301 的反馈电阻 R25、R27、 R21。 偏移调节电阻 R10、R12、R13、R15、R14、R12，以及 LM301 的输入保护二极管 V1、V2，给定滤波环节 R1、C1、R20、V14，速度反馈滤波环节的 R27、R28、R8、R3、C5、R4 等外圈元器件，确认全部元器件均无故障。

因此，确认故障原因是 LM301 集成运放不良，更换 LM301 后，机床恢复正常工作，故障排除。

5. CNC 故障引起跟随误差超差报警维修

故障现象：某配套 SIEMENS PRIMOS 系统、6RA26** 系列直流伺服驱动系统的数控滚齿机，开机后移动机床的 Z 轴，系统发生"ERR22 跟随误差超差"报警。

分析与处理过程：故障分析过程同前例，但在本例中，当利用手轮少量移动 Z 轴，测量

Z轴直流驱动器的速度给定电压始终为 0，因此可以初步判定故障在数控装置或数控与驱动器的连接电缆上。

检查数控装置与驱动器的电缆连接正常，确认故障引起的原因在数控装置。打开数控装置检查，发现 Z 轴的速度给定输出 D/A 转换器的数字输入正确，但无模拟量输出，从而确认故障是 D/A 转换器不良引起的。

更换 Z 轴的速度给定输出的 12 位 D/A 转换器 DAC0800 后，机床恢复。

6. SIEMENS PRIMOS 系统开机后发生"ERR21，Y 轴测量系统错误"报警

故障现象：某配套 SIEMENS PRIMOS 系统、6RA26** 系列直流伺服驱动系统的数控滚齿机，开机后发生"ERR21，Y 轴测量系统错误"报警。

分析与处理过程：数控系统发生测量系统报警的原因一般有如下几种：

❶ 数控装置的位置反馈信号接口电路不良。

❷ 数控装置与位置检测元器件的连接电缆不良。

❸ 位置测量系统本身不良。

由于本机床伺服驱动系统采用的是全闭环结构，检测系统使用的是 HEIDENHAIN 公司的光栅。为了判定故障部位，维修时首先将数控装置输出的 X、Y 轴速度给定，将驱动使能以及 X、Y 轴的位置反馈进行了对调，使数控的 X 轴输出控制 Y 轴，Y 轴输出控制 X 轴。经对调后，操作数控系统，手动移动 Y 轴，机床 X 轴产生运动，且工作正常，证明数控装置的位置反馈信号接口电路无故障。

但操作数控系统，手动移动 X 轴，机床 Y 轴不运动，同时数控显示"ERR21，X 轴测量系统错误"报警。由此确认，报警是由位置测量系统不良引起的，与数控装置的接口电路无关。检查测量系统电缆连接正确、可靠，排除了电缆连接的问题。

利用示波器检查位置测量系统的前置放大器 EXE601/5-F 的 Ua1 和 Ua2、*Ua1 和 *Ua2 输出波形，发现 Ua1 相无输出。进一步检查光栅输出（前置放大器 EXE601/5-F 的输入）信号波形，发现 le1 无信号输入。检查本机床光栅安装正确，确认故障是光栅不良引起的，更换光栅 LS903 后，机床恢复正常工作。

7. SIEMENS PRIMOS 系统开机后发生"ERR21，X 轴测量系统错误"报警

故障现象：某配套 SIEMENS PRIMOS 系统、6RA26** 系列直流伺服驱动系统的数控滚齿机，开机后发生"ERR21，X 轴测量系统错误"报警。

分析与处理过程：故障分析过程同前例，但在本例中，利用示波器检查位置测量系统的前置放大器 EXE601/5-F 的 Ua1 和 Ua2、*Ua1 和 *Ua2 输出波形，发现同样 Ua1 无输出。进一步检查光栅输出（前置放大器 EXE6015-F 的输入）信号波形，发现 le1 信号输入正确，确认故障是前置放大器 EXE601/5-F 不良引起的。

根据 EXE601/5-F 的原理逐级测量前置放大器 EXE601/5-F 的信号，发现其中的一只 LM339 集成电压比较器不良，更换后，机床恢复正常工作。

8. 驱动器未准备好的故障维修

故障现象：一台配套 SIEMENS 850 系统、6RA26** 系列直流伺服驱动系统的卧式加工中心，在加工过程中突然停机，开机后面板上的"驱动故障"指示灯亮，机床无法正常启动。

分析与处理过程：根据面板上的"驱动故障"指示灯亮的现象，结合相应的机床电气原理图与系统 PLC 程序分析，确认机床的故障原因为 Y 轴驱动器未准备好。

检查电柜内驱动器，测量 6RA26** 驱动器主回路电源输入，只有 V 相有电压，进一步按机床电气原理图对照检查，发现 6RA26** 驱动器进线快速熔断器的 U、W 相熔断。用万用表测量驱动器主回路进线端 1U、1W，确认驱动器主回路内部存在短路。

由于 6RA26** 交流驱动器主回路进线直接与晶闸管相连，因此可以确认故障原因是晶闸管损坏。逐一测量主回路晶闸管 V1～V6，确认 V1、V2 不良（短路），更换同规格备件后，机床恢复正常。

由于驱动器其他部分均无故障，换上晶闸管模块后，机床恢复正常工作，分析原因可能是瞬间电压波动或负载波动引起的偶然故障。

9. 外部故障引起电机不转的故障维修

故障现象：一台配套 SIEMENS 6M 系统的进口立式加工中心，在换刀过程中发现刀库不能正常旋转。

分析与处理过程：通过机床电气原理图分析，该机床的刀库回转控制采用的是 6RA** 系列直流伺服驱动，刀库转速是由机床生产厂家制造的"刀库给定值转换／定位控制"板进行控制的。

现场分析、观察刀库回转动作，发现刀库回转时，PLC 的转动信号已输入，刀库机械插销已经拔出。但 6RA26** 驱动器的转换给定模拟量未输入。由于该模拟量的输出来自"刀库给定值转换／定位控制"板，由机床生产厂家提供的"刀库给定值转换／定位控制"板原理图逐级测量，最终发现该板上的模拟开关（型号 DG201）已损坏，更换同型号备件后，机床恢复正常工作。

10. 开机电机即高速旋转的故障维修

故障现象：一台 SIEMENS 机床，在开机调试时，手动按下刀库回转按钮后，刀库即高速旋转，导致机床报警。

分析与处理过程：根据故障现象，可以初步确定故障是刀库直流驱动器测速反馈极性不正确或测速反馈线脱落引起的速度环正反馈或开环。测量确认该伺服电机测速反馈线已连接，但极性不正确；交换测速反馈极性后，刀库动作恢复正常。

三、施耐德伺服驱动器常见故障分析及解决方案

1. 伺服电机在有脉冲输出时不运转故障维修

❶ 监视控制器的脉冲输出当前值以及脉冲输出灯是否闪烁，确认指令脉冲已经执行并已经正常输出脉冲；

❷ 检查控制器到驱动器的控制电缆、动力电缆、编码器电缆是否配线错误、破损或者接触不良；

❸ 检查带制动器的伺服电机其制动器是否已经打开；

❹ 监视伺服驱动器的面板确认脉冲指令是否输入；

❺ Run 运行指令正常；

❻ 控制模式务必选择位置控制模式；

❼ 伺服驱动器设置的输入脉冲类型和指令脉冲的设置是否一致；

❽ 确保正转侧驱动禁止、反转侧驱动禁止信号以及偏差计数器复位信号没有被输入，脱开负载并且空载运行正常，检查机械系统。

2. 伺服电机高速旋转时出现电机偏差计数器溢出错误故障维修

❶ 高速旋转时发生电机偏差计数器溢出错误：

检查电机动力电缆和编码器电缆的配线是否正确，电缆是否有破损。

❷ 输入较长指令脉冲时发生电机偏差计数器溢出错误：

a. 增益设置太大，重新手动调整增益或使用自动调整增益功能；

b. 延长加减速时间；

c. 负载过重，需要重新选定更大容量的电机或减轻负载，加装减速机等传动机构提高负载能力。

❸ 运行过程中发生电机偏差计数器溢出错误：

a. 增大偏差计数器溢出水平设定值；

b. 减慢旋转速度；

c. 延长加减速时间；

d. 负载过重，需要重新选定更大容量的电机或减轻负载，加装减速机等传动机构提高负载能力。

3. 伺服电机没有带负载报过载故障维修

❶ 伺服 Run（运行）信号已接入并且没有发生脉冲的情况下发生：

a. 检查伺服电机动力电缆配线，检查是否有接触不良或电缆破损；

b. 如果是带制动器的伺服电机则务必将制动器打开；

c. 速度回路增益是否设置过大；

d. 速度回路的积分时间常数是否设置过小。

❷ 伺服只是在运行过程中发生：

a. 位置回路增益是否设置过大；

b. 定位完成幅值是否设置过小；

c. 检查伺服电机轴上有无堵转，并重新调整机械。

4. 伺服电机运行时出现异常声音或抖动现象故障维修

❶ 伺服配线：

a. 使用标准动力电缆、编码器电缆、控制电缆，检查电缆有无破损；

b. 检查控制线附近是否存在干扰源，是否与附近的大电流动力电缆互相平行或相隔太近；

c. 检查接地端子电位是否发生变动，切实保证接地良好。

❷ 伺服参数：

a. 伺服增益设置太大，建议用手动或自动方式重新调整伺服参数；

b. 确认速度反馈滤波器时间常数的设置，初始值为 0，可尝试增大设置值；

c. 电子齿轮比设置太大，建议恢复到出厂设置；

d. 伺服系统和机械系统的共振，尝试调整陷波滤波器频率以及幅值。

❸ 机械系统：

a. 连接电机轴和设备系统的联轴器发生偏移，安装螺钉未拧紧；

b. 滑轮或齿轮的咬合不良也会导致负载转矩变动，尝试空载运行，如果空载运行时正常则检查机械系统的结合部分是否有异常；

c. 确认负载惯量、力矩以及转速是否过大，尝试空载运行，如果空载运行正常，则减轻负载或更换更大容量的驱动器和电机。

5. 施耐德伺服电机位置控制定位不准故障维修

❶ 首先确认控制器实际发出的脉冲当前值是否和预想的一致，如不一致则检查并修正程序；

❷ 监视伺服驱动器接收到的脉冲指令个数是否和控制器发出的一致。如不一致则检查控制线电缆。

第三节 无刷电机的故障与维修

一、无刷电机常见故障

无刷电机的常见故障，大致分为电机电路元件故障和电机机械故障两类。

电机电路元件故障包括：电机主相线烧断、腐蚀断、磨断或烧化粘连，电机线圈绕组短路或断路，电机霍尔线接触不良或断开，霍尔元件松动、脱焊或老化腐蚀、损坏等。

电机机械故障包括：电机轴承晃动、散裂或卡死，转子磁钢移位、松动或退磁，磁钢生锈或定、转子间有异物将转子卡死等。

二、常见故障的检修方法

1. 电机线圈绕组短路或断路

❶ 测试是否短路，要将电机的三根主相线从控制器上取下，不要让三根相线的接头接触，三个接头要分开。用手去转动电机，感受电机转动时的阻力，如果转动比较顺畅，没有阻挡力，说明电机的绕组没有短路。如果转动时感觉阻力比较大，且感觉不到间断性的卡滞现象，向前旋转和向后旋转都能感受到相同分量的较大阻力，则电机的绕组短路了。

对于短路的处理，若短路是电机线短接造成的，便检查相线之间有没有绝缘皮破裂，相线接触在一起的部分，重新做绝缘处理，或者更换电机线。若是电机绕组短路，直接更换新的电机绕组或电机。

❷ 测试是否断路，要将电机的三根相线的接头依次分别两两并在一起，用手转动电机，若感受到电机转动很沉，阻力大，表示这两根相线间的绕组并没有断路。如果短接时转动电机，感受到的阻力比较轻，那就说明这两线之间产生了断路现象。

对于断路的处理，检查相线与绕组线的接头焊接部分是否脱开，若脱开，将其连接焊接好就可以。若是绕组内部断路，应更换绕组或者电机。

2. 电机霍尔传感器的检测与更换

❶ 电机霍尔传感线是否接触不良或断开，可仔细观察霍尔的五根线，或适当拉拽接插件部分，看有无断开或接触不良。

霍尔元件排列如图 8-1 所示，霍尔元件一种情况是损坏，另一种是引脚脱焊，还有一种情况是内部可能

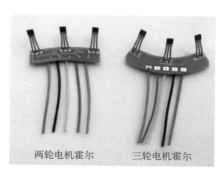

两轮电机霍尔　　　三轮电机霍尔

图 8-1　霍尔原件实际安装图

受潮，水分夹杂着杂质附着在霍尔元件的引脚上，造成霍尔元件输出的信号紊乱。第一种情况需更换霍尔，第二种情况将引脚焊接牢固即可，第三种需清理杂质和水分。

在检修霍尔元件时，为保证电机换相位置的精确，一般建议同时更换所有的三个霍尔元件。更换霍尔元件之前，必须弄清楚电机的相位代数角是120°还是60°，一般60°相角电机的三个霍尔元件的摆放位置是平行的，而120°相角电机三个霍尔元件中间的一个霍尔元件是呈翻转180°位置摆放的。

❷ 传感器一般都固定在电枢有引出线一端靠近磁钢的地方，若有脱落，用树脂将霍尔集成电路再次牢固粘贴在原来的地方即可。

安装新霍尔时应按原样安装，在焊接霍尔时烙铁不要在霍尔上停留超过3s，以防"热量"将霍尔击穿，然后把安装的新霍尔用101胶将其粘住，以防安装时撞击而脱离，造成运转不正常。

❸ 引线断开，重新焊接；如果引线在集成电路齐根处断开，只能更换。

❹ 霍尔集成电路失效。应先分清是电路内部故障还是工作电源故障，需要通过测定引脚电压来断定。具体测定方法如下：

传感器一般有三只引脚，一只接电源正极，另一只接地，第三只是状态输出脚。只要确定正极和地，剩下最后一只引脚便是输出脚。打开控制器电源，使传感器处于工作状态，找一块场强较高的磁钢，反复用N、S极接近传感器，用mA表或信号测定仪测定输出极与地间的信号变化。只有"有"和"无"两种，即1和0。S极时有信号1（+），对锁存型霍尔，可以一直保存固定信号状态，至用N极接近后信号才变为0（-），这是正常的。

若用S极或N极接近都没有任何信号，可确定霍尔集成电路失效，应当更换新的。有信号实际是高电平有电压输出，输出电压为5～6V以上。无信号则为输出低电平，无电压输出。另外，可能是无电源，检测电源和地间应有4.5V以上电压；否则，说明电源有故障。

 注意：更换新传感器要和原传感器类型一致、型号一致，正反面方向也应当一致，以防引脚顺序搞错。

霍尔集成电路是矩形小方片，其中有一个角是缺角，焊开前只要认清缺角方向即可。另外它的3根引线的颜色不一样，预先将颜色的顺序记清，再焊接时就不会搞错。

3. 无刷电机缺相

无刷电机缺相一般是无刷电机的霍尔元件损坏引起的。

可以通过测量霍尔元件输出引线相对霍尔地线和相对霍尔电源的引线的电阻，用比较法判断是哪只霍尔元件出现故障。其次为绕组断线，可以直接用万用表电阻挡测试绕组的通断判断。

4. 电机轴承晃动、散裂或卡死

可转动电机，听电机是否有异响，行走时会否发出有规律的声音，用手左右横向扳动电机轮，可以感觉到有晃动感。若轴承散了，晃动会更大，也可能散落碎片卡死电机，使电机不能转动。可打开电机，更换电机两侧的轴承。

5. 转子磁钢移位、松动或退磁

磁钢移位或者松动，电机转动起来会发生间接性的"咔嚓咔嚓"的摩擦声音，声音会比较明显。用手转动时，就会发现某个部位有卡滞现象，这时候就需要把电机盖拆开，检查松动的磁钢片，将它用胶重新黏接固定好。

磁钢退磁，电机工作时无力，电机严重发热发烫，耗电较快。可拆开电机检查磁钢的磁力，发现某片磁钢磁性弱，可进行更换。必要时，可更换磁钢或转子或电机。

6. 磁钢生锈或定、转子间有异物将转子卡死

电机里面，长期的潮湿锈蚀，磁钢会生锈，转子和定子之间充满了铁锈。电机中有磁钢碎片或异物进入，会造成转、定子之间摩擦较大或卡死，转动困难，这种情况能有时能正常运转，但特别费电，停车用手转动电机，感觉特别沉重，需要拆开电机清理铁锈或异物。

7. 电机的空载电流大

当电机的空载电流大于极限数据时，表明电机出现了故障。

电机空载电流大的原因有：电机内部机械摩擦大，线圈局部短路，磁钢退磁。

8. 电机进水检修

❶ 电动车电机轮如果是铝材质，可以将其内磁钢表面的水用热风枪吹干，进行蒸发的方法除水。

❷ 用热风枪吹干定子绕组内部积水，保证绕组的绝缘电阻要 >10Ω 时再进行安装，要注意的是，热风枪口对吹定子时要注意霍尔，不要让高温把霍尔"溶坏"，不然水除干霍尔"烤坏"，会导致安装运行不正常。

❸ 观察电机两端盖是否因进水造成轴承内保护架锈蚀卡死或转动不灵活的情况，如果运转不"滑溜"可适当涂抹润滑油，必要时应给予及时更换，避免电机在使用中因轴承"钢蛋"脱落把线圈伤断，造成报废。

❹ 电机端盖最好要用密封胶把周圈涂抹，避免合不严实造成二次损坏。电机两边电机端盖检查"油封"是否封闭完好，让水尽量无缝可进。

第四节　步进电机与驱动器的故障与维修

一、维修时步进电机的接线

步进电机接线时如果没有电机的资料可以按以下步骤判定内部正确接线：

❶ 将电机的任意 2 根绕组引线拧在一起，再拧电机的出轴，如果电机的出轴带力，说明所选的 2 根线是同一绕组；其他绕组也可以用此方式进行判断。也可以直接用万用表电阻挡进行通断测试，判断出内部接线。不同电机内部接线方式如图 8-2 所示。

❷ 将同一绕组的 2 根线分别接到驱动器的 A+、A- 或 B+、B-，如图 8-3 所示。这是电机用低速试运行，如果电机的方向与预期相反，将任意同一绕组 2 根线进行交换即可。

❸ 连接步进电机驱动器的电源，如果步进电机使用直流 24V 供电，可以与表控共用一个开关电源来供电。连接步进电机驱动器与表控的控制接线如图 8-4 和图 8-5 所示，控制器外形图如 8-6 所示。

2相混合式步进电机

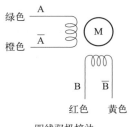

四线双极接法

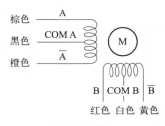

六线单极接法

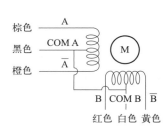

六线双极接法　注：单极性电机接双线性接法时，电机的额定电流降半

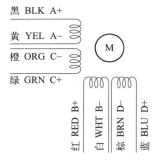

八线电机接线顺序图

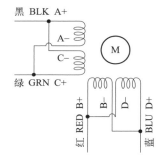

绕线类型1：双极性并联
特性：高速大力矩输出

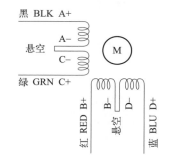

绕线类型2：双极性串联
特性：中低速性能稳定
注：单极性电机接双极性接法时，电机的额定电流降半

绕组类型3：单极性
特性：适配双线驱筋

图 8-2　不同电机内部接线方式

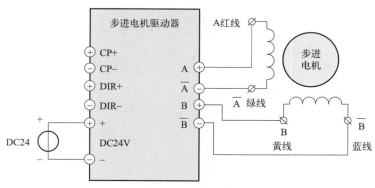

图 8-3　接线图

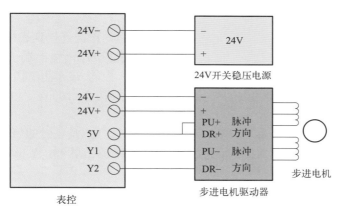

图 8-4 接线电路原理图

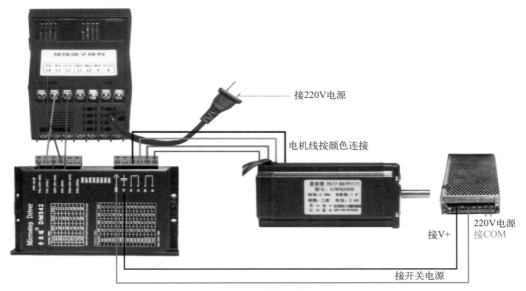

接220V电源

电机线按颜色连接

220V电源
接COM

接V+

接开关电源

图 8-5 接线实物图

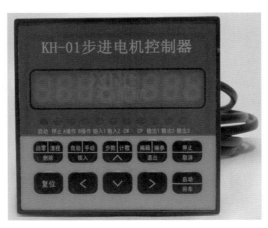

图 8-6 控制器外形图

具体接线步骤如下所示。

a. 将步进电机驱动器脉冲输入信号和方向输入信号的正极连接到表控的 5V 端子。

b. 将步进电机驱动器脉冲输入信号的负端连接到表控的 Y1 输出端子。

c. 将步进电机驱动器方向输入信号的负端连接到表控的 Y2 输出端子。

d. 接下来设置步进电机驱动器的细分，一般可以放在 8（1600）左右，通过初步调试后设置实际需要的细分。

e. 步进电机的正转设置：参考设置，一行实现正转，X1 是正转的启动开关。

f. 步进电机的反转设置：X2 是反向启动开关，Y1 输出脉冲，Y2 输出方向信号，两行实现反转动作。

g. 一般情况接线正确，但要特别注意的是电源的极性，设置正确就可以正常运行。选择合适的电流，电机试运行时如果电机表面温度超过 70℃，说明驱动器的设置电流太大，需要调小驱动器输出电流。一般驱动器电流都可以通过拨码开关进行设置，如 NDM442，可以通过拨码选择 0.5 ～ 4.2A 的输出电流，来匹配不同规格的电机。驱动器的输出电流最好参考电机的额定工作电流进行设置。

二、步进电机测试中要注意的几个问题

1. 并联与串联

四相混合式步进电机一般由两相驱动器来驱动，因此，连接时可以采用串联接法或并联接法将四相电机接成两相使用。串联接法一般在电机转速较低的场合使用，此时需要的驱动器输出电流为电机相电流的 0.7 倍，因而电机发热小；并联接法一般在电机转速较高的场合使用（又称高速接法），所需要的驱动器输出电流为电机相电流的 1.4 倍，因而电机发热较大。

2. 确定步进电机驱动器的直流供电电源

❶ 电压的确定：混合式步进电机驱动器的供电电源电压一般是一个较宽的范围（比如 IM483 的供电电压为 12 ～ 48V DC），电源电压通常根据电机的工作转速和响应要求来选择。如果电机工作转速较高或响应要求较快，那么电压取值也高，但注意电源电压的纹波不能超过驱动器的最大输入电压，否则可能损坏驱动器。

❷ 电流的确定：供电电源电流一般根据驱动器的输出相电流 I 来确定。如果采用线性电源，电源电流一般可取 I 的 1.1 ～ 1.3 倍；如果采用开关电源，电源电流一般可取 I 的 1.5 ～ 2.0 倍。

3. 混合式步进电机驱动器的脱机信号 FREE 使用

当脱机信号 FREE 为低电平时，驱动器输出到电机的电流被切断，电机转子处于自由状态（脱机状态）。在有些自动化设备中，如果在驱动器不断电的情况下要求直接转动电机轴（手动方式），就可以将 FREE 信号置低，使电机脱机，进行手动操作或调节。手动完成后，再将 FREE 信号置高，以继续自动控制。

三、步进电机常见故障与检修

1. 步进电机发热

步进电机发热主要是因为运转频率高。无论负荷大小，步进电机运转时电流为额定电

流，停止时，运行电流为额定电流的一半。如果停止时间很短，电机就容易发热。因此，要想降低发热，可以采用下列方法：

❶ 调整占空比，增加停止时间；

❷ 降低电机运行电流；

❸ 使用风扇强制制冷。

如果可以改变安装方法的话，还可以加厚安装板当散热片，使用容易导热的铝制材料来提高散热效果。

如果空间足够，还可通过增加电机尺寸，来增大转矩，从而降低运行电流。

2. 通地故障修理

电枢绕组通地通常是在电枢的槽口部分，或者绕组的端部，这时如果能排除故障，则可将通地部位修复。如果是在槽的内部，无法排除故障的话，则只能将这一部分的绕组甩掉，即所谓的"跳接法"。将通地绕组的两个引线头断开，并用一根线将两个换向片连接，以代替线圈，使绕组仍然成为闭合回路。

3. 短路故障修理

经检查确定转子绕组有短路存在，则可以将这部分的绕组从整个绕组分离出来。将有故障的线圈接换向器的两个头断开，并用一根导线将两片换向器片联起来，以代替原来的线圈，同时要将短路的线圈剪成开路。

跳接法修理短路线圈时，也有可能损坏周围的其他线圈，所以操作时要注意周围线圈。跳接法虽能使步进电机工作，但是将会降低步进电机的性能，这种修理方法是临时的措施。

4. 开路故障修理

经检查确定步进电机绕组有开路元件存在，而开路的原因是换向器焊接不良或虚焊，只要将焊点重新焊好即可。如果开路产生在步进电机槽内，这时要将它接好是不可能的，为了临时能够工作，只需将断路元件相对应的两片换向器片短接起来。这时电枢绕组形成的两个支路就接通了，虽然这样的接法会引起绕组的不平衡，但它能够临时工作。

上述的三种修理方法均是临时的措施，只能解决一时的使用问题，因为这三种修理方法不能解决步进电机的故障元件的修理，所以步进电机的运行是不平衡的，运行的性能也比较差，但它还是能够勉强使用。要彻底将步进电机修理好就要进行重绕修理。

第五节 步进驱动器常见故障与维修

一、电机不工作故障判断

1. 驱动器连线断

驱动器与电机的连线、与电源线的连线及开关电源的连线断掉，电机不工作。

2. 驱动器警报

能够依据 LED 或其他方法的标示，依据使用说明分辨是不是过压、欠压保护、过电流、超温等常见步进电机驱动器故障。

3. 驱动器无供电

应用数字万用表工作电压挡查验驱动器供电系统接线端子的连线及供电系统工作电压。

4. 驱动器保险断掉

驱动器供电系统工作电压一切正常，而电机不工作，并且驱动器标示灯没亮，此时能够分析判断为驱动器内保险断掉。假如驱动器内部应用自修复保险，便能够把电机和驱动器断掉，等待一段时间，不接电机再度通电，假如驱动器一切正常则表明电机有短路故障。

5. 驱动器使能数据信号不对

使能数据信号不对时，电机会出现没有锁住的情况。目前市面上大部分驱动器全是不用连接使能数据信号就可以一切正常工作的，如果通电不锁住，发生常见故障时可以拔掉使能电极连接线以分辨是不是使能数据信号有误。

6. 驱动器基本参数不对

驱动器基本参数不对一般表现为电流量设定过小，电流量不能驱动电机。

7. 电源线接触不良现象

电源线空气氧化或螺钉没卡紧。

8. 电机自身的难题

电机轴锈蚀卡住、退磁、短路等。

9. 脉冲信号难题

脉冲信号不符合驱动器的数据信号规定，如脉冲宽度很小、单脉冲频率太高、单脉冲的脉冲信号太低（如驱动器必须 9V 的脉冲信号，而出示的是 3.3V）。

10. 驱动器内部电路故障

驱动器内部电路故障可以用同型号的驱动器进行代换判断。确认电路出故障后，可以按照如下方式维修：

❶ 先检查桥堆，如果桥堆坏，更换桥堆再装保险；

❷ 若桥堆没坏，则检查 IGBT 三相全桥驱动的 MOS 管，一般 MOS 管损坏直接击穿，很容易检查，坏了则更换；

❸ 若是换好 IGBT 还是烧了，则检查栅极驱动器 IR2130S，若坏了只能更换。另外，如果之前通了电的话，可能使 IGBT 再次损坏，也要一同更换坏了的；

❹ 如果还是不好，有以下两种情况。

a. 若通电又烧，那就是 IR2130S 前级问题，此时需要请专业人员修理。

b. 如果通电不烧，但是驱动一段时间后，CNC 系统报警故障保护，或者又烧了，则为电机的问题，需更换。

二、电机在运行时出现的问题判断

1. 步进电机运行不正常

运行不正常是指电机不能启动 , 产生失步、超步甚至停转等故障，其原因是：

❶ 环境尘埃过多，被电机吸入使转子卡死；

❷ 传动齿轮的间隙过大，配合的键槽松动而产生失步；

❸ 驱动电路的电压偏低；

❹ 工作方式不按规定标准，如四相八拍电机改为四相四拍运行，产生振荡或失步；

❺ 存放不善，定、转子表面生锈卡住；

❻ 电机未装配好，定、转子间划碰、扫膛；

❼ 负载过重或负载转动惯量过大；

❽ 接线不正确；

❾ 驱动电路参数与电机不匹配，达不到额定值要求；

❿ 转子铁芯与电机转轴配合过松，在重负载下，铁芯发生错移而造成停转；

⓫ 没有清零复位，环形分配器进入死循环；

⓬ 在电机振荡区范围运行。

2. 步进电机温升过高

❶ 环境温度过高，散热条件差，安装接触面积不符合标准；

❷ 工作方式不符合技术要求，如三相六拍工作的电机改为双三拍工作，温升变高；

❸ 驱动电路发生故障，电机长期工作在单一高电压下或长期工作在高频状态，同样会使电机的温升变高；

❹ 高、低压供电的驱动电路在高频工作时，高压脉宽不能太宽，应按技术标准调整，否则温升也会变高。

3. 步进电机噪声振动过大

主要原因有以下几种：

❶ 传动齿轮间隙过大；

❷ 纯惯性负载，正反转频繁；

❸ 轴向间隙过大；

❹ 在共振频率范围工作；

❺ 阻尼器未调好或失灵。

三、其他故障检修

1. 步进驱动器故障

故障原因：静电放电（工作环境差）。

排除方法：首先将电气柜中的 PE 与大地连接，若仍有故障，则为驱动器模块损坏，需更换驱动器模块。

2. 高速时电机堵转

故障原因：传动系统设计问题。

排除方法：若进给倍率为 85% 时高速点动不堵转，则使用折线加速特性，降低最高进给速度，更换低转矩步进电机。

3. 传动系统定位精度不稳定

故障原因：该传动系统机械装配有问题，丝杠螺母安装不正，造成运动部件的装配应力。

排除方法：重新安装丝杠螺母。

4. 参考点定位精度过大

故障原因：机床接近开关或检测体的安装不正确，接近开关与检测体的间隙为检测临界值；所选用接近开关的检测距离过大，检测体和相部金属物体均在检测范围内；接近开关的电气特性差（注：接近开关的重复特性影响参考点的定位精度）。

排除方法：检查接近开关的安装；检查机床接近开关与检测体间的间隙（接近开关技术指标表示的是最大检测距离时，将间隙设置为最大间隙的 50% 为宜）；更换接近开关。

5. 步进电机堵转

故障原因：电机的转矩力太小。

排除方法：需要选择大转矩的电机，如果排除了这个问题，那么就是加速的时间太短，需要增加加速的时间；如果是电压过低，就需要提高电流与电压，使其在一个合适的范围之内。

附录　视频教学

指针万用表
的使用

钳形电流表
的使用

数字万用表
的使用

直流有刷电机
分解

无刷有齿轮毂电
机分解与检修

无刷电机拆卸

三相无刷电机第
一项绕组展开图

三相无刷电机第
二项绕组展开图

三相无刷电机第
三项绕组展开图

三相无刷电机第
一项绕组嵌线

三相无刷电机第
二项绕组嵌线

三相无刷电机第
三项绕组嵌线

三相无刷电机绝
缘及绕组制备

直流无刷
电机接线

无刷电机组装

伺服驱动器端子
与外设连接

伺服驱动器
结构与端子

伺服电机与
编码器结构

伺服电机与编码
器测量

伺服电机拆装
与测量技术

步进电机的判别

双路无刷电机驱
动器的分解检修

参 考 文 献

[1] 钟汉如 . 注塑机控制系统 . 北京：化学工业出版社，2004.

[2] 李忠文 . 实用电机控制电路 . 北京：化学工业出版社，2003.

[3] 刘光源 . 实用维修电工手册 . 上海：上海科学技术出版社，2010.

[4] 张伯虎 . 机床电气识图 200 例 . 北京：中国电力出版社，2012.

[5] 王鉴光 . 电机控制系统 . 北京：机械工业出版社，1994.

[6] 曹振华 . 实用电工技术基础教程 . 北京：国防工业出版社，2008.

[7] 曹祥 . 工业维修电工通用教材 . 北京：电力出版社，2008.

[8] 芮静康 . 实用机床电路图集 . 北京：中国水利水电出版社，2000.

[9] 曹祥，张校铭 . 电动机原理、维修与控制电路 . 北京：电子工业出版社，2010.

[10] 杨杨 . 电动机维修技术 . 北京：国防工业出版社，2012.

[11] 赵清 . 电动机 . 北京：人民邮电出版社，1988.

[12] 张伯龙 . 电气控制入门及应用 . 北京：化学工业出版社，2020.

[13] 曹振华 . 精通伺服控制技术及应用 . 北京：化学工业出版社，2022.

直流无刷电机与伺服／步进电机驱动控制技术及应用